高等院校信息技术应用型规划教材

C语言程序设计

江义火 姜德森 苏荣聪 编著

清华大学出版社
北 京

内 容 简 介

本书从程序设计的基本概念入手,对 C 语言的基本数据元素、运算符与表达式、流程控制语句、构造数据类型、函数、指针等内容进行由浅入深的讲解。各章内容从示例入手,尽可能将概念、知识点与例题结合起来,每章结尾均对该章内容进行小结,章末附有不同类型的习题。除第 1 章外,每章还设置有数量不等的实验内容。本书所有的例题都在 Turbo C 和 Visual C++ 6.0 环境下调试通过。本书配有丰富的教学资源,内容包括各章例题源程序、课程教案、习题答案和实验指导,读者可从 http://www.tup.com.cn 下载。

本书可作为高等院校 C 语言程序设计课程的教材,也可作为各类培训班的培训教材,还可作为相关技术人员的技术参考书。

图书在版编目(CIP)数据

C 语言程序设计/江义火,姜德森,苏荣聪编著. —北京:清华大学出版社,2012.1
ISBN 978-7-302-27844-3

Ⅰ. ①C… Ⅱ. 江… ②姜… ③苏… Ⅲ. ①C 语言—程序设计 Ⅳ. ①TP312

中国版本图书馆 CIP 数据核字(2011)第 279789 号

责任编辑:孟毅新
责任校对:李 梅
责任印制:李红英

出版发行:清华大学出版社   地   址:北京清华大学学研大厦 A 座
          http://www.tup.com.cn   邮   编:100084
          社 总 机:010-62770175   邮   购:010-62786544
          投稿与读者服务:010-62776969,c-service@tup.tsinghua.edu.cn
          质 量 反 馈:010-62772015,zhiliang@tup.tsinghua.edu.cn
印 装 者:北京鑫海金澳胶印有限公司
经   销:全国新华书店
开   本:185×260 印 张:20.5 字 数:496 千字
版   次:2012 年 1 月第 1 版   印 次:2012 年 1 月第 1 次印刷
印   数:1~4000
定   价:39.00 元

产品编号:045097-01

前　　言

　　C 语言是常用的程序设计语言之一,具有功能丰富、语句简洁、语法灵活、数据结构多样、能对硬件进行操作、目标程序效率高、可移植性好等诸多优点,适合用来编写系统软件和应用软件。

　　C 语言程序设计是我国大部分高等院校都开设的专业基础课程,是计算机相关专业程序设计入门非常重要的必修课程。在编写本书的过程中,作者结合多年在高等院校从事C 语言程序设计教学的经验,理论结合实际,力求通俗易懂。本书在体系结构安排上,根据教学目的和要求,各章以示例入手,尽可能将概念、知识点与例题结合起来,每章结尾均对该章内容进行小结,章末附有不同类型的习题。除第 1 章外,每章还设置有数量不等的实验内容。全书共 10 章,从程序设计的基本概念入手,对 C 语言的基本数据元素、运算符与表达式、流程控制语句、构造数据类型、函数、指针等内容的主要方面进行由浅入深的讲解。本书的特点是将基本概念和解题思路融入例题当中,借助“说明”和“注意”等教学提示,帮助读者理解教学内容;所选例题比较典型,针对性强,与所讲知识点联系紧密,突出实用性和易学性;学生完成每章的习题后都能加深理解和进一步巩固课堂所学知识;通过各章设置的实验进行实践,使学生边学边练,融会贯通、举一反三,逐步深入扩展编程训练,提高程序设计能力。

　　本书所有的例题均在 Turbo C 和 Visual C++ 6.0 环境下调试通过,为方便教师教学和学生学习,本书提供了丰富的实例和数字教学资源,内容包括各章例题源程序、课程教案和实验指导书,读者可从 http://www.tup.com.cn 下载。

　　本书第 1、6、7、10 章由江义火编写,第 3、8、9 章由苏荣聪编写,第 2、4、5 章由姜德森教授编写。全书的审核与统稿工作由姜德森完成。

　　在编写本书的过程中参考了相关文献,在此向这些文献的作者深表感谢。同时对关心和支持本书编写的领导和同志表示由衷的谢意。

　　由于作者水平有限,书中难免有不足之处,恳请专家和读者批评指正。我们的信箱是CLanPro@126.com。

编　者

2011 年 10 月

目 录

第 1 章　程序设计概述

教学目标、要求

　　通过本章的学习，要求了解程序、程序设计语言、语言处理程序、算法及 C 语言的基本概念；熟悉设计程序的基本原则、算法的表示方法、结构化程序设计方法、C 语言的特点；掌握自然语言、程序流程图、伪代码表示算法的方法、结构化程序设计及 C 语言程序的结构。

教学用时、内容

　　本章教学共需 6 学时，其中理论教学 4 学时，实践教学 2 学时。教学主要内容如下：

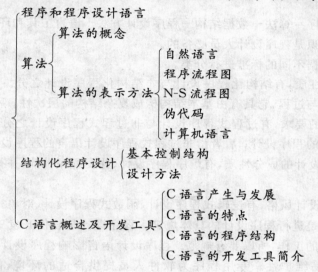

教学重点、难点

重点：(1) 设计程序的基本原则；

　　　　(2) 算法的表示方法；

　　　　(3) 结构化程序设计的基本结构；

　　　　(4) C 语言的程序结构。

难点：算法的表示方法。

1.1　程序和程序设计语言

　　电子计算机的诞生是 20 世纪人类最伟大的发明之一，它对人类影响极其深远。自计算机问世以来，随着计算机硬件和软件不断升级换代以及计算机应用领域的迅速扩大，计算机程序设计语言也有了很大的发展。

1.1.1　程序与程序设计的概念

　　计算机程序(Program)是按程序设计的计算机指令的集合，它告诉计算机如何完成一个具体的任务。在《计算机软件保护条例》中,计算机程序是指为了得到某种结果,而由计算机等具有信息处理能力的装置执行的代码化指令序列,或者可被自动转换成代码化指令序列的符号化指令序列或者符号化语句序列。

程序设计(Programming)是指设计、编制、调试程序的过程,即根据要解决的问题,使用某种程序设计语言,设计出能够完成这一任务的计算机指令序列。一个计算机程序应包括以下两部分。

(1) 对数据的描述。在程序中要指定数据的类型和数据的组织形式,即数据结构(Data Structure)。

(2) 对操作的描述。即操作步骤,也就是算法(Algorithm)。

Niklaus Wirth 提出的公式如下:

$$数据结构+算法=程序$$

本书编者认为:

$$程序=算法+数据结构+程序设计方法+语言工具和环境$$

这 4 个方面知识是程序设计人员必备的。

程序设计可根据不同的标准进行分类。

(1) 按照结构性质,有结构化程序设计与非结构化程序设计之分。前者是指具有结构性的程序设计方法与过程,它具有由基本结构构成复杂结构的层次性;后者反之。

(2) 按照用户的要求,有过程式程序设计与非过程式程序设计之分。前者是指使用过程式程序设计语言的程序设计;后者指非过程式程序设计语言的程序设计。

(3) 按照程序设计的成分性质,有顺序程序设计、并发程序设计、并行程序设计、分布式程序设计之分。

(4) 按照程序设计风格,有逻辑式程序设计、函数式程序设计、对象式程序设计之分。

程序设计规范是进行程序设计的具体规定。程序设计是软件开发工作的重要部分,而软件开发是工程性的工作,所以要有规范。程序设计语言影响程序设计的功效以及软件的可靠性、易读性和易维护性。专用程序为软件人员提供合适的环境,便于进行程序设计工作。

1.1.2　程序设计语言

程序设计语言是人与计算机进行交流的一种形式语言,是人利用计算机分析问题、解决问题的一个基本工具。人类的自然语言不能被计算机所直接理解,但作为人与计算机沟通的计算机程序设计语言同人类自然语言一样,也是由字、词、句子和语法等构成的指令系统。

程序设计语言,通常简称为编程语言,是一组用来定义计算机程序的语法规则。它是一种被标准化的交流技巧,用来向计算机发出指令。一种计算机语言使程序员能够准确地定义计算机需要使用的数据,并精确地定义在不同情况下应当采取的行动。

计算机程序设计语言的发展经历从低级到高级,从具体到抽象,直到可以用自然语言来描述。其种类非常多,总的来说可以分成机器语言、汇编语言和高级语言三大类。

(1) 机器语言是直接用二进制代码指令表达的计算机语言,指令是用 0 和 1 组成的一串代码,如某种计算机的指令为 1011011000000000,它表示使计算机进行一次加法操作;而指令 1011010100000000 则表示进行一次减法操作。它们的前八位表示操作码,而后八位表示地址码。机器语言或称为二进制代码语言,计算机可以直接识别,不需要进行任何翻译。每台机器的指令,其格式和代码所代表的含义都是硬性规定的,由计算机硬件直接实现,故称为面向机器的语言,也称为机器语言。

机器语言是第一代计算机语言,它对不同型号的计算机来说一般是不同的。机器语言的优点是计算机不仅可直接识别、执行,而且运行速度快。但是,其可读性、可移植性和重用性都很差,使用机器语言编写程序非常困难,它不仅难学、难记忆、难理解、难维护,而且容易出错。

(2) 汇编语言是用一些"助记符"来表示二进制数机器指令,例如用英文缩写 ADD 表示加法运算,SUB 表示减法运算,用一些其他形式的数字和符号表示数值、存储单元地址等。汇编语言是由于使用机器语言编写程序非常困难而出现的,它的指令与机器指令基本上是一一对应的,它便于记忆和使用,同时具有机器语言的全部优点,因而用其编写程序比较容易读写、调试和修改。但在编写复杂程序时,相对高级语言,其代码量较大,而且汇编语言依赖于具体的处理器体系结构,不能通用,因此不能直接在不同处理器体系结构之间移植。

使用汇编语言编写的程序,机器不能直接识别,要由一种程序将汇编语言翻译成机器语言,这种起翻译作用的程序叫汇编程序,汇编程序是系统软件中的一种语言处理程序。汇编程序把汇编语言编写的程序翻译成机器语言的过程称为汇编。

(3) 由于汇编语言依赖于硬件体系,且助记符量大难记,于是人们又发明了更加易用的所谓"高级语言"。从 20 世纪 50 年代中期陆续产生了许多高级语言,这些高级语言不依赖具体机器,用接近于数学语言和自然语言的方式来描述解决问题的方法和步骤。高级语言独立于机器,编程者在不了解机器内部构造和特点的情况下,也可以编写出实用的程序;由于高级语言具有通用性,用高级语言编写的程序,可以在不同类型的计算机上运行,可移植性好。高级语言由于易学、易掌握,且设计出来的程序可读性好、可维护性强、可靠性高,因此迅速得以推广和使用。

尽管高级语言有诸多优点,但是用高级语言所编制的程序(称为源程序)不能被计算机直接识别,必须经过转换才能被执行,这种转换可分为两类:编译方式和解释方式。所谓编译方式是指将源程序代码先编译成目标代码(即"翻译"成用机器语言表示的"目标程序"),然后再执行目标程序。由于目标程序可以脱离其高级语言环境而独立执行,因此使用比较方便、效率较高。但是,应用一旦改变,必须先修改源代码,再重新编译生成新的目标程序才能执行(当只有目标程序而没有源代码时,则修改很不方便)。现在大多数编程语言都是编译型的语言,例如 Visual C++、Visual FoxPro、Delphi、FORTRAN 等。解释方式类似于日常生活中的"同声翻译",应用程序源代码一边由相应语言的解释器"翻译"成目标代码(机器语言),一边执行,因此效率比较低,而且不能生成独立的可执行的目标程序文件。但这种方式比较灵活,可以动态地调整、修改应用程序。BASIC 语言属于解释型的语言。

目前在各领域经常使用的高级语言主要有以下几种。

(1) FORTRAN 语言是第一个出现的高级语言,它是 1954 年美国 IBM 的 IT 成果。开始是为解决数学问题和科学计算而提出的,由于 FORTRAN 本身具有标准化程度高、便于程序互换、较易优化、计算速度快等特点,目前仍在使用。

(2) BASIC 语言是由 Dartmouth 学院 John G. Kemeny 与 Thomas E. Kurtz 两位教授于 20 世纪 60 年代中期所创。现今 BASIC 已有多个版本,其 Windows 环境下的 Visual BASIC 是

一个功能强大的可视化软件开发工具。

（3）Pascal 语言是由瑞士 Niklaus Wirth 教授于 20 世纪 60 年代末设计的。Pascal 语言可以方便地用于描述各种算法与数据结构，尤其对程序设计初学者，Pascal 语言有益于培养良好的程序设计风格和习惯。

（4）C 语言的原型 ALGOL 60 语言。它既具有高级语言的特点，又具有汇编语言的特点。它可以作为系统程序设计语言，编写系统软件，也可以作为应用程序设计语言，编写不依赖计算机硬件的应用程序。因此，它的应用范围广泛。

（5）C++ 语言是一种优秀的面向对象程序设计语言，它在 C 语言基础上发展而来，但它比 C 语言更易于学习和掌握。C++ 以其独特的语言机制在计算机科学的各个领域中得到了广泛的应用。面向对象的设计思想是在原来结构化程序设计方法基础上的一个质的飞跃，它完美地体现了面向对象的各种特性。

（6）Java 语言最早诞生于 1991 年，起初被称为 OAK 语言，是 SUN 公司为一些消费性电子产品而设计的一个通用环境，是一种简单、跨平台、面向对象、分布式、健壮安全、结构中立、解释型、可移植、动态、性能很优异的多线程语言。

（7）C♯ 是一种安全、稳定、简单的，由 C 和 C++ 衍生出来的面向对象编程语言。它在继承 C 和 C++ 强大功能的同时去掉了它们的一些复杂特性，综合了 VB 简单的可视化操作和 C++ 的高运行效率，以其强大的操作能力、优雅的语法风格、创新的语言特性和便捷的面向组件编程的支持，成为 .NET 开发的首选语言。

1.1.3　语言处理程序

计算机不能直接执行用高级语言编制的程序（源程序），那么，计算机怎样鉴别源程序，确定它的正确性？如何运行并获得预期的计算结果呢？这些是语言处理程序要解决的问题。

用高级语言（或汇编语言）编写的程序（即源程序），是语言处理程序要处理的对象，语言处理程序把源程序翻译成语义等价的计算机能够识别的低级语言程序（目标程序）。由此可见，对语言处理程序来说，源程序是其处理对象（输入程序），目标程序是其处理结果（输出程序），它是在高级语言和计算机之间起到翻译作用的程序。

语言处理程序可用汇编语言或高级语言写成。它是为用户设计的编程服务软件，其作用是将高级语言源程序翻译成计算机能识别的目标程序。语言处理程序环境一般由汇编程序或编译程序或解释程序与相应地操作程序等组成，相应地一般称为编译（程序）系统或解释（程序）系统等。

在软件领域中，包含程序设计语言和相关语言处理程序及其他相关工具的程序设计环境，通常被称为某种程序设计语言的集成开发环境。不同语言的语言处理程序是不同的，同一种高级语言也可能存在不同级别、不同版本的语言处理程序。程序员可以在不了解语言处理程序的情况下，借助集成开发环境完成程序的编制和运行。常用集成开发环境有多种，如微软的 Visual Studio.NET 是 C++、VB、C♯ 等语言的集成开发环境，而 C++ Builder、Delphi、JBuilder 分别为 C++、Pascal、Java 语言的集成开发环境。

1.1.4　设计程序的基本原则

程序设计也是一种工程设计（通常称为软件工程）。程序设计追求的目标是可靠性、可理解性、可维护性和执行效率，但执行效率与可维护性、可理解性一般是相互矛盾的。因此程序设计的目标是设计出可靠、易读而且代价合理的程序。

设计程序时应该遵循的以下几个基本原则。

（1）正确性：正确可靠无疑是设计程序最基本的要求，程序设计错误将导致设计程序工作毫无意义。

（2）有效性：一个好的程序运行效率要高，既要考虑减少计算机运行时间，又要考虑节省计算机存储空间。

（3）鲁棒性：程序设计时必须考虑到可能发生的异常事件并做出相应处理。一个好的程序应当是鲁棒的、健壮可靠的。即使用户非法操作（如不正确的输入），也能继续正常工作。

（4）可理解性：程序设计应选择恰当组织方式及布置格式，正确地编写、组织、管理与程序有关的程序清单、说明书、使用手册等文字资料，来提高它的可理解性。

（5）可维护性：是指纠正程序出现的错误和缺陷，以及为满足新的要求进行修改、扩充或压缩的容易程度。

（6）可移植性：简单地说就是指源代码在不同的平台上工作的兼容性。当程序移植到不同平台上，修改的代码越少，程序可移植性越好。

1.2　算　　法

1.2.1　算法的概念

算法（Algorithm）是为解决某一个具体问题而采取的确定的、有限的方法和步骤。计算机算法即计算机能够执行的算法，是指以一步接一步的方式来详细描述计算机如何将输入转化为所要求的输出的过程。通常计算机算法分为以下两类。

（1）数值计算算法：是用数学的计算方法来得到运算结果。

（2）非数值计算算法：则常用逻辑运算或数据运算来分析解决一些事务管理的问题。

在学习数学过程中，要解一个方程需要用一定的方法和步骤（算法）。下面通过求解一个数学题目来理解算法的概念。

例 1-1　求一个一元二次方程的解。

使用自然语言表示算法如下。

步骤 1：将方程设为标准形式，即 $ax^2+bx+c=0$。利用 b^2-4ac 的值来判断方程解的情况，即无解、有一个解或有两个解。

步骤 2：求 b^2-4ac 的值进行判断，如果该值小于 0，则此方程无解，执行步骤 5；如果等于 0，则此方程有一个解，执行步骤 3；否则方程有两个解，执行步骤 4。

步骤 3：求 $x=\dfrac{-b}{2a}$ 的值，为方程唯一的解，执行步骤 5。

步骤 4：求 $x_1=\dfrac{-b+\sqrt{b^2-4ac}}{2a}$，$x_2=\dfrac{-b-\sqrt{b^2-4ac}}{2a}$ 的值，为方程的两个有效解，执行步骤 5。

步骤 5：解题结束。

　　以上是在求解一元二次方程时所采用的方法和步骤。程序设计也是要利用类似方法和步骤控制计算机来解题或完成某项工作。这种方法和步骤就是计算机程序设计的算法。人们根据经验将一些典型和成熟的算法汇编成册,供学习和使用,但是算法设计的步骤和方法并不是固定不变的。如例1-1的求解算法中,也可以把步骤2、3、4顺序和内容做一些调整,照样可正确求解,这说明完成某一任务,并不一定只有唯一一种算法。但算法应具备一些特征。

　　一个算法应该具备以下五个特征。

　　(1) 有穷性(有限性)。任何一种算法都应在有限的操作步骤内可以完成,哪怕提出的解题方法是失败的。

　　(2) 确定性(唯一性)。解题算法中的任何一个操作步骤都应是清晰无误的,不会产生歧义或者使人误解。

　　(3) 可行性(能行性)。解题算法中的任何一个操作步骤在现有计算机软硬件条件下和逻辑思维中都能够实现。

　　(4) 有0到多个输入。解题算法中可以没有数据输入,也可以同时输入多个需要算法处理的数据。

　　(5) 一个算法执行结束之后必须有数据处理结果输出,哪怕是输出错误的数据结果,没有输出的算法是毫无意义的。

1.2.2　算法的表示方法

　　虽然算法与计算机程序密切相关,但二者也存在区别:计算机程序是算法的一个实例,是将算法通过某种计算机语言表达出来的具体形式;同一个算法可以用任何一种计算机语言来表达。描述算法可以用自然语言、程序流程图、PDL 图以及 N-S 图、伪代码、计算机语言等。下面介绍描述算法的几种常用方法。

　　1. 用自然语言描述算法

　　用日常使用的语言来描述算法,称为算法的自然语言描述。如例1-1中就是采用自然语言描述算法的方式。为加深对自然语言描述算法的理解,下面再看一个例子。

　　例 1-2　用自然语言描述求解 $S=1\times2\times3\cdots\times(n-1)\times n$ 的算法。

　　(1) 确定 n 的一个值;

　　(2) 假设 i 的初始值为1;

　　(3) 假设 S 的初始值为1;

　　(4) 如果 $i\leqslant n$ 时,转去执行⑤,否则转去执行⑦;

　　(5) 计算 S 乘以 i 的值后,重新赋值给 S;

　　(6) 计算 i 加1的值,然后将该值重新赋给 i,转去执行④;

　　(7) 输出 S 的值,算法结束。

　　从上面这个描述求解的过程中不难发现,自然语言描述算法的方法比较容易掌握。但是,存在很大缺陷,如果算法中含有多分支或循环操作,则很难表述清楚。此外,使用自然语言描述算法还很容易造成歧义。

　　2. 用程序流程图描述算法

　　程序流程图(Program Flow Chart)是软件开发者最熟悉的一种算法表达工具,它独立于任何程序设计语言。它的优点是直观、清晰、易于掌握,便于转化成任何计算机程序设计语言。因此,它是软件开发者常用的算法表示方式。

在学习使用流程图描述算法之前,先对流程图中的一些常用符号作一解释,如表 1-1 所示。

表 1-1　程序流程图的常用符号

符　号	名　称	作　用
⬭	开始框或结束框	表示算法的开始或结束
▱	输入框或输出框	表示算法过程中,从外部获取的信息(输入),然后将处理过的信息输出
▭	处理框	表示算法过程中,需要处理的内容,只有一个入口和一个出口
◇	判断框	表示算法过程中分支结构的条件,通常用菱形框中上面的顶点表示入口,其余顶点表示出口
↓　→	流程线	算法过程中流程指向的方向

例 1-3　用程序流程图描述例 1-2 求解过程的算法。

程序流程图如图 1-1 所示。

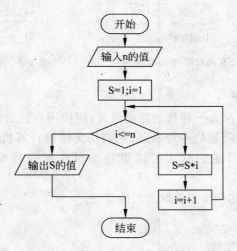

图 1-1　用程序流程图描述例 1-2 的算法

从上面算法流程图中,可以比较清晰地看出求解问题的执行过程。但是程序流程图的符号在使用过程中不容易规范,特别是在标准中没有严格规定流程线的用法,流程线能够指示流程控制方向的随意转移,很容易造成算法中操作步骤的执行次序混乱,而且不便于开发人员交流。

3. 用 N-S 图描述算法

N-S 图是 1973 年由美国学者 I. Nassi 和 B. Shneiderman 提出的一种新的流程图形式,N 和 S 是两位学者姓氏的首字母。在这种流程图中,摒弃了带箭头的流程线。算法的具体内容都写在一个矩形框内,框内又可以包含其他的从属框。

N-S图表示不同程序结构的符号如图1-2所示。

(1)顺序结构:如图1-2(a)所示,程序流程从A框到B框。

(2)分支结构:如图1-2(b)所示,判断条件是否成立。条件成立执行A框,条件不成立执行B框。

(3)循环结构:分别如图1-2(c)和图1-2(d)所示。图1-2(c)表示当循环条件成立时,执行A;否则,终止执行A。图1-2(d)表示执行A,直到循环条件不成立时终止执行A。

以上三种结构框的矩形框中又可以包含这三种结构,从而组成复杂的N-S图。下面来看一个实例。

例1-4 用N-S图描述例1-2求解过程的算法。

描述例1-2中算法的N-S图如图1-3所示。

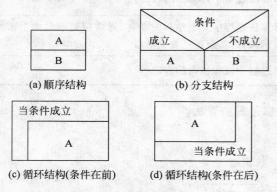

图1-2 N-S图表示不同程序结构的符号

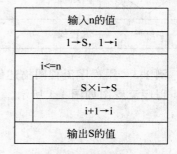

图1-3 用N-S图描述例1-2中的算法

4. 用伪代码描述算法

伪代码(Pseudocode)作为一种算法描述语言,同使用自然语言或流程图描述算法一样,都只是表述了编程者解决问题的一种思路,它们均无法被计算机直接接受并进行操作。使用伪代码的目的是使被描述的算法可以容易地以任何一种编程语言(Pascal、C、Java、C♯等)实现。

例1-5 用伪代码描述例1-2求解过程的算法。

(1) Start;

(2) 输入 n 的值;

(3) S ← 1;

(4) i ← 1;

(5) do…while (i<＝n)

(6) { S ← S × i;

i ← i + 1; }

(7) 输出 S 的值;

(8) end

伪代码是一种用来书写程序或描述算法时使用的非正式、透明的表述方法。它并非是一种编程语言,这种方法针对的是一台虚拟的计算机。伪代码是用介于自然语言和计算机语言之间的文字符号来描述算法的。

5. 用计算机语言描述算法

这种方法是直接用计算机语言书写算法，一步到位。选用的程序设计语言不一样，算法描述的形式也不一样，计算机语言描述算法必须严格遵循所用语言的语法规则。

例 1-6　用 C 语言描述例 1-2 求解过程的算法。

```
/* 源文件名: AL1_6.c */
# include < stdio. h >
void main()
{ int i,n;
  long S;
  printf("请输入整数 n 的值:");
  scanf(" % d",&n);
  i = 1;S = 1;
  while( i < = n)
  { S = S * i;
    i = i + 1;
  }
  printf(" % d!= % ld",n,S);
}
```

使用 Visual C++6.0 对上面 C 语言描述的算法程序进行编译、连接、运行，输入 5 后按 Enter 键，屏幕显示：

```
请输入整数 n 的值:5 ↙
5!= 120
```

使用计算机语言描述算法的优点是算法能为计算机直接接受，避免算法与计算机语言再次转换。缺点是算法要严格按照软件开发所使用的计算机软硬件环境要求书写，独立性不强，在改换软件开发环境时，又要按照新环境的要求重新编写。

1.3　结构化程序设计

由于软件危机的出现，人们开始研究程序设计方法，其中最受关注的是结构化程序设计方法。20 世纪 70 年代提出了"结构化程序设计(Structured Programming)"的思想和方法。结构化程序设计方法引入了工程思想和结构化思想，使大型软件的开发和编程都得到了极大的改善。

随着计算机程序设计方法的迅速发展，程序结构也呈现出多样性，如结构化程序、模块化程序、面向对象程序的结构等。至今结构化程序在程序设计中仍占有十分重要的位置，了解和掌握结构化程序设计的概念和方法，将为学习其他程序设计方法打下良好的基础。

1.3.1　结构化程序基本控制结构

采用结构化程序设计方法编写程序，目标是得到一个结构良好的程序，所谓良好结构的程序就是该程序具有结构清晰、容易阅读、容易理解、容易验证、容易维护等特点。1966 年，Boehm 和 Jacopini 证明了程序设计语言仅仅使用结构化程序三种基本控制结构：顺序结构、选择结构和循环结构,就可以表达出各种其他复杂形式的程序结构。

(1) 顺序结构:顺序结构如图 1-4(a)所示,是一种简单的程序设计,它是最基本、最常用的结构,按照语句行的先后顺序,一条一条地执行程序。

(2) 选择结构:选择结构又称为分支结构,它包括简单分支结构和多分支结构。简单分支结构如图 1-4(b)所示,其流程是先判断条件 P 是否成立,当条件 P 成立时,执行流程 A;当条件 P 不成立时,执行流程 B。

(3) 循环结构:循环结构分为两种,分别如图 1-4(c)和图 1-4(d)所示。图 1-4(c)表示当型循环结构,当条件 P 成立时始终执行 A 流程,否则停止执行 A 流程。图 1-4(d)表示直到型循环结构,程序始终执行 A 流程,直到 P 条件不成立时终止执行 A 流程。

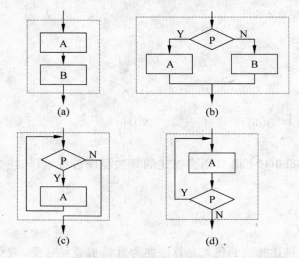

图 1-4　结构化程序基本控制结构流程图

可以看出结构化程序设计的每种基本结构有以下四个共同特点。

(1) 只有一个入口;

(2) 只有一个出口;

(3) 结构内的每一部分都有机会被执行到;

(4) 结构内不存在"死循环"。

1.3.2　结构化程序设计方法

结构化程序设计强调程序设计风格和程序结构的规范化,提倡清晰的结构。面对一个复杂的问题,一般难以直接写出一个层次分明、结构清晰、算法正确的程序。结构化程序设计方法的基本思路是把一个复杂问题的求解过程分阶段进行,每个阶段处理的问题都控制在容易理解和处理的范围内。

具体说,采取以下方法以保证得到结构化的程序。

(1) 自顶向下;

(2) 逐步细化;

(3) 模块化设计;

(4) 结构化编码。

在具体的项目实施中,首先将复杂的问题自顶向下划分成不同的功能模块,然后对功能模块进行多次细化,使其中的功能尽可能地独立完成,并且用三种基本控制结构去完成项目设计,如此才能较容易地编写出结构良好、易于调试的程序来。

例 1-7　读入两个数 a、b,将大数存入 a,小数存入 b。分析其算法,并画出流程图。

分析:从键盘读入 a、b,若 a≥=b,只需要顺序输出;否则应将 a、b 中数进行交换,然后输出。交换 a、b 可以使用一个中间变量 t 来完成,所以共需要 a、b、t 三个变量。算法如图 1-5 所示。

首先,自顶向下划分功能模块。

S1:读入 a、b。

S2:大数存入 a,小数存入 b。

S3:输出 a、b。

然后,逐步细化,将第二步(S2)求精。若 a<b,则交换 a、b 的值:

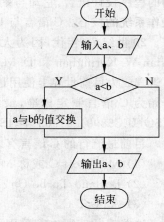

图 1-5　例 1-7 图

```
t = a;
a = b;
b = t;
```

最后,进行结构化编码,用计算机语言实现。

在结构化程序设计的具体实施中,要注意把握以下原则和方法:

(1) 使用程序设计语言中的顺序、选择、循环等有限的控制结构表示程序的控制逻辑;

(2) 选用的控制结构只允许有一个入口和一个出口;

(3) 程序语句组成容易识别的语句序列块,每块只允许有一个入口和一个出口;

(4) 设计复杂结构的程序时,仅用嵌套的基本控制结构进行组合嵌套来实现;

(5) 严格控制无条件转移(goto)语句的使用。

1.4　C 语言概述及开发工具

C 语言是目前国际上最流行、使用最广泛的高级程序设计语言之一,自诞生至今,历经 40 年的辉煌历程,仍然以其紧凑的代码、高效的运行效率、强大的功能,以及可以直接操作计算机硬件等特点,深受广大编程人员的喜爱。

1.4.1　C 语言产生与发展

C 语言是一种面向过程的计算机程序设计语言,是目前公认的最优秀的结构化程序设计语言之一。C 语言最初的原型为 ALGOL 60 语言(也称为 A 语言)。

1963 年,剑桥大学将 ALGOL 60 语言发展成为 CPL(Combined Programming Language)语言。1967 年,剑桥大学的 Matin Richards 对 CPL 语言进行了简化,于是产生了 BCPL 语言。1970 年,美国贝尔实验室的 Ken Thompson 将 BCPL 进行了修改,并为它起了一个有趣的名字"B 语言"(取 BCPL 的第一个字母),并且用它改写了 UNIX 操作系统,在 PDP-7

机上实现,但当时 B 语言过于简单,功能很有限。

到了 1973 年,美国贝尔实验室的 D. M. Ritchie 在 B 语言的基础上加入了数据类型、结构定义和其他操作符,最终设计出了一种新的语言,这就是 C 语言。虽然 C 语言是一种通用的程序设计语言,它却与系统程序设计紧密地联系在一起。C 语言描述和实现了 UNIX 操作系统的核心。C 语言与 UNIX 就像一对孪生兄弟,在发展过程中相辅相成。

20 世纪 70 年代,因为大学对 UNIX 情有独钟,所以 C 语言在大学里流行。1978 年 Brian W. Kernighan 和 D. M. Ritchie 出版了名著 *The C Programming Language*,从而使 C 语言成为目前世界上使用最广泛的高级程序设计语言之一。1982 年,一个 ANSI 工作组开始为 C 语言制定标准,最终于 1989 年完成(ANSI),并于 1990 年被接受为国际标准 (ISO/IEC9899)。1999 年,ISO 重新修订了 C 语言的标准。

目前最流行的 C 语言有以下几种。

(1) Microsoft C 或称 MS C;

(2) Borland Turbo C 或称 Turbo C;

(3) AT&T C。

这些 C 语言版本都采用了 ANSI C 标准,并在此基础上作了一些扩充,使 C 语言使用起来更加方便,变得更加完美。

1.4.2　C 语言的特点

C 语言是高级语言,独立于机器,编码相对简单,可读性强,可以用于开发系统软件,也可以用于编写应用软件。C 语言是发展最快,应用最广,也是最受欢迎的语言之一。C 语言之所以能长期存在和发展,并具有较强的生命力,主要因为其具有强大的功能及其自身的语言特点。C 语言主要有以下几个特点。

1. 简洁紧凑、灵活方便

C 语言一共只有 32 个关键字,9 种控制语句,追求简洁、方便的编程风格,便于初学者学习、使用。

2. 运算符丰富

C 语言的运算符范围广泛,共有 34 个运算符,它把括号、赋值、强制类型转换等都作为运算符处理,从而使得 C 语言的运算类型极其丰富、表达式类型多样化。灵活使用各种运算符,可以实现在其他高级语言中难以实现的运算。

3. 数据结构丰富

C 语言的数据类型有:整型、实型、字符型、数组类型、指针类型、结构体类型、共用体类型等,能用来实现各种数据类型的复杂运算,引入指针类型,使程序执行效率更高。

4. 结构式语言

C 语言是结构式语言,其显著特点是代码及数据的分隔化,即程序的各个部分除必要的信息交流外彼此独立。这种结构化方式可使程序层次清晰,便于使用、维护以及调试。C 语言程序以函数为单位,这些函数调用方便,具有多种循环、条件语句控制程序流向,因而可使程序完全结构化。

5. 语法限制不太严格,程序设计自由度大

C 语言中的部分数据类型可相互通用(例如整型和字符型),语法检查没有一般高级语言严格,给编程者较大的自由度。

6. 允许直接访问物理地址,可以直接对硬件进行操作

C 语言既有高级语言的特点,又具有低级语言的许多功能。C 语言能够像汇编语言一样对位、字节和地址进行操作,直接访问内存地址,对硬件进行操作。

7. 生成代码质量高,执行效率高

C 语言程序比汇编语言程序生成的目标代码效率仅低 $10\% \sim 20\%$,比一般高级语言执行效率高。

8. 适用范围大,可移植性好

C 语言有一个突出的优点就是适合于多种操作系统,程序基本不做修改就能用于各种计算机和操作系统,具有较强的可移植性。

1.4.3　C 语言的程序结构

C 程序是由函数组成的,一个简单的 C 程序可以只由一个主函数组成,不过一般 C 程序还包括其他库函数或用户自定义函数。下面通过几个简单的例子,来初步认识 C 程序结构及其特点。

例 1-8　在默认输出设备上显示"Hello,World"。

```
/ * 源代码文件名: AL1_8.c * /
# include  < stdio. h>              / * 调用标准输入输出函数的预编译命令行 * /
void main()                        / * 主函数,程序执行的开始位置 * /
{                                  / * 函数开始 * /
  printf ("Hello,World \n");        / * 在计算机的终端输出 Hello,World 字符 * /
}                                  / * 函数结束 * /
```

这是一个最简单的 C 语言程序。其中 main()函数是主函数,用"{}"括起来的部分称为函数体,函数体由若干条语句组成,是实现程序具体功能的部分。在 C 语言中,每条语句以";"结束。"/ * "和" * /"之间的内容是语句的注释部分,用于提高程序可读性,不会被计算机执行。

printf()是系统提供的标准库函数,其功能是向计算机终端(显示器)输入相应数据。# include ＜stdio. h＞是预编译命令行。C 语言中没有专门的数据输入输出语句,输入输出数据的操作部分都是通过调用系统提供的标准库函数来实现的。调用时,需要将库函数的头文件内容添加到程序中,因此必须在程序的开头使用预处理命令行。

例 1-9　编写程序求解表达式 1234＋5678 的值。

```
/ * 源代码文件名: AL1_9.c * /
# include  < stdio. h>
void main()
{
  int a,b,sum;                     / * 定义整型变量 a、b、sum * /
  a = 1234; b = 5678;              / * 对变量 a、b 赋值 * /
  sum = a + b;                     / * 求两者之和 * /
  printf ("sum is % d",sum);        / * 输出 sum 的值 * /
}
```

该程序的函数体包含多条语句,实现了求两数之和的算法。从程序中可以知道,C 程函数一般包括变量定义、变量赋值、数据处理、结果输出 4 个部分。变量定义：变量用于程序执行过程中存储参加运算的数据，所有变量的定义都要放在程序的声明部分，在函数体其他语句之前。变量赋值：本例中包含两条赋值语句，C 语言允许在一行书写多条语句。数据处理：数据处理是函数的核心部分，根据解题要求，对 a、b 进行求和计算，并将结果存到 sum 变量中。结果输出：调用 printf() 函数输出题目所需要求解的结果。

例 1-10　从键盘上输入两个数，比较它们的大小，并输出较大的数。

```
/*源代码文件名：　AL1_10.c*/
#include ＜stdio.h＞
int getMax(int x, int y)               /*自定义函数*/
{
    int max;                           /*定义 max 用于存储 x、y 中较大数*/
    max = x;                           /*假设 x 为较大的数，赋给变量 max*/
    if(x＜y) max = y;                   /*如果 y 值大于 x，则将 y 赋给变量 max*/
    return(max);                       /*将 max 值返回，通过 getMax 返回调用处*/
}
void main()                            /*主函数*/
{
    int a,b,max;                       /*定义整型变量 a、b、max*/
    scanf("%d,%d",&a,&b);              /*输入变量 a 和 b 值*/
    max = getMax(a,b);                 /*求两者之和*/
    printf("max is %d",max);           /*输出 sum 的值*/
}
```

getMax() 函数是用户自定义函数，功能是求两个数中的较大者。定义后，即可像标准库函数一样，在主函数中调用。scanf() 函数是系统提供的标准库函数，语句"scanf("%d, %d",＆a,＆b);"的功能是接收从键盘输入的两个数，并存放在变量 a、b 中。%d 是格式说明符，表示输入十进制整型数，其具体使用方法将在第 2 章介绍。

通过对以上 3 个例题的分析，将 C 语言程序的结构特点归纳如下。

(1) 函数是组成 C 程序的基本单元。一个 C 程序必须有且只能有一个主函数。主函数可以调用系统提供的库函数（如 scanf() 函数和 printf() 函数），也可以调用由用户根据需要自己设计的函数（如例 1-10 中的 getMax() 函数）。

(2) 一个函数由函数首部和函数体两部分组成。

① 函数首部，也称为函数说明部分，它包括函数类型、函数名、函数参数（形式参数）列表。

例如，例 1-10 中的 getMax() 函数首部如下：

```
     int        getMax    (int x,int y)
      ↓           ↓            ↓
   函数类型      函数名      参数列表
```

函数名后的形式参数必须用圆括号括起来，在没有形式参数的情况下，括号也不能省略（如 main()），它是函数的标志，具体使用方法在第 5 章进行介绍。

② 函数体。即除了函数首部以外，被"{"与"}"括起来的部分，如果函数内有多个大括号，则最外层一对大括号括起来的部分为函数体。函数体一般包括声明部分和执行部分，声明部分定义函数需要用到的变量，执行部分由功能语句组成。有些情况下，可以没有声明部

分,甚至也可以没有执行部分。如:

```
void close()
{    }
```

这是一个空函数,不实现什么功能。但它是符合 C 语法的一个函数。

(3) 主函数(main 函数)是 C 程序的执行入口,不论主函数在程序中的什么位置(主函数可以放在程序的开头,也可以放在程序最后,或者放在程序中函数与函数之间),C 程序总是从主函数的开头开始执行,直到该函数的最后一条语句执行完成后结束程序。程序中的其他函数(包括库函数和用户自定义函数)只能被主函数调用,它们不能调用主函数,但是允许它们之间相互调用。

(4) C 程序书写格式自由,一行内可以有多条语句,一条语句可以分写在多行,但每条语句末尾必须有一个分号,分号是语句结束的标志。

(5) C 语言本身没有输入输出语句。输入输出通过调用系统提供的标准库函数 scanf、printf 等实现。

(6) 可以用"注释"对 C 程序中的任何部分作标注说明,必要的注释,可以增加程序的可读性。

1.4.4　C 语言的开发工具简介

C 语言源程序是不能在计算机上直接执行的,需要经历编辑、编译、连接、运行过程(如图 1-6 所示),才能得到 C 程序的运行结果。首先要将源程序输入到计算机,这一步称为编辑源程序;然后,将源程序翻译成机器能识别的目标程序,这一步称为编译;再将目标程序和系统提供的库函数等连接起来,生成可执行文件,这一步称为连接;最后,可执行文件在机器上运行,得到运行结果。

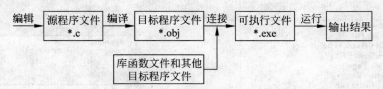

图 1-6　C 语言程序的编辑、编译、连接、运行过程

C 语言程序可以在多种操作系统环境下运行,很多版本的 C 编译系统运行 C 程序的步骤大致相同。下面介绍目前实际应用较为广泛的 C 编译系统之一 Visual C++6.0 的使用,Turbo C 2.0 开发环境将在附录中进行介绍。

1. 启动 Visual C++6.0

在安装好 Visual C++6.0 集成开发环境之后,选择"开始"→"程序"→Microsoft Visual C++6.0 命令,启动 Visual C++6.0 开发环境。

2. 新建工程

选择"文件"→"新建"命令,弹出"新建"窗口,在"工程"选项卡中选择 Win32 Console Application 选项,在右侧"工程名称"文本框中输入 myProject,在"位置"文本框中选择 D 盘作为存放工程的位置,这时界面如图 1-7 所示。单击"确定"按钮,完成新工程的建立。

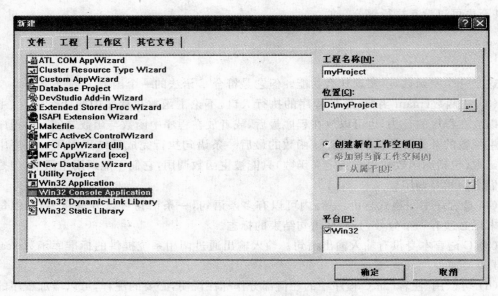

图 1-7 "新建"窗口的"工程"选项卡

3. 编辑源程序

选择"文件"→"新建"命令，弹出"新建"窗口，在"文件"选项卡中选择 C++ Source File 选项，确认工程名称、存放位置，并输入文件名 hello.c，如图 1-8 所示。再单击"确定"按钮，在打开的程序编辑窗口中，输入 C 语言源程序。

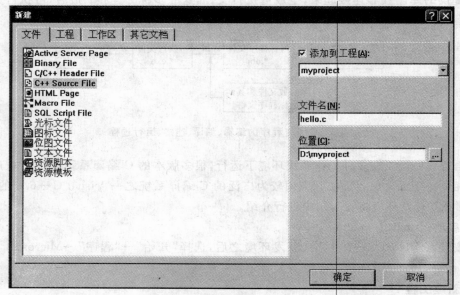

图 1-8 "新建"窗口的"文件"选项卡

4. 编译

　　如图 1-9 所示，源程序输入后，选择"组建"→"编译"命令（或按 Ctrl＋F7 组合键），编译生成后缀名为 .obj 的目标程序 Hello.obj，编译结果在如图 1-9 所示的信息窗口中显示。

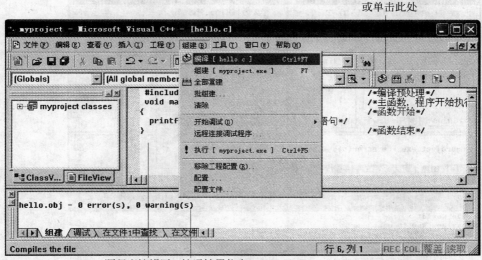

图 1-9　编译窗口

5. 连接

　　如图 1-10 所示，选择"组建"→"组建"命令（或按 F7 键），生成可执行文件 myProject.exe。

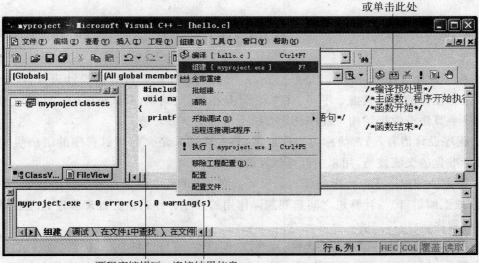

图 1-10　连接窗口

6. 执行

如图 1-11 所示，选择"编译"→"执行"命令（或按 Ctrl＋F5 组合键），运行 myProject.exe 程序，结果在弹出的窗口中显示（如图 1-11 所示），按任意键结束。

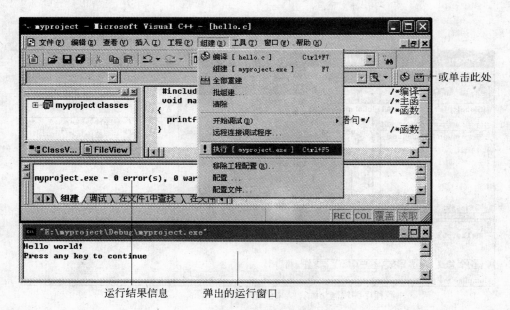

　　　　　　　　　运行结果信息　　　弹出的运行窗口

图 1-11　执行窗口

如果退出 Visual C++6.0 环境后，需要重新打开已经存在的 C 语言程序，则在资源管理器中双击 myProject.dsw 图标，或先启动 Visual C++ 6.0 环境，通过选择"文件"→"打开工作区"命令，然后在弹出的文件浏览对话框中选择文件 myProject.dsw。

本 章 小 结

1. 程序设计（Programming）是根据要解决的问题，使用某种程序设计语言，设计出能够完成这一任务的计算机指令序列。程序设计是指设计、编制、调试程序的方法和过程。

程序＝算法＋数据结构＋程序设计方法＋语言工具和环境

2. 程序设计语言，通常简称为编程语言，是一组用来定义计算机程序的语法规则。它是一种标准化的交流技巧，用来向计算机发出指令。

3. 语言处理程序把源程序翻译成语义等价的、计算机能够识别的低级语言，它是在高级语言（或汇编语言）与计算机之间起到翻译作用的程序。经过语言处理程序处理后得的程序称目标程序。

4. 程序设计的基本原则：正确性、有效性、鲁棒性、可理解性、可维护性、可移植性。

5. 算法（Algorithm）是为解决某一具体问题而采取的确定的、有限的方法和步骤。

6. 结构化程序设计是一种面向过程的设计思想，把程序定义为"数据结构＋算法"，它包括三种基本结构：顺序结构、选择结构和循环结构。

7. 结构化程序设计方法：自顶向下、逐步细化、模块化设计、结构化编码。

8. C 语言是 1973 年美国贝尔实验室的 D. M. Ritchie 设计出来的一种新的语言,在 B 语言的基础上加入了数据类型、结构定义和其他操作符。

9. C 语言的主要特点:简洁紧凑、灵活方便;运算符丰富;数据结构丰富;结构式语言;语法限制不太严;程序设计自由度大;允许直接访问物理地址,可以直接对硬件进行操作;生成代码质量高,执行效率高;适用范围大,可移植性好。

10. 函数是组成 C 程序的基本单元,一个 C 程序包括一个主函数和若干个其他函数。

习 题

一、选择题

1. 构成 C 语言程序的基本单位是( )。
    A. 过程　　　　　 B. 语句　　　　　 C. 函数　　　　　 D. 表达式

2. 一个 C 程序的执行是从( )。
    A. 本程序的 main()函数开始,到 main()函数结束
    B. 本程序的 main()函数开始,到本程序的最后一个函数结束
    C. 本程序的第一个函数开始,到本程序的最后一个函数结束
    D. 本程序文件的第一个函数开始,到本程序 main()函数结束

3. 以下叙述正确的是( )。
    A. C 程序中,main()函数必须位于程序的最前面
    B. C 程序中大、小写字母是有区别的
    C. C 程序的每行只能写一条语句
    D. C 程序中,若一条语句较长,也不能分写在下一行上

4. 以下叙述错误的是( )。
    A. C 程序中,语句用分号";"结尾,分号";"是 C 语句的一部分
    B. C 程序中,可以在"{}"内写若干条语句,构成复合语句
    C. C 语言的变量在使用之前必须先定义其数据类型
    D. C 语言函数内部可以定义函数

5. 以下叙述不正确的是( )。
    A. C 程序的注释部分放在"/ *"和" * /"之间,"/"和" *"之间不允许有空格
    B. 一个 C 源程序可由一个或多个函数组成
    C. 一个 C 源程序必须有一个且只能有一个 main()函数
    D. C 程序编译时注释部分的错误将被发现

6. 一个 C 语言源程序中,main()函数的位置( )。
    A. 必须在最开始
    B. 必须在自定义函数的前面
    C. 可以放在某一用户函数定义之前,也可以放在某一用户函数定义之后
    D. 必须在自定义函数的后面

7. C 语言中,复合语句的构成是将一系列语句置于( )。
    A. begin 与 end 之间　　　　　　 B. 圆括号"()"之间

　　C. 花括号"{ }"之间　　　　　　　　　　　　D. 方框号"[ ]"之间

8. 编制 C 语言程序的步骤是(　　　)。

　　A. 编译、连接、编辑、运行　　　　　　　　B. 编辑、连接、编译、运行

　　C. 编辑、编译、连接、运行　　　　　　　　D. 编译、编辑、连接、运行

二、填空题

1. 一个 C 程序有且仅有一个_____函数,函数体由_____括起来。

2. 在 C 源程序中,注释部分应放在_____和_____之间。

3. 要调用 C 的库函数,应在源程序首部加上相应的_____。

4. C 语言程序中的变量在使用之前必须先定义其_____,未经定义的变量不能使用。

5. C 语言程序中的函数由_____与_____两部分组成。

三、简答与程序设计

1. 简述程序、程序设计的概念。

2. 简述程序设计语言、语言处理程序的概念及其作用。

3. 简述设计程序的基本原则。

4. 简述算法的概念。

5. 算法有哪些特征,常用的表示方式有哪几种?

6. 简述结构化程序设计方法的含义,学会绘制基本控制结构的程序流程图。

7. 根据自己的认识,简要描述 C 语言的主要特点。

8. 上机运行本章的 3 个例题,熟悉 C 程序的运行环境,掌握 C 程序的编译与运行的步骤。

9. 编写一个 C 程序,在屏幕上显示:

```
| ************************** |
|       C 语言程序设计       |
| ************************** |
```

10. 定义两个整型数,值从键盘输入,编写输出这两数之积的程序。

提示:假设定义的两个变量为 a、b,键盘输入语句为"scanf("%d,%d",&a,&b);",输入时两个整数之间用空格间隔开,输出语句为"printf("%d * %d = %d\n",a,b,a * b);"。

第 2 章　数据类型、运算符与表达式

教学目标、要求

本章的教学目标：理解常量、变量、运算符的优先级和结合性及表达式的概念；掌握各种类型数据的常量的使用方法，掌握各种整型、实型、字符型变量的定义和引用方法，掌握各种运算符、表达式的使用方法；了解各种常用库函数的调用方式、各种类型数据在内存中的存放形式、数据类型转换规则以及强制数据类型转换的方法。

教学用时、内容

本章教学共需 10 学时，其中理论教学 6 学时，实践教学 4 学时。教学主要内容如下：

$$\left\{\begin{array}{l}\text{C 语言的字符集和标识符}\\[2pt]\text{C 语言的数据类型}\\[2pt]\text{常量}\left\{\begin{array}{l}\text{数值常量}\\\text{字符型常量}\end{array}\right.\\[12pt]\text{变量}\left\{\begin{array}{l}\text{定义}\\\text{初始化}\end{array}\right.\\[12pt]\text{库函数}\left\{\begin{array}{l}\text{常用数学函数}\\\text{格式化输入输出函数}\\\text{字符输入输出函数}\end{array}\right.\\[18pt]\text{运算符和表达式}\end{array}\right.$$

教学重点、难点

重点：(1) 在 C 语言中如何用基本类型的量正确表示不同种类的数据；

(2) 运算符的优先级和结合性及各种运算表达式；

(3) 格式化输入输出函数的使用。

难点：(1) 正确使用各种基本类型数据；

(2) 正确使用相关运算符组成表达式表达实际问题。

学习用 C 语言编写程序，首先要了解 C 程序的基本组成要素。从字面形式上说，C 程序是由一些符号、单词构成的语句组成的，从内容逻辑上讲，C 程序＝数据结构＋算法。所以学习使用 C 语言进行程序设计，必须先来了解构成 C 程序的基本符号、单词和数据。本章主要介绍构成 C 程序的这些基本要素，包括：C 语言的字符集、标识符，C 语言的基本数据类型、运算符和表达式等。

2.1　C 语言的字符集和标识符

2.1.1　字符集

C 语言的字符集是指 C 程序中允许使用字符的集合。一般可分为以下几类。

(1) 英文字母(大写、小写)：A～Z；a～z。

(2) 数字：0～9。

(3) 特殊字符：＋、－、＊、/、%、＝、＞、＜、&、^、|、~、!、?、:、.、,、"、"、";"、(、)、[、]、{、}、"、'、#、\、_、$ 以及空格等。

(4) 转义字符：\a、\b、\f、\n、\r、\t、\v、\\、\'、\"、\ddd、\xhh 等。

字符集中的单个字符或多个字符组合，可以构成 C 语言的运算符、数据、表达式或语句等，任何 C 源程序均由这些基本要素组合而成。

2.1.2　标识符

C 语言中各种对象的名字用标识符表示。所谓标识符就是由字母(a～z，A～Z)、数字(0～9)和下画线(_)组成的字符序列，并且规定第一个字符必须是字母或下画线。标识符用于表示常量名、变量名、函数名、类型名、文件名等。

例如，以下是合法的标识符：

a x1 sum Average _data2 student_3 MyName

而以下是不合法的标识符：

$ 100 3DMax Min(a b c) x = M.D. John

在 C 语言中，虽然对标识符长度(即组成标识符的字符个数)没有限制，但是 ANSI C 标准规定，C 编译器只识别前 31 个字符(建议标识符长度不要超过 31 个字符，以保证程序具有良好的可移植性)。有些编译系统(如在 Turbo C 2.0 中)规定标识符的前 8 个字符有效，如 student_number 和 student_name 这两个变量名将被该编译系统认为是相同的标识符。

C 语言中区分大写字母和小写字母。在标识符中同一字母的大写与小写，它们的含义是不同的，如：N 与 n 被认为是两个不同的标识符，data、Data 与 DATA 也被认为是三个互不同的标识符。编写程序时，为避免混淆，不要以大小写来区分变量，而应尽可能使用不同的标识符表示不同对象的名字。

2.1.3　标识符的分类

1. 保留字

保留字又称关键字。保留字是 C 语言中预先定义的一些标识符，规定它们具有特定含义及用途。

注意：每个保留字都保留有固定的含义、特定的用途。编程者不能改变它们的用途，将其用做自己的变量名或函数名等。

ANSI C 中共有以下 32 个保留字：

auto	break	case	char	const	continue	default
do	double	else	enum	extern	float	for
goto	if	int	long	register	return	short
signed	sizeof	static	struct	switch	typedef	union
unsigned	void	volatile	while			

这些保留字的意义和用法将在以后逐步介绍。

2. 预定义标识符

预定义标识符也具有特定含义。如 C 语言提供的库函数的名字（如：printf、scanf、sin、getchar 等）和编译预处理命令（如：include、define 等）。虽然 C 语言允许将这类标识符另作他用，但是为避免误解，增加程序可读性，建议不要将预定义标识符派作他用。

3. 用户标识符

用户标识符是根据自己需要而定义的标识符，为常量、变量、函数等对象起的名字。为提高程序的可读性，建议按照"见名知意"的原则来定义标识符，如：用标识符 age 表示年龄，用标识符 Average 表示平均值等。

用户标识符的命名应遵循以下规则。

（1）不能是保留字。

（2）只能由字母、数字和下画线三种字符组成，区分大写和小写字母。

（3）第一个字符必须为字母或下画线。

（4）中间不能有空格。

（5）标识符可以是任意长度。注意，特定的 C 语言编译系统对标识符的长度有具体的规定。

（6）一般不要与 C 语言中的库函数名相同。

2.2　C 语言的数据类型

在数学中经常会处理形如 $y=5x+6$ 的算式。其中，5 和 6 是两个不会变化的量，x、y 是两个变化的量，这 4 个量是数学中的基本数据；而 $5x+6$ 是一个数学表达式，可以看作是一个复合数据。

在 C 语言中，上述这些数据是程序处理的基本对象。数据可分为基本数据和复合数据。基本数据包括常量和简单变量，复合数据由基本数据组合构成，表达式和函数可视为复合数据。每种数据都具有基本属性，数据的基本属性包括数据值和数据类型。数据类型是程序设计语言中非常重要的概念，它决定了数据占有的存储容量、允许参与的运算、取值范围及精度。

在 C 语言中，数据类型包括基本类型、指针类型、构造类型和空类型。图 2-1 所示为 C 语言的数据类型。

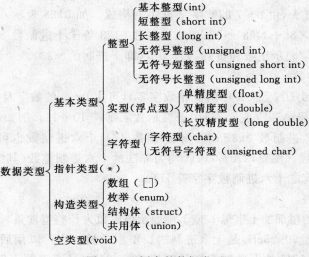

图 2-1　C 语言的数据类型

　　C 语言数据的基本类型可以直接用于定义简单变量,而构造类型需根据要表达的数据形式使用基本类型组合构造,自行定义。

2.3　常　　量

　　常量用来表示固定的数值或字符值。在程序运行中,常量的值是不能改变的。常量具有一定的类型,类型由其表示形式决定。在 C 语言中,常量可以分为数值常量和字符型常量。数值常量包括整型常量和实型(浮点型)常量,字符型常量有字符常量(包括转义字符)和字符串常量,另外还有一种符号常量。

2.3.1　数值常量

　　数值常量就是常数,它是一种从字面即可判断其值的字面常量。例如:5 和−5 ,3.14和−0.98。数值常量包括整型常量和实型常量。

1. 整型常量

　　在 C 语言中,整型数值常量可以用十进制、八进制、十六进制三种记数制表示。其表示形式如表 2-1 所示。

表 2-1　整型常量的三种形式

记数制	样　　例	前缀符表达方式
十进制整数	12、+1324、−1234、987654320L、18U	以 1~9 中的一个数开头
八进制整数	012、−027、+05、042635L、018u	以数字 0 开头
十六进制整数	0x12、0xabd、0X129、−0X127、0x25cfL	以 0x 或 0X 开头

　　(1) 十进制整数

　　它由 0~9 的数字字符序列构成。前面可以加上“+”或“−”表示正数或负数,如+1324、1324、−1324。

　　(2) 八进制整数

　　以 0(数字零)开头,由 0~7 的数字字符序列构成。如 0123 表示八进制数 123,其十进制的值为 $1\times8^2+2\times8^1+3\times8^0=83$,即八进制数 0123 等于十进制数 83。八进制数也可在前面加上“+”和“−”表示正数和负数,如−027(即十进制的−23)。

　　(3) 十六进制整数

　　以 0x 或 0X 开头(0x 及 0X 中的 0 是数字零),可由 0~9 的数字及字母 A~F 或(a~f)的字符序列构成,字母 A~F(或 a~f)用于表示数字字符 10~15。例如,0x2F 表示 $2\times16^1+15\times16^0=47$,即十六进制数 0x2F 等于十进制数 47。十六进制数也可在前面加上“+”或“−”表示正数或负数。注意,2A5、0x4H 均为非法的十六进制整数(其中:2A5 没有前缀 0x 或 0X,而 0x4H 含有非十六进制数字字符 H)。

　　(4) 整数的后缀

　　一个整型常量的尾部加上字母 L 或 l,则表示该整数为长整型常量。例如,987654320L 是十进制的长整型常量,0x25cfL 是十六进制的长整型常量。也可以用后缀 U 或 u 表示无符号整型常量。例如,18U 是十进制无符号整型常量,018u 是八进制无符号整型常量。后缀

L(或 l)和 U(或 u)可以同时使用,例如,3648LU 表示无符号长整型常量,并且 L 和 U 两种后缀的顺序任意。

注意:

① 由于记数制的不同,表 2-1 中 12、012、0xl2 分别表示不同的值。其中,八进制整数 012 等于十进制整数 10,而十六进制整数 0xl2 等于十进制整数 18。

② 不管使用何种记数制,带有前缀"+"或"−"的数称为带符号数,否则称为无符号数,无符号数允许加后缀 u 或 U;带有后缀 L 或 l 的数称为长整型数,否则为基本整型数。在 C 语言中,基本整型数占 16 位,长整型数占 32 位,它们所能表示的数值范围如表 2-2 所示。

表 2-2　整型数据的表示范围

记数制 \ 表示范围	基本整型数		长整型数	
	带符号数	无符号数	带符号数	无符号数
十进制	−32768～+32767	0～65535	−2147483648～2147483647	0～4292967295
八进制	−0100000～+077777	0～0177777	−020000000000～17777777777	0～037777777777
十六进制	−0x8000～0x7flfff	0xO～0xFFFF	−0x80000000～+x7ffffffff	0～0Xffffflff

(5) 整数在机内的存储形式

在计算机中,数据是以二进制形式存放并进行处理的。在大多数计算机中,整数采用补码的形式存储。

对于 C 语言编译系统,常用的 Turbo C 2.0 和 Turbo C++3.0 使用 2 个字节存储一个整数,而 Visual C++6.0 采用 4 个字节存储一个整数。以下例子都假设用 2 个字节存放一个整数。

在补码表示法中,最高位为符号位,0 代表正数,1 代表负数。

一个正整数,其补码与原码相同。如十进制整数 10,它的二进制形式为 1010,在内存中存放的形式如下

0	0	0	0	0	0	0	0	0	0	0	0	1	0	1	0

一个负整数 X,可用 $2^n - |X|$ 表示,其中 n 表示字长。求一个负数的补码可以使用"按位取反加 1"的方法。例如,求 −10 的补码可以用以下方法:

① 取 −10 的绝对值 10;

② 10 的二进制原码为 0000000000001010,对其进行按位取反,得 1111111111110101;

③ 再对按位取反值加 1,得 1111111111110110,这就是 −10 的补码。

因此 −10 在内存中存放的形式为:

1	1	1	1	1	1	1	1	1	1	1	1	0	1	1	0

需要特别注意的是,−0 的补码按"按位取反加 1"的方法算出其为 [−0]补 = 0000000000000000,即在补码表示中,0 只有一种表示形式,即 0000000000000000。而对于 1000000000000000,在补码表示中被定义为十进制数 −32768。

−32768 的绝对值 32768 的原码为 1000000000000000,按位取反值为 0111111111111111,将该值加 1 得 1000000000000000。

因此,16 位补码所能表示数的范围为－32768～＋32767。由此可以得出,n 位补码所能表示数的范围是－2^{n-1}～ $2^{n-1}-1$。

在计算机中采用补码表示,可以使减法运算转变为加法运算,从而简化硬件电路的设计。

2. 实型(浮点型)常量

实型常量又称实数或浮点数。在 C 语言中,实型常量只采用十进制表示。有十进制形式和指数形式(指数形式又称科学记数法)两种表示方式。

(1) 十进制形式的实数

十进制形式的实数由十进制整数部分、小数点和小数部分组成。其中整数部分和小数部分可以省略其一,而小数点必不可少。例如:－5.、＋0.082、.5、0.0 等都是实型数。

(2) 指数形式的实数

指数形式的实数可用形式 aEn 来描述。其中:a 表示尾数部分,为十进制整数或小数; n 表示指数,为十进制整数;两者中间用字母 E 或 e 分隔,该字母表示幂底数 10;a 与 n 这两部分缺一不可。例如:2.48e3(表示 2.48×10^3)、－5.27E－2(表示－5.27×10^{-2})都是合法的表示方式。而 e36 和 8.1462E0.5 则都是不合法的指数形式的实数。

实数在计算机内是以指数形式存储的,以 float 类型为例,大多数 C 编译系统是使用 4 个连续的字节(即 32 位)存储 float 类型数据。这 32 位分为 4 个部分,最高位为数的符号位,随后若干位存储尾数部分,接着是指数的符号位,最后一部分是指数,如图 2-2 所示。

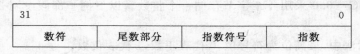

31			0
数符	尾数部分	指数符号	指数

图 2-2 实数的存储格式

在 4 个字节中,尾数部分和指数部究竟各占多少位,ANSI C 本身并未作规定,它由具体的 C 语言编译系统自定。不少 C 语言编译系统以 24 位表示数符和尾数部分,以 8 位表示指数符号和指数。

由实数的存储形式可以看出,尾数部分占的位数越多,所能表示的精度越高,指数占的位数越多,所能表示的数值范围越大。

注意:实型常量默认为 double(双精度)型。如果在实数后面加用后缀 F 或 f,则其类型为 float(单精度)型,例如,2.45F、12.34f、5.36e2 F 都是单精度实型常量。另外,如果在一个实数后面加上后缀 L 或 l,则表示 long double(长双精度)型,例如,2.4e2L、5.36e4l 都是长双精度实型数。

2.3.2 字符型常量

由字符组成的、其值不能被改变的量称为字符型常量。根据组成结构的不同,字符型常量可分为字符常量和字符串常量。

1. 字符常量

在 C 语言中,用单引号"'"括起来的单个字符称作字符常量。

例如:'a'、'A'、'9'、'#'、'"'、'/'等都是字符常量。

说明：

（1）单引号本身只起定界符作用，而不是字符常量的组成部分。

（2）英文字母区分大小写，即'a'和'A'是两个不同的字符常量。

（3）字符常量具有数值，其值对应于 ASCII 码值，是 0～255 之间的整数。例如：'a'的值是 97，'A'的值是 65，而'2'的值为 50。因此，C 语言允许字符型常量与整型常量混合使用（在不至于引起混淆的情况下，0～255 之间的整数可以用字符常量表示。例如：把 95 写成'a'－2，反之亦然）。

（4）输出字符常量时的输出格式控制符用%c。

（5）因为字符"'"和"\"在字符常量中有特殊的用途，因此，它们不能直接作字符常量使用，即'''和'\'为非法的字符常量。若要将这两个字符用做字符常量，应写成'\''和'\\'，即在这些字符前再加一个反斜杠"\"。

例 2-1　字符型常量与整型常量混合使用。

要求：输出字符"#"及其 ASCII 值；求'a'+2 的值并输出其 ASCII 字符；输出整数 38 的 ASCII 字符。

```
/ * 源代码文件名：AL2_1.c * /
# include < stdio. h >
void main()
{ printf("%c,%d\n",'#','#');            / * 输出"#"字符及其 ASCII 码值 * /
  printf("%c,%d\n",'a'+2,'a'+2);        / * 字符常量和整型常量运算值 * /
  printf("%d,%c\n",38,38);              / * 输出整型常量 38 的 ASCII 码值和字符 * /
}
```

程序运行情况如下：

```
#,35
c,99
38,&
```

2. 字符串常量

在 C 语言中，字符串常量是用双引号""""括起来的零个、一个或多个字符序列。例如："A"、"C Program"、"6.18"、"Turbo C2.0！"等都是字符串常量。

说明：

（1）双引号本身只作定界符使用，而不是字符串常量的组成部分。由此，若要在字符串常量中表示该字符，应写成"\""。例如，若要输出以下字符串：

```
Good "Turbo C2.0！"
```

正确的写法应是：

```
printf("Good \"Turbo C2.0！\"");
```

同样，若要在字符串常量中表示字符"\"，应写成"\\"。

（2）在存储器中，字符串常量以字符的 ASCII 码形式存储，而不是字符本身，且编译器会自动地在每一个字符串末尾添加串结束标志符\0（其 ASCII 码为 0）。例如，图 2-3 所示为字符串"Teacher?"在内存中存储的格式。

T	e	a	c	h	e	r	?	\0
84	101	97	99	104	101	114	63	48

图 2-3　字符串常量的存储格式

由图 2-3 可知,字符串常量占的字节数等于实际字符个数加 1。即便只有一个字母 A 也要占两个存储单元;而字符常量'A'只占一个存储单元。这是它们之间的本质区别。由此可知,字符常量和字符串常量不仅表示形式不同,而且存储格式也不一样。

(3) 字符串常量可以为空,即''也是一个合法的字符串常量。空字符串和空白字符串是两个不同的概念。前者只有一个结束标志\0;而后者在结束标志\0 前面,还有一个空白字符(其 ASCII 码为 32)。

(4) 与字符常量不同,字符串常量没有独立数值的概念,不能与整型常量互换使用。

3. 转义字符

转义字符是一种特殊形式的字符常量。

从上面已知,对于普通的 ASCII 字符,可以用字符常量实现字符与 ASCII 码间的相互转换。但对于用做定界符的"'"、""""和"回车换行"动作,则无法直接获取它们的 ASCII 码来输出字符本身和实现"回车换行"。

为此,C 语言采用以"\"开头、后跟一个或几个字符的形式来间接表示这些定界符、ASCII 字符集中的控制代码和图形符号,编译器能够将这种字符序列转换成控制代码。另一方面,"\"使后跟的一个字符失去了原有的意义,因此又称作转义字符。如,'\n'中的"n"不代表字母 n,而作为"回车换行"符处理。转义字符是一种特殊形式的字符常量,主要用以表示控制代码和图形符号。常用的转义字符如表 2-3 所示。

表 2-3　常用转义字符及其含义

字符形式	ASCII 码	转义字符的意义
\a	7	鸣铃
\b	8	退格,从当前位置移到前一列
\f	12	走纸换页
\n	10	回车换行
\r	13	回车,从当前位置移到本行开头
\t	9	水平制表(跳到下一个 Tab 位置)
\\	92	反斜杠字符"\"
\'	39	单引号字符
\"	34	双引号字符
\ddd		1～3 位八进制数所代表的字符
\xhh		1～2 位十六进制数所代表的字符

对于表 2-3,应注意以下两点。

(1) \ddd 是用八进制数表示的 ASCII 码。例如,用八进制数'\102'(相当于十进制数 66)代表 ASCII 字母 B;用'\033'代表 Esc。

(2) \xhh 是用十六进制数表示的 ASCII 码。例如,用'\x5d'表示字符"]";用'\x1B'同样可以代表 Esc。

由此可知,用转义字符可以表示任一 ASCII 码,并且可以有多种表示方式。

例 2-2　转义字符的使用。

```
/* 源代码文件名: AL2_2.c */
# include < stdio.h >
void main()
{  printf("ab\tcd\n");                      /* printf 是格式化输出函数 */
   printf("12345678\012student \x42\n");
}
```

程序运行情况如下:

```
ab   cd
12345678
student B
```

上述程序中使用 printf() 函数来输出双引号内的各个字符,注意其中的转义字符。

第一个 printf() 从第一列开始输出"ab",然后遇到转义符 '\t',光标移到下一输出区的开始位置(第 9 列)输出"cd"。

第二个 printf 输出 12345678,然后遇到转义符 '\012' 换行,在新的一行输出"student"和一个空格,接着遇到转义符 '\x42',输出 B。

4. 符号常量

在程序设计中,对于某些有特定含义的、经常使用的常量可以用标识符来代替。用标识符代表常量,可增加程序的可读性和可维护性。

在 C 语言中,代表常量的标识符称作符号常量。符号常量定义的一般格式为:

```
# define  符号常量  常量
```

其中,# define 是编译预处理命令,# 是编译预处理命令的开始标志,define 称为宏定义(详见第 7 章)。# define 的作用是定义一个符号常量,并用该符号常量代表其后的常量。使用 # define 定义符号常量,就是给常量起一个名字。例如:

```
# define  PI  3.1415926
# define PRICE 30
```

定义符号常量时要注意以下几点。

(1) 符号常量一般用大写字母表示,以示与程序中的其他语法成分相区别。

(2) 上述两行不是语句,而是命令行,因此不要用";"作结尾。它们的作用是用 PI 和 PRICE 代表其后直至行尾的字符,即用 PRICE 代表 30。若用";"做结尾,则 PRICE 代表的不是"30"而是"30;"。由此可知,一行只能定义一个符号常量。

(3) 符号常量代表的常量可以是前文介绍的各种形式的常量,也可以是程序的其他语法成分。

例 2-3　符号常量的定义与使用。

```
/* 源代码文件名: AL2_3.c */
# include < stdio.h >
# define P  printf                        /* 定义符号常量 P */
```

```
#define R  "Please input numbers:\n"        /*定义符号常量 R */
void main()
{ P(R);                                      /*使用符号常量 P、R */
}
```

程序运行情况如下：

Please input numbers:

这里用 P 代表了库函数名 printf，用 R 代表了字符串常量"Please input numbers:\n"。用这种形式完成输出功能，显得简单扼要。

（4）符号常量的定义可放在程序的任何位置，但是必须遵循"先定义后使用"原则，一般习惯将其放在程序的开始位置。

（5）符号常量一旦定义，可反复使用，但在程序中不能对它重新赋值。

例 2-4　符号常量的实际应用。

```
/*源代码文件名：AL2_4.c */
#include <stdio.h>
#define PI 3.14                             /* 定义符号常量 PI */
void main()
{   double r,s;
    r=20.0;
    s=PI*r*r;                               /* 使用符号常量 PI */
    printf("s=%f\n",s);
}
```

程序运行情况如下：

s=1256.000000

以上的"s＝PI＊r＊r;"语句在编译预处理后产生如下的语句：

s=3.14*r*r;

习惯使用符号常量是一种好的编程风格，它的好处在于：

（1）便于维护程序。如果常量在程序中多处使用，当需要改变其值时，就要修改多个地方。如果使用符号常量，只要在程序开头的宏定义部分修改一次，则能做到一改全改。这样减少了工作量，且不易出错。

（2）提高程序可读性。从例 2-4 可以看出，当阅读程序时看到 PI，就可以知道它代表圆周率。

建议编写 C 程序时，不要在程序中出现过多的常数，如：s＝3.14＊20.0＊20.0，在阅读和检查这样的语句时，难以理解其含义。

2.4　变　　量

2.4.1　变量的概念

在程序运行过程中其值会发生变化的量称为变量。

1. 变量的命名

用 C 语言编程,变量要有名字,以便通过名字对变量进行引用。变量的名字用标识符表示,标示变量的标识符称作变量名。对计算机而言,变量名代表一个或一组连续的存储器单元的名字。

在给变量命名时,应尽可能做到"见名知意"。例如,选用 name、weight、count、month、time 等标识符,给具有相应含义的变量命名。这样,可提高程序的可读性。应当注意变量名不要和 C 语言的保留字同名,也要尽量避免与库函数重名。

2. 变量的地址和值

在 C 语言中,变量本质上代表存储器单元,用于存放数据。变量具有三种基本的属性:变量值、变量地址和变量类型。

如图 2-4 所示,对于给定的两个变量 month 和 date,虽然能理解它们的含义,但从字面上看不出它们的值各是多少。实际上,从图 2-4 可以看出,它们分别代表内存单元 ffdc 和 ffdb 的名字,存储单元中的内容是它们的值。因此,month 的值为 6,date 的值为 18。这里,变量 month 的值为 6 体现了它的值属性,地址为 ffdc 反映了它的地址属性。由此可知,变量名和变量值是两个不同的概念。实际上,变量名是一个与某一存储单元相联系的符号地址,而变量值是指存放在该存储单元中的数据。

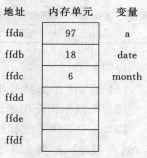

图 2-4　变量与存储单元

在程序中,经常会从变量中存取数据,实际上是通过变量名找到相应单元的地址,再对该地址单元进行写入或读出数据操作。

3. 变量的类型

每一个变量都具有类型,类型是变量的基本属性,那么,什么是变量的类型属性呢? 通俗地说,对于任一变量,都要解决以下基本问题:其一是变量存放在哪里? 静态存放还是动态存放? 存放周期有多长? 变量的作用范围有多大? 其二是变量占有多大存储空间? 取值范围有多大? 在 C 语言中,变量的类型属性就涵盖了这些具体的细节。概括地说,变量的类型属性包含有变量的存储类型和变量值的数据类型双重含义。

变量的存储类型用于指定变量的存储区域、作用域,它是 C 语言的重要特点之一。它体现了变量的物理特性,使 C 语言具有低级语言的某些功能。有关存储类型的具体讨论将在第 6 章详细讨论。

数据类型是 C 语言中允许使用的数据的种类(如整型数据、实型数据、字符型数据等)。数据类型决定了变量占有的存储容量、允许参与的运算、取值范围及精度。C 语言的数据类型包括基本类型、构造类型、指针类型和空类型等。

2.4.2　变量的基本数据类型

在 C 语言中,变量的基本数据类型有:整型(即 int 型)及其相关类型、字符型(即 char 型)及其相关类型、实型(即浮点型 float 型和 double 型)及其相关类型。

在 Turbo C 2.0 中,变量的基本数据类型及相关属性如表 2-4 所示。

表 2-4　Turbo C 2.0 中变量的基本数据类型及相关属性

类型	类型标识符	占用字节数	取值范围	有效位数
整型	[signed] short [int] 有符号短整型	2	−32768～32767	
	unsigned short [int] 无符号短整型	2	0～65535	
	[signed] int/signed [int] 基本整型	2	−32768～32767	
	unsigned [int] 无符号基本整型	2	0～65535	
	[signed] long [int] 有符号长整型	4	−2147483648～2147483647	
	unsigned long [int] 无符号长整型	4	0～4294967295	
字符型	[signed] char 有符号字符型	1	−128～127	
	unsigned char 无符号字符型	1	0～255	
实型	float 单精度浮点型	4	−3.4E−38～3.4E+38	6～7
	double 双精度浮点型	8	−1.7E−308～1.7E+308	15～16
	long double 长双精度浮点型	10	−3.4E−4932～1.1E+4932	18～19

说明：

（1）表 2-4 中方括号里的内容表示是"可选的"，即该内容有或没有作用都一样。

（2）类型标识符用于说明数据类型，它们都是保留字。

（3）ANSI C 中没有规定各种整型所占的字节数，但是要求 long 类型数据的长度不小于 int 类型，short 类型不长于 long 类型。例如，Visual C++6.0 中规定 short 型占 2 个字节，int 型占 4 个字节。此外，ANSI C 99 中比 Turbo C 2.0 多了一个 long long int 类型。

（4）ANSI C 中没有具体规定各种浮点型数据的长度、精度和数值范围，但是要求 float 类型的数值范围小于 double 类型，double 类型的数值范围小于 long double 类型。例如，Turbo C 2.0 中规定 long double 型占 10 个字节，而 Visual C++6.0 中规定 long double 型占 8 个字节。

（5）无符号整数（unsigned int）在机内存储时，最高位不是符号位，而是数据本身的一部分。因此无符号整数如果用 2 字节存储，则数值范围是 0～65535（$2^{16}-1$ 为 65535）。

表 2-4 列出的是 Turbo C 2.0 中，对变量基本数据类型及相关属性的具体规定。须知 C 语言不同编译系统的规定不尽一致，因此，在使用 C 语言进行程序设计时，请予注意。

2.4.3　变量的类型定义和使用

1. 变量的定义

在 C 语言中，规定程序里用到的所有变量必须定义，以便 C 编译系统确定变量的名字、数据类型及其存储类型。定义变量的一般形式如下：

存储类型　　数据类型　　变量名表 ;

这一形式称作变量说明语句或变量定义语句。其中："存储类型"由存储类型定义符（相关保留字）表示，存储类型用于指定变量的存储区域和作用域；"数据类型"由类型定义符（如表 2-4 所示）表示，数据类型用于指定每一变量所需的存储容量和数据的取值范围及精度；"变量名表"由一个或多个变量名组成，如果有多个变量名，相互之间用逗号","分隔，最后用分号";"作结束符。

例如：

```
static int month,date;
char ca,cb;
```

这是两行变量说明语句。

其中：static 是存储类型定义符；int、char 是数据类型定义符，int 用于说明 month、date 是各占两个字节存储单元的整型变量；char 说明 ca、cb 是各占一个字节的字符型变量。

变量的基本类型有整型（int）、实型和字符型（char），其中，实型变量又分为单精度型（float）和双精度型（double）。

如何定义各种类型的变量？请观察下列例子。

```
int n;                    /* 等价的定义: signed int n; 或 signed n; */
unsigned int m;           /* 等价的定义: unsigned m; */
long int l,k;             /* 等价的定义: long l,k; 或 signed long int l,k; */
char c1,c2;               /* 等价的定义: signed char c1,c2; */
float x,y;                /* 定义 x 和 y 两个单精度实型变量 */
double d1,d2,d3;          /* 定义 3 个双精度实型变量 d1、d2 和 d3 */
```

在定义变量时，要特别注意以下几点。

(1) 变量必须先定义、后引用。

(2) 类型定义符与变量名之间至少用一个空格符分隔。

(3) C 语言中的变量必须有确定的类型，同一变量不能说明为具有不同的类型。例如：

```
int  sum;
float  sum;               /* 错误 */
```

以上语句在编译阶段将会报告出错信息。

(4) 变量说明语句一般放在函数体的开头部分。

2. 整型变量

整型变量只能存放整型数据。整型变量要用整型定义符说明。Turbo C 2.0 中有 6 种整型定义符（详见表 2-4），整型定义符用来确立整型变量名、确定整型变量的取值范围和分配存储单元的字节数。

例如：

```
long  int  l, m, n;       /* 定义 l、m、n 为长整型变量 */
int  n1, n2;              /* 定义 n1、n2 为基本整型变量 */
unsigned  int  a, b;      /* 定义 a、b 为无符号基本整型变量 */
```

须知：

(1) 用整型变量存放整型数据，一般来说是准确的，无误差。

(2) 使用各类长整型（32 位）的程序运行速度比使用短整型（16 位）的慢，因此，除非数据大于 32767，否则不要随意使用长整型。

(3) 在 TC2.0 中输出 unsigned 整型数据要选用％u 格式，否则，可能得不到期望的结果。如若选用％d 格式，数据一旦超过 32767，则实际上输出的是补码。

3. 实型变量

实型变量不仅能存放实型数据，也可以存放整型数据。实型变量要用实型定义符说明，Turbo C 2.0 中有 3 种实型变型定义符：float（单精度）型、double（双精度）型、long double（长双精度）型。实型定义符用来确立实型变量名、确定实型变量的取值范围和分配存储单元的字节数（详见表 2-4）。

例如：

```
float x1,x2,x3;          /* 定义 x1、x2、x3 为单精度实型变量 */
double x,y, z;           /* 定义 x、y、z 为双精度实型变量 */
```

由于实型变量是用有限存储单元存储数据，所以存放的有效数字是有限的，由此可能会产生误差而使数据"失真"。请考察下列例子。

例 2-5　实型数据的舍入误差。

```
/* 源代码文件名：AL2_5.c */
# include < stdio. h>
void main()
{   float a,b,c;
    a = 33333.33333;
    b = 123456.789E5;
    c = b + 20;
    printf("a = %f,b = %f,c = %f\n",a,b,c );
}
```

程序运行情况如下：

a = 33333.332031,b = 12345678848.000000,c = 12345678848.000000

其中：a、b 应原值输出，但是输出的结果已产生误差；c 应比 b 的值增加 20，从 c 的输出结果看并未增加，明显有误差。这是因为单精度实型变量的值有效位数只有 7 位。

若将程序中的 float 类型改为 double 类型，则程序运行后会得到以下正确的结果：

a = 33333.333330,b = 12345678900.000000,c = 12345678920.000000

这是因为 double 类型（双精度实型）变量的值有效位数可达 15～16 位。TC2.0 规定小数点后最多保留 6 位，其余部分四舍五入。

4. 字符型变量

字符型变量用来存放一个字符常量。也可以存放 0～255 的整数。字符型变量要用字符型定义符说明。Turbo C 2.0 中有 2 种字符型定义符（详见表 2-4），字符型定义符用来确立字符型变量名、确定字符型变量的取值范围和分配存储单元的字节数。

例如：

```
char c1,c2,c3;      /* 定义 3 个字符型变量 */
c1 = 'A';           /* 为字符型变量 c1 赋值字符常量'A' */
c2 = 'b';           /* 为字符型变量 c2 赋值字符常量'b' */
c3 = '1';           /* 为字符型变量 c3 赋值字符常量'1' */
```

处理字符变量要注意以下几点。

　　(1) 一个字符变量只能存放一个字符常量或 0～255 的整数,不能存放字符串常量。

　　(2) 字符型变量在存储单元中存放的是字符的 ASCII 码,而不是字符本身。如上面字符型变量 c1 中存放的不是字符 A,而是字符 A 的 ASCII 码 65,同理 c2、c3 中存放的分别是 98、48。

　　(3) 依据格式控制符"%c"和"%d",一个字符型变量的值可以以字符形式,也可以以整数形式输出。以字符形式输出时,是将字符型变量存储单元中的 ASCII 码转换成相应字符,然后输出;以整数形式输出时,直接将 ASCII 码作为整数输出。

　　(4) 与字符常量一样,字符变量可以和整型数据互换使用,并可进行算术运算。但通常只做加减运算,且其结果应是 0～255 之间的整数,做其他运算或值超出规定范围都是没有意义的(因为一个 int 类型的数据占二个字节,char 类型只占一个字节,当整型量按字符型量处理时,只有低 8 位参与处理)。

　　(5) 在 C 语言中,没有字符串变量,如果要将一个字符串保存起来以便引用,必须借助字符数组。这将在第 7 章介绍。

　　例 2-6　用字符变量与整型变量输出字母 a 和 b 的字符和 ASCII 码,并进行不同类型的混合运算。

```
/* 源代码文件名: AL2_6.c */
# include < stdio. h >
void main()
{   char a,b;                 /* 定义 a、b 为字符变量 */
    int   n1,n2;              /* 定义 n1、n2 为整型变量 */
    n1 = 'a'; n2 = 'b';       /* 给整型变量赋以字符常量 */
    a = 97;   b = 98;         /* 给字符型变量赋以整型常量 */
    printf(" % c, % d, % c, % d\n",n1,n1,n2,n2);
                              /* 分别以字符形式和整数形式输出整型变量 n1、n2 的值 */
    printf(" % c, % d, % c, % d\n",a,a,b,b);
                              /* 分别以字符形式和整数形式输出字符变量 a、b 的值 */
    printf(" % d, % c",a + n1,a + n1);/* 字符变量 a 与整型变量 n1 相加 */
}
```

程序运行情况如下:

```
a,97,b,98
a,97,b,98
194,┳
```

　　在程序中,定义 a、b 为字符型,但在赋值语句中赋以整型值。从结果看,a、b 的值的输出形式取决于 printf 函数格式串中的格式控制符,当格式控制符为 %c 时,对应输出的变量值为字符;为 %d 时,对应输出整数。反之,定义 n1、n2 为整型变量,同样可以以字符形式和整数形式输出。并且,在两个不同类型的变量 a 与 n1 之间还可进行"+"运算,并可输出它们的 ASCII 值和字符。

　　例 2-7　把小写字母转换成大写字母,并分别以整型和字符型输出。

```
/* 源代码文件名: AL2_7.c */
# include < stdio. h >
void main()
```

```
{   char c1,c2;
    c1 = 'p'; c2 = 'q';
    printf("%c = %d, %c = %d\n",c1,c1,c2,c2);              /* 输出初值:字符和　ASCII 码 */
    c1 = c1 - 32;   c2 = c2 - 32;              /* 通过 ASCII 码运算实现字母从小写到大写的转换 */
    printf("%c = %d, %c = %d\n",c1,c1,c2,c2);              /* 输出结果:字符和 ASCII 码 */
}
```

程序运行情况如下:

```
p = 112,q = 113
P = 80,Q = 81
```

本例中,c1 和 c2 被说明为字符变量并赋予字符常量,C 语言允许字符变量参与数值运算,即用字符的 ASCII 码参与运算。由于大、小写字母的 ASCII 码相差 32,因此运算后把小写字母转换成大写字母,然后分别以字符形式和整数形式输出。

2.4.4　变量的初始化

变量的初始化是指对变量设置初值。变量的初始化可以与变量定义同时实现,也可以先定义变量,然后用赋值语句实现。通常使用整型常量、实型常量和字符常量为变量设置初值。

1. 定义变量的同时设置初值

例如:

```
int m = 5,n = 5,l = 5;      /* 定义整型变量 m、n、l,同时它们均被初始化为 5 */
char c1 = 'a',c2 = 65;      /* 定义字符型变量 c1、c2,同时它们分别被初始化为字符'a'和整数 65 */
int c = 'a';                /* 定义整型变量 c,同时它被初始化为字符常量'a',即为整数 97 */
double x = 8.1;             /* 定义双精度实型变量 x,同时初始化为 8.1 */
const float alpha = 0.613,beta = 0.825;   /* 定义 alpha、beta 为恒值单精度实型变量 */
```

前缀标识符 const(也是一个保留字)用于限定被定义的变量为恒值变量,只允许在初始化时赋值。当用 const 修饰某一变量定义时,该变量的值在程序执行过程中不允许通过任何手段改变,如同符号常量一样。

2. 先定义变量后设置初值

例如:

```
int m = 5,n = 5,l = 5;      /* 定义整型变量 m、n、l,同时它们均被初始化为 5 */
```

相当于

```
int m,n,l;                  /* 先定义 3 个整型变量 m、n、l */
m = 5;n = 5;l = 5;          /* 然后再用 3 个赋值语句分别赋初值 5 */
```

也相当于

```
int m,n,l;                  /* 先定义 3 个整型变量 m、n、l */
m = n = l = 5;              /* 然后也可以用"="表达式连续赋初值 5 */
```

还相当于

```
int m,n;                    /* 须先定义 m、n 为整型变量,该语句不能省略 */
```

```
int l = m = n = 5;          /* 此处定义变量 l,而变量 m、n 实为引用后 */
```

除上述情形外,还可以在定义变量时,仅对部分变量作初始化。例如:

```
int m,n,l = 5;
```

此时,只有变量 l 具有初值 5,而变量 m、n 没有值。此外,还允许使用已经初始化的变量对其他变量进行初始化。例如:

```
int m,n,l = 5;
int k = m = n = l;          /* 用整型变量 l 对其他变量进行初始化 */
```

注意:引用一个没有初始值的变量,会产生不可预料的结果,并且还难以发现(这是初学者常犯的一种错误)。因此,在定义变量的同时进行初始化是明智的做法。

须知:C 编译器对静态局部变量和全局变量会自动赋给初值,如果是数值类型的静态局部变量和全局变量,编译器通常赋给初值 0;如果是字符类型的静态局部变量和全局变量,编译器通常赋给初值空字符,即 ASCII 码为 0 的值(有关静态变量和全局变量的知识将在第 6 章介绍)。

2.5 库 函 数

C 语言程序由函数组成。函数是具有相对独立功能、可以单独设计、单独调试、单独命名的基本程序单元。事实上,每一个 C 语言程序都是由这样的若干个程序单元组成,即由若干个函数组成,而且规定每一个 C 语言程序必须包含且只允许包含一个 main 函数(称为主函数),并限定 C 语言程序的运行从 main 函数开始(称 main 函数是 C 程序的入口点),通过 main 函数再调用其他的函数,其他函数之间可以互相调用,但不允许其他函数调用主函数。

从使用的角度看,C 语言函数包括两种:库函数和用户自定义函数。库函数是由 C 语言编译系统提供的,可以直接使用它们,用户不必自己编写;而用户自定义函数,则是由用户依据问题需要自己设计编写的函数,用来实现指定的功能。

ANSI C 提供了许多种类的库函数,其中最常用的有以下几种:数学函数、字符和字符串函数、输入和输出函数、动态内存分配函数等(详见本书附录)。熟悉 C 语言的函数库,善于利用库函数,可以节省大量程序设计时间和精力,对提高程序设计能力也有很大帮助(C 语言用户自定义函数的相关内容将在第 5 章介绍)。

2.5.1 库函数的使用方法

C 语言库函数的使用一般分两步:首先要进行函数原型声明,然后再调用函数。函数原型声明用编译预处理命令 ♯include(称文件包含命令)来现实,调用函数在程序语句中进行。

1. 库函数原型声明

C 语言库函数的函数原型包含在 C 编译系统的头文件中,每一类库函数的函数原型都在某个对应的头文件中。如:数学类的库函数,它们的函数原型都包含在头文件 math.h

中；标准设备输入输出类的库函数原型都包含在头文件 stdio.h 中。

例如，要使用数学函数 abs(x)求整数 x 的绝对值，就应用如下预处理命令。

```
# include < math.h >
```

或

```
# include "math.h"
```

又如：要使用输出函数 printf()，就应用如下预处理命令。

```
# include < stdio.h >
```

注意：预处理命令应写在程序的开始位置；预处理命令不是 C 语言语句，因此结尾不可以加分号";"。

2. 库函数的调用

在包含了与某个库函数对应的头文件后，就可以在程序中调用该函数。C 语言函数调用的一般形式为：

函数名(实参列表);

其中：实参列表是调用该函数所需要的实际参数，如果有多个实参，实参之间以逗号","分隔；若调用的是无参函数，则"实参列表"可以没有，但括号不能省略；该形式最后的分号";"表明是函数语句调用，该分号也可以没有，没有时则表示是函数调用表达式。

例 2-8　库函数的调用方式举例：以下程序调用库函数 sqrt 求三角形面积。

```
/ * 源代码文件名：AL2_8.c * /
# include < stdio.h >                    / * 预处理命令：将头文件 stdio.h 包含进此程序 * /
# include < math.h >                     / * 预处理命令：将头文件 math.h 包含进此程序 * /
void main()
{   double a = 3.5,b = 4.5,c = 5.5;       / * a,b,c 表示三角形的三条边 * /
    double p,s;
    p = 0.5 * (a + b + c);
    s = sqrt(p * (p - a) * (p - b) * (p - c)); / * 调用数学函数 sqrt,计算三角形面积 * /
    printf("area = % f\n ",s);            / * 调用标准函数 printf,输出三角形面积 * /
}
```

程序运行情况如下：

```
area = 7.854885
```

2.5.2　常用数学函数

C 语言编译系统提供了丰富的数学函数，用于进行常见的数学运算。这些数学库函数可以分为以下几类：三角函数、双曲函数、指数与对数函数、幂与绝对值函数以及其他函数。

这些数学函数的原型在头文件 math.h 中，使用它们时应在程序头部用编译预处理命令将 math.h 包含进来，如：

```
# include < math.h >
```

或

```
# include "math.h"
```

1. 三角函数 sin()、cos()、tan()

函数原型：

```
double sin(double x);
double cos(double x);
double tan(double x);
```

功能：函数 sin()、cos()、tan()用于计算参数 x 正弦、余弦和正切值，这三个函数的参数都是代表弧度值的 double 型数据。

例 2-9　调用库函数，计算正弦、余弦和正切值。

```
/* 源代码文件名：AL2_9.c */
# include < stdio.h >
# include < math.h >
# define PI 3.14159265
void main()
{   double x,y;
    x = 0.5 * PI;
    y = sin(x);                    /* 调用库函数 sin,计算 x 的正弦值 */
    printf("sin( % f) = % f\n",x,y);
    y = cos(x);                    /* 调用库函数 cos,计算 x 的余弦值 */
    printf("cos( % f) = % f\n",x,y);
    x = 0.25 * PI;
    y = tan(x);                    /* 调用库函数 tan,计算 x 的正切值 */
    printf("tan( % f) = % f\n",x,y);
}
```

程序运行情况如下：

```
sin(1.570796) = 1.000000
cos(1.570796) = 0.000000
tan(0.785398) = 1.000000
```

2. sqrt()函数

函数原型：

```
double sqrt(double x);
```

功能：sqrt()函数返回值是参数 x 的平方根。

例 2-10　求一元二次方程的根。

```
/* 源代码文件名：AL2_10.c */
# include < stdio.h >
# include < math.h >
void main()
{   float a,b,c,discriminant,root1,root2;
    printf("Input values of a,b and c:\n");
    scanf(" % f % f % f",&a,&b,&c);
```

```
discriminant = b * b - 4 * a * c;        /* 求判别式的值,存放在 discriminant 中 */
if(discriminant < 0)
printf("\n\ROOTS ARE IMAGINARY\n");
else
{   root1 = ( - b + sqrt(discriminant))/(2.0 * a));   /* 调用求平方根函数 sqrt() */
    root2 = ( - b - sqrt(discriminant))/(2.0 * a));   /* 调用求平方根函数 sqrt() */
    printf("\nRoot1 = % 5.2f\nRoot2 = % 5.2f\n",root1,root2);
}
}
```

程序运行情况如下:

```
Input values of a,b and c:1 4 2 ↙
Root1 = - 0.59
Root2 = - 3.41
```

3. 绝对值函数 abs()、fabs()、labs()

函数原型:

```
int abs( int x);
double fabs(double x);
long labs( long x);
```

功能:abs()、fabs()和 labs()函数分别适用于求整数、浮点数和长整型数的绝对值,这三个函数的返回值是参数 x 的绝对值。

例如:abs(−108)等于 108;fabs(−75.68)等于 75.68;labs(−66666)等于 66666。

4. exp()和 pow()函数

函数原型:

```
double exp(double x);
double pow(double x, double y);
```

功能:exp()函数返回值是以 e 为底,参数 x 为幂的指数值;pow()函数返回值是 x 的 y 次幂 x^y。

例如,exp(3.0)等于 20.085537;pow(3.0,3.0)等于 27.0。

5. log()和 log10()函数

函数原型:

```
double log(double x);
double log10(double x);
```

功能:log()函数返回值是以 e 为底,参数 x 的自然对数值 lnx;log10 函数返回值是以 10 为底,参数 x 的对数值 $\log_{10} x$。

例如,log(20.085537)等于 3.0,log10(100.0)等于 2.0。

6. 随机函数 rand()、srand()

rand()函数和 srand()函数的函数原型在头文件 stdlib. h 中定义,使用它们时应在程序头部用编译预处理命令将 stdlib. h 包含进来,如:

```
# include < stdlib. h>
```

或

```
# include "stdlib. h"
```

函数原型：

```
int rand(void);
void srand(unsigned int seed);
```

功能：rand 函数的返回值，是一个在 0 ～ RAND_MAX 之间的伪随机（pseudo — random）整数，ANSI C 要求 RAND_MAX 至少为 32767。srand 函数的功能是用参数 seed 来设置一个伪随机数序列的开始点，以便调用 rand 函数时产生一个新的伪随机数序列。参数 seed 称为随机数种子。

例 2-11　用当前机器时间作随机数发生器，产生 5 个随机整数。

```
/ * 源代码文件名：AL2_11.c * /
# include < stdlib. h >
# include < stdio. h >
# include < time. h >
void main( void )
{   srand( (unsigned)time( NULL ) );       / * 用当前机器时间作随机数种子 * /
    printf("   % 6d\n", rand() );          / * 产生并输出 1 个随机数 * /
    printf("   % 6d\n", rand() );
    printf("   % 6d\n", rand() );
    printf("   % 6d\n", rand() );
    printf("   % 6d\n", rand() );
}
```

运行该程序，得到的一次结果是：

```
11954
22497
  673
10212
12265
```

上例程序中使用当前时间作为随机数种子，使得每一次运行该程序时产生的 5 个随机数都不相同。

2.5.3　字符输入输出函数

C 语言编译系统提供的字符输入输出函数的原型在头文件 stdio. h 中，使用它们时应在程序头部用编译预处理命令将 stdio. h 包含进来，如：

```
# include < stdio. h >
```

或

```
# include "stdio. h"
```

1. putchar()函数
函数原型：

```
int putchar(int c);
```

功能：putchar()函数是字符输出函数。其功能是把一个字符输出到标准输出设备（通常是显示器）上，其参数 c 可以是字符变量、整型变量或整型常量，其值为字符的 ASCII 码。

例 2-12　用字符函数 putchar 输出单个字符。

```
/* 源代码文件名: AL2_12.c */
# include < stdio.h >
void main()
{   char c1 = 'C',c2 = 67,c3 = '\x43';
    putchar(c1);              /* 调用 putchar 函数,输出字符变量 c1 的值 */
    putchar(c2);              /* 调用 putchar 函数,输出字符变量 c2 的值 */
    putchar(c3);              /* 调用 putchar 函数,输出字符变量 c3 的值 */
    putchar('\n');            /* '\n'是转义字符,作用是回车换行 */
    putchar(21);              /* 整常数作参数,21 是 § 的 ASCII 码值 */
    putchar('6');             /* 字符常量作参数 */
}
```

程序运行情况如下：

```
CCC
§ 6
```

2. getchar()函数

函数原型：

```
int getchar(void);
```

功能：getchar()函数是字符输入函数。其功能是从标准输入设备（通常是键盘）的输入流中获取一个字符，即该函数的作用是接收从键盘输入的一个字符。函数原型中规定调用该函数时不用参数。

例 2-13　调用字符函数 getchar,接收从键盘输入的一个字符。

```
/* 源代码文件名: AL2_13.c */
# include < stdio.h >
void main()
{   char ch1;            /* 说明字符型变量 ch1 */
    ch1 = getchar();     /* 等待从键盘输入字符并按回车键,把第一个字符赋值给字符型变量 ch1 */
    putchar(ch1);        /* 输出字符型变量 ch1 中的字符 */
}
```

执行这个程序，运行到赋值语句"ch1＝getchar();"时，字符输入函数 getchar()使得程序等待输入字符，当从键盘输入一个字符并按回车键后，getchar()函数获得输入的字符，并将该字符赋值给字符型变量 ch1，接着由 putchar()函数输出 ch1 的值（即该字符）。

注意：getchar()函数只接收一个字符，如果从键盘输入多个字符再按 Enter 键，也只有第一个字符被 getchar()函数接收。

2.5.4　格式输入输出函数

格式输入输出函数是 C 语言编译系统提供的库函数，它们的原型在头文件 stdio.h 中，

使用它们时应在程序头部用预处理命令 include 将 stdio. h 包含进来:

```
include < stdio. h >
```

或

```
# include "stdio. h"
```

1. printf()函数

printf()函数是格式输出函数。该函数的功能是将数据按指定的格式输出到标准输出设备上,利用该函数可以灵活地输出多种类型的数据。

调用 printf()函数的基本格式如下:

```
printf(格式控制字符串,输出参数表);
```

其中:"格式控制字符串"是用双引括起来的用于表示输出格式的字符串,它包括两部分:一部分是输出格式控制符,另一部分为普通字符和转义字符。

(1)输出格式控制符: C 语言规定输出格式控制符必须以"%"号开始,后面跟格式字符,格式字符用于限定被输出数据的格式。例如,输出 int 型数据用%d,输出字符型数据用%c,输出字符串用%s,输出 float 型和 double 型数据用%f 等。

(2)普通字符和转义字符在输出时按它们的原样输出。

"输出参数表"是要输出的若干数据项,数据项可以是常量、变量或表达式,各数据项之间用逗号","隔开。数据项的个数、类型、顺序应与格式控制符对应一致。

例 2-14 用格式输出函数 printf()输出数据。

```
/ * 源代码文件名: AL2_14.c * /
# include < stdio. h >
void main()
{   int year = 2009;
    double real = 147.258;
    printf("Integer number = % d\nReal number = % f\n", year ,real);
}
```

程序运行情况如下:

```
Integer number = 2009
Real number = 147.258000
```

上例的格式控制字符串包括两个格式控制符(%d 和%f)、转义字符(\n)以及一些普通字符。执行 printf 语句时,在两个格式控制字符的相应位置上,对应输出 year 和 real 的值。因为 year 和 real 分别是整型变量和实型变量(它们存放的分别是整型数据和浮点型数据),因此分别用格式控制符%d 和%f 与之对应。

关于输入输出的格式, C 语言中的规定比较繁琐,一旦用得不对将得不到期望的结果,还会引起麻烦,而每个程序几乎都包含输入输出。为了节省篇幅而又要使读者对输入输出格式有全面了解,将输出格式控制符及使用规则归纳如表 2-5 所示。于此,再次强调在使用 printf()函数输出数据时,务必注意数据类型要与表 2-5 所示格式说明相匹配;否则将会出现错误。

表 2-5 printf() 函数的格式字符

格式字符	说　明
d,i	以带符号的十进制形式输出整数(正数不输出符号)
o	以八进制无符号形式输出整数(不输出前导符 0)
x,X	以十六进制无符号形式输出整数(不输出前导符 0x),用 x 则输出十六进制数的 a~f 时以小写形式输出,用 X 时,则以大写字母输出
u	以无符号十进制形式输出整数
c	以字符形式输出,只输出一个字符
s	输出字符串
f	以小数形式输出单、双精度数,隐含输出 6 位小数
e,E	以指数形式输出实数,用 e 时指数以"e"表示(如 1.2e＋02),用 E 时指数以"E"表示(如 1.2E＋02)
g,G	选用%f 或%e 格式中输出宽度较短的一种格式,不输出无意义的 0。用 G 时,若以指数形式输出,则指数以大写表示

在格式控制字符串中,在%和上述表 2-5 所示的格式字符之间,可以插入以下几种附加符号(又称修饰符),如表 2-6 所示。

表 2-6 printf() 函数的附加格式说明字符

字　符	说　明
l	用于长整型整数,可加在格式符 d、o、x、u 前面
m(代表一个正整数)	数据最小宽度
n(代表一个正整数)	对实数,表示输出 n 位小数;对字符串,表示截取的字符个数
-	输出的数字或字符在域内向左靠

关于使用 printf() 函数的其他说明如下。

(1) 除了 X、E、G 外,其他格式字符必须用小写字母,如%d 不能写成%D。

(2) 可以在 printf 函数中的格式控制字符串内包含转义字符(参见表 2-3)等。

(3) 小写字母 d、o、x、u、c、s、f、e、g 9 个字符,如果用在%后面就作为格式符号。则一个"格式说明"以%开头,并以上述 9 个格式字符之一为结束。"格式说明"之间可以插入其他字符。例如:

```
printf(" x = % fd = % dsum = % e \n ",x,d,sum);
```

该语句中,第一个格式说明为%f,而不包括其后的 d;第二个格式说明为%d,而不包括其后的 s;第三个格式说明为%e。\n 是转义字符。其他的字符为原样输出的普通字符。

(4) 若想输出字符%,则应该在格式控制字符串中使用连续两个%(或者用\%)表示,如执行语句:

```
printf("%f%%",2/3.0);    /*或者用 printf("%f\%",2/3.0); */
```

将会输出:

```
0.666667%
```

2. scanf( )函数

scanf( )函数是格式输入函数。该函数的功能是按指定的格式从标准输入设备上接收输入的数据,利用该函数可以灵活地输入多种类型数据。

调用 scanf( )函数的基本格式为:

scanf(格式控制字符串,地址列表);

其中:"格式控制字符串"是用双引号括起来的用于表示输入格式的字符串,它由格式控制符和普通字符两部分组成。

(1) 格式控制符:以%开始,后面跟格式字符,用于以指定的格式输入数据。例如,输入 int 型数据用%d,输入 char 型数据用%c,输入 float 型数据用%f,输入 double 型数据用%lf(注:%lf 中的 l 不是数字 1,是英文字母 L 的小写)。

(2) 普通字符:在输入数据时要求按原样输入。

"地址列表"是由若干个输入数据项的内存地址组成。这些地址,通常是变量的地址,各地址之间用逗号","分隔。格式控制字符串中的格式控制符的数量和类型应与输入数据项从左到右对应一致。

例 2-15　用 scanf( )函数输入数据。

```
/* 源代码文件名: AL2_15.c */
# include < stdio.h >
void main()
{   int i,j,k;
    scanf("%d%d%d",&i,&j,&k);
    printf("%d, %d, %d\n",i,j,k);
}
```

运行时,按以下方式输入 i,j,k 的值:

```
2□4□8↙    (为 i,j,k 分别输入整数 2、4、8,"□"表示空格)
2,4,8     (输出 i,j,k 的值)
```

scanf 函数中的 &i、&j、&k 为输入数据项的内存地址,其中的 & 是地址运算符,&i 是指 i 在内存中的地址。上面 scanf( )函数的作用是:按照 i,j,k 在内存的地址,接收输入的 2、4、8 整数值,依次存入整型变量 i、j、k 中。变量 i、j、k 的地址是在编译连接阶段分配的。

%d%d%d 表示应该按照十进制整数形式输入 3 个数据。输入数据时,在两个数据之间以一个或多个空格间隔(这里用"□"表示空格字符,以下同),也可以用 Enter 键、Tab 键。下面输入均为合法:

```
2□□□4□□8↙
2↙
  4□8↙
2(按 Tab 键)4↙
  8↙
```

用%d%d%d 格式控制输入数据时,不能用逗号作两个数据间的分隔符。如下面的输入不合法:

3,4,5 ↙

将 scanf()函数用到的格式控制符及使用规则归纳如表 2-7 所示。使用 scanf()函数输入数据时，务必注意数据类型要与表 2-7 所示的格式说明相匹配。

表 2-7   scanf()函数的格式控制字符

格式字符	说　明
d,i	用来输入有符号的十进制整数
u	用来输入无符号的十进制整数
o	用来输入无符号的八进制整数
x,X	用来输入无符号的十六进制整数（字母大小写作用相同）
c	用来输入单个字符
s	用来输入字符串，将字符串送到一个字符数组中，在输入时以非空白字符开始，以第一个空白字符结束。字符串以串结束标志"\O"作为其最后一个字符
f	用来输入实数，可以用小数形式或指数形式输入
e,E,g,G	与 f 作用相同，e 与 f、g 可以互相替换（字母大小写作用相同）

表 2-8 列出了 scanf()函数中可以使用的附加说明字符（修饰符）。

表 2-8   scanf()函数的附加格式说明字符

字符	说　明
l	用于输入长整型数据（可用％ld,％lo,％lx,％lu）以及 double 型数据（用％lf 或％le）
h	用于输入短整型数据（可用％hd,％ho,％hx）
域宽	指定输入数据所占宽度（即列数），域宽应用正整数表示
*	表示本输入项在读入后不赋给相应的变量

说明：

（1）对 unsigned 型变量所需的数据，可以用％U、％d、％o、％X 格式输入。

（2）可以指定输入数据所占的列数，系统自动按它截取所需数据。

例如：

scanf(" ％4d％4d",&n,&k);

从键盘输入：

123456789 ↙

系统自动将 1234 赋给变量 n,5678 赋给变量 k。此法也适用于字符类型数据。

例如：

scanf(" ％4c", &ch);

如果从键盘连续输入 4 个字符 q、w、e、r,由于字符变量 ch 只能容纳一个字符,系统就把第一个字符'q'赋给字符变量 ch。

（3）若在％后用一个附加说明符" ＊ ",则表示要跳过它指定的列数。

例如：

scanf("％3d□□％＊4d□□％2d",&n,&k);

如果从键盘输入如下一行内容：

123□□4567□□89↙

系统会将 123 赋给整型变量 n，％＊4d 表示读入 4 位整数，但不赋给任何变量，然后再读入 2 位整数 89 赋给整型变量 k，即第 2 个数据 4567 被跳过。在某些应用中，要利用现成的一批数据而又不需要其中某些数据时，可利用此方法"跳过"那些不需要的数据。

（4）用 scanf() 函数接收数据时不能规定精度。

例如：

scanf("％6.3f",&x);

是不合法的，不能企图用这样的 scanf() 函数输入以下数据而使 x 的值为 123.456。

123456↙

3. 使用 scanf() 函数时应注意的问题

（1）scanf() 函数中的"格式控制字符串"后面给出的是变量地址，而不应是变量名。

例如：

scanf("％f％f％f",x,y,z);

是错误的，应将"x,y,z"改为"&x,&y,&z"。

（2）如果在"格式控制字符串"中除了格式说明以外还有其他字符，则在输入数据时应在对应位置输入与这些字符相同的字符。

例如：

scanf("％d,％d", &n,&k);

输入时应该用如下形式：

2348,579↙

注意：输入的两个数之间有逗号，该逗号与 scanf 函数中的格式控制中的逗号是对应的，这样输入是正确的。而像如下这样形式输入：

2348□579↙

2348;579↙

都是不对的。也就是说，在执行数据输入时，"格式控制字符串"中除格式说明之外的其他字符，要在原位置输入原字符。

如果执行语句：

scanf("％d□％d",&n,&k);

并用以下形式输入：

135□369 ↙

或

135□□369 ↙

或

135□□□369 ↙

都是允许的。变量 n 和 k 接收的都是 135 和 369。由于在两个%d 间有一个空格字符,按规定,在输入时,两个数据间应有 1 个或更多的空格字符。

如果执行语句:

```
scanf(" % d: % d: % d ",&m,&n,&k);
```

并用以下形式输入:

135:246:897

或者如果执行语句:

```
scanf("m = % d,n = % d,k = % d ",&m,&n,&k);
```

而用以下形式输入:

m = 123,n = 246,k = 897

均是正确的。在输入格式中采用这样的形式,使数据输入时有了必要的、含义清楚的信息,因而不易发生数据输入错误。

（3）用%c 式输入字符时,"转义字符"和空格字符都作为有效字符输入。例如,如果执行语句:

```
scanf(" % c % c % c ",&chl,&ch2,&ch3);
```

并用以下形式输入:

M□S□W ↙

则字符变量 ch1 接收的是'M',ch2 接收的是空格字符'□',而 ch3 接收的是'S'。显然,这种结果不是所期望的。这是因为%c 只要求读入一个字符给对应的变量。

正确的输入形式如下:

MSW ↙ 　（字符之间无空格）

（4）输入数据遇到以下情况时,认为该数据结束。

① 按 Enter 键或按 Tab 键,或遇空格;

② 按指定的宽度结束,如%5d,只取 5 列;

③ 遇非法输入。

例如,如果执行语句:

```
scanf(" % d % c % f",&n,&ch,&x);
```

并用以下形式输入：

135W369o.72

则整数 135 对应%d 格式,135 之后遇字符'W ',认为整数值 135 后已没有数字了,第一个数据到此结束,第一个数据 135 由对应的第一个变量 n 接收,字符'W'由对应的变量 ch 接收;由于%c 只要求输入一个字符,因此后面的数值应送给变量 x。如果因为疏忽把本来应为 3690.72 输错成 369o.72,由于 369 后面出现字母'o',就认为该数据的数值到此结束,而将 369 送给第三个变量 x,结果变量 x 接收到的不是预想的数值。

最后须说明,程序中使用格式输入输出函数 scanf()和 printf()时,若在 Turbo C 2.0 下,允许程序中不加预处理命令"♯include <stdio.h>"。但是,如果使用的是 Turbo C++ 3.0 或 Visual C++编译系统,则一定要加预处理命令。

2.6　运算符和表达式

C 语言提供了比其他高级语言更丰富的运算符和表达式类型,这些独具风格的运算符和表达式,形成了 C 语言的主要特色,使 C 语言具备了完善而强大的功能。C 语言的另一特色是其运算符具有的结合性,这也是其他高级语言所没有的。

2.6.1　C 语言的运算符

C 语言的运算符很丰富,除了一般高级语言共有的算术运算符、关系运算符、逻辑运算符以外,还具有位操作运算符及许多如"="、","、"?:"等 C 语言特有的、用于完成特殊任务的运算符。

按照运算符的操作数数目,可把运算符分为单目运算符、双目运算符和三目运算符 3 类。而依据运算符的作用,可把 C 语言的运算符划分成以下 13 类。

(1) 算术运算符：＋、－、＊、/、％、＋＋、－－

(2) 关系运算符：＞、＜、＝＝、＞＝、＜＝、! ＝

(3) 逻辑运算符：＆＆、||、!

(4) 位操作运算符：＆、|、～、^、＜＜、＞＞

(5) 赋值运算符：

① 简单赋值运算符——＝

② 复合算术赋值运算符——＋＝、－＝、＊＝、/＝、％＝

③ 复合位运算赋值运算符——＆＝、|＝、^＝、＞＞＝、＜＜＝

(6) 条件运算符(即三目运算符)："?:"

(7) 逗号运算符：","

(8) 指针运算符：＊、＆(取地址运算符)

(9) 求字节数运算符：sizeof()

(10) 强制类型转换：(类型)

(11) 成员运算符：－＞ 、"."

(12) 下标运算符：[]

（13）括号运算符：（）

2.6.2　运算符的优先级和结合性

众所周知,数学算式的求值规则是由算符决定的(即如:先乘除后加减,乘幂优先,括号最先算等)。在 C 语言中,一个算式(C 语言中称为表达式,以下同)中各运算项(又称数据项或操作数)的求值规则(运算次序),不仅取决于表达式中各算符(又称运算符或操作符)的优先级,而且还取决于运算符的结合性。

1. 运算符的优先级

运算符的优先级是指运算符在表达式求值时的优先级别。在 C 语言中,每个运算符都有一个指定的优先级,表达式的求值计算是按运算符的优先级别从高到低的次序进行的。

例如,在进行算术运算 $100-(3+2)\times6$ 时,先计算 $3+2$ 得 5,再计算 5×6 得 30,最后计算 $100-30$ 得 70。是按"括号最优先,先乘除后加减"的次序,即按照计算运算符的优先级的高低次序计算的。表 2-9 中列出了 C 语言运算符的运算优先级别,共分为 15 级,1 级最高,15 级最低。

表 2-9　C 运算符的优先级与结合性

优先级	运算符	名称或含义	使用形式	结合方向	要求运算对象的个数
1	［ ］	数组下标	数组名［常量表达式］	左到右	
	（ ）	圆括号	（表达式）/函数名（形参表）		
	.	结构体成员运算符	结构体变量.成员名		
	－>	指向结构体成员运算符	结构体指针－>成员名		
2	－	负号运算符	－表达式	右到左	单目运算符
	（类型）	强制类型转换	（数据类型）表达式		
	++	自增运算符	++变量名/变量名++		单目运算符
	——	自减运算符	——变量名/变量名——		单目运算符
	*	取值运算符	*指针变量		单目运算符
	&	取地址运算符	& 变量名		单目运算符
	!	逻辑非运算符	! 表达式		单目运算符
	~	按位取反运算符	~表达式		单目运算符
	sizeof	求字节数运算符	sizeof(表达式)		
3	/	除	表达式/表达式	左到右	双目运算符
	*	乘	表达式 * 表达式		双目运算符
	%	余数(取模)	整型表达式/整型表达式		双目运算符
4	+	加	表达式+表达式	左到右	双目运算符
	－	减	表达式－表达式		双目运算符
5	<<	左移	变量<<表达式	左到右	双目运算符
	>>	右移	变量>>表达式		双目运算符
6	>	大于	表达式>表达式	左到右	双目运算符
	>=	大于或等于	表达式>=表达式		双目运算符
	<	小于	表达式<表达式		双目运算符
	<=	小于或等于	表达式<=表达式		双目运算符

续表

优先级	运算符	名称或含义	使用形式	结合方向	要求运算对象的个数
7	==	等于	表达式==表达式	左到右	双目运算符
	!=	不等于	表达式!=表达式		双目运算符
8	&	按位与	表达式&表达式	左到右	双目运算符
9	^	按位异或	表达式^表达式	左到右	双目运算符
10	|	按位或	表达式|表达式	左到右	双目运算符
11	&&	逻辑与	表达式&&表达式	左到右	双目运算符
12	||	逻辑或	表达式||表达式	左到右	双目运算符
13	?:	条件运算符	表达式1?表达式2:表达式3	右到左	三目运算符
14	=	赋值运算符	变量=表达式	右到左	
	/=	除后赋值	变量/=表达式		
	*=	乘后赋值	变量*=表达式		
	%=	取模后赋值	变量%=表达式		
	+=	加后赋值	变量+=表达式		
	-=	减后赋值	变量-=表达式		
	<<=	左移后赋值	变量<<=表达式		
	>>=	右移后赋值	变量>>=表达式		
	&=	按位与后赋值	变量&=表达式		
	^=	按位异或后赋值	变量^=表达式		
	|=	按位或后赋值	变量|=表达式		
15	,	逗号运算符	表达式1,表达式2,…,表达式n	左到右	

　　为了便于分辨 C 语言的运算符,更容易记忆各类运算符的优先级别,图 2-5 按照种类归纳了 C 语言中各类运算符(从高到低)的优先级别。

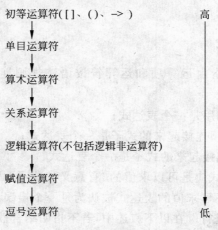

图 2-5　C 语言各类运算符的优先级别

2. 运算符的结合性

　　运算符的结合性是指运算项对运算符的结合方向。在对一个表达式求值时,首先是按运算符的优先级确定计算次序,只有当某个运算项两侧的运算符的优先级相同时,才依据运算符的结合性所规定的结合方向处理。

C 语言中各运算符的结合性分为两种,即"左结合性"(自左至右)和"右结合性"(自右至左)。具有右结合性的运算符有:赋值运算符、条件运算符和单目运算符。其余的运算符都具有左结合性,详见表 2-9(其中对应列出了 C 语言运算符的优先级别和结合性)。

说明:

(1) 自左至右的结合方向称为"左结合性"。

例如,算术运算符的结合性是自左至右,即先左后右。如表达式 x－y＋z 中,y 两侧的运算符－与＋的优先级别同为 3 级,结合性为自左至右,故 y 应先与"－"号结合,执行 x－y 运算,然后再执行＋z 的运算。

(2) 自右至左的结合方向称为"右结合性"。

例如,有表达式 x＝y＝z,由于"＝"的右结合性,y 应先与其右侧的"＝"结合,执行 y＝z,再执行 x＝(y ＝z)运算。

又如,表达式 j＋－－i＋＋中,因为运算符－－与＋＋的优先级别都是 2 级,都具右结合性,所以 i 应先与其右侧的"＋＋"结合 ,先执行 i＋＋,再执行－－运算,即相当于－－(i＋＋),最后执行 j＋ 运算。

有时候,可能会被 C 语言的结合性弄糊涂。尤其对一些逻辑关系较为复杂的表达式和自增、自减运算符出现较多的表达式,往往难于理解,弄不好还容易出错。实际上这也是学习C 语言的难点之一。其解决的最好办法是利用括号,把一些存在二义性的运算项括起来,这样不仅可改善程序的可读性,还可以避免差错。例如:对于 a＋a＋＋＋b,应当写成 a＋(a＋＋)＋b 或 a＋a＋(＋＋b);对于 a＋a＋＋＋＋b＋b,应当写成 a＋(a＋＋)＋(＋＋b)＋b 才是正确的方法(请自行分析改写后三个表达式的运算次序)。

(3) 从表 2-9 中可以看出:几个位运算符的优先级别不尽相同又比较分散,有的在算术运算符之前(如～),有的在关系运算符之前(如＜＜和＞＞),有的在关系运算符之后(如&、^、|),进行位运算时应注意。

2.6.3　C 语言的表达式

C 语言中的表达式是指由运算项和运算符按语法规则连接起来的式子。它有如下定义:

(1) 常量、变量、函数调用是一个表达式;

(2) 运算符与(1)中各项连接起来的式子是一个表达式;

(3) 运算符与表达式连接起来的式子是一个表达式。

C 语言规定,一个表达式应是可以求值的、有意义的式子(因此对表达式的计算将返回一个具有确定类型的值),不可求值的表达式被认为是一个错误。表达式求值按运算符的优先级和结合性规定的顺序进行。在以下叙述中,若不指明结合性则默认为左结合性。

1. 赋值运算符和赋值表达式

由赋值运算符"＝"组成的表达式称为赋值表达式。将赋值过程作为一种运算处理是C 语言的特色。赋值表达式的形式如下:

变量名 ＝ 表达式

其作用是将"="号右边的表达式的值,赋给左边的变量,并生成一个新的表达式。

例如,设 k、n、m 都是整型变量,则

```
k = 520
n = k + 310
m = n = k + 310
```

都是正确的赋值表达式。其中,k＝520 表示将整型常量 520 赋给变量 k,即将整数 520 送到变量 k 的存储单元,而不是数学上左右相等的概念。n＝k＋310 表示先将变量 k 的值与 310 相加,再赋给变量 n。而表达式 m＝n＝k＋310 的运算次序则是:先计算 k＋310,再将其值赋给 n,最后把 n 的值赋给 m,n 和 m 先后得到值,都是 k＋310 的值——整数 830。

在使用赋值表达式时,要注意以下几个问题。

(1) 赋值运算符"＝"具有右结合性,它的运算次序应从右至左执行。

(2) 由于赋值运算产生一个新的表达式,根据赋值运算的定义,它还可以赋给另一个变量,从而产生连续赋值的效果,因此非常适用于变量的初始化。

例如:

```
x = y = z = 2.38
```

(3) 赋值表达式不是赋值语句。但是按照 C 语言规定,任何表达式在其末尾加上分号就构成为语句。因此,

```
x = y = z = 2.38;
```

是一个赋值语句。

(4) 赋值类型转换。如果赋值运算符两边运算项的数据类型不相同,系统将会自动进行类型转换,即把赋值号右边的类型转换同左边的类型。

具体的转换规则如下。

(1) 将浮点型数据赋值给整型变量,舍去其浮点数的小数部分。例如:k 为整型变量,赋值表达式 k＝23.712 的结果是 k 的值为 23。

(2) 将整型数据赋值给实型变量,数值不变,但以浮点数形式存储到实型变量中。即整数部分不变,增加小数部分(增加的小数部分的值为 0)。例如,y 是 float 型变量,执行 y＝12,则先把 12 转换成 12.00000,再赋值给 y。

(3) 将 double 型数据赋给 float 型变量时,截取其前面 7 位有效数字,存放到 float 型变量的存储单元中;将 float 型数据赋给 double 型变量时,数值不变,有效位扩展到 16 位,在内存中以 8 个字节存储。

(4) 不同类型的整型(字符型可作为整型的特例)数据间的赋值运算规则是:

① 长度相同,则原样赋值(符号位也原样传送)。

② 当长整型数赋给短整型变量时,截取低位传送。

③ 当短整型数赋给长整型变量时,低位直接传送,高位根据低位整数的符号进行扩展,即正数高位全补 0(注:unsigned 型数据是正数,高位全补 0),负数高位全补 1。

(5) 复合赋值运算符。在赋值运算符"＝"之前加上算术运算符或某些位运算符,可组合成复合算术运算赋值运算符或复合位运算赋值运算符,它们是:＋＝、－＝、＊＝、/＝、

%=、&=、|=、^=、>>=、<<=,共 10 个。这些运算符都是双目运算符(它们的优先级、结合性如表 3-9 所示)。其表达式的组成形式如下:

```
x+ = y;                    //等价于 x = x + y
x* = y+ y/z;               等价于 x = x*(y + y/z)
k% = m − n;                等价于 k = k%(m − n)
```

初学者对这种写法可能不习惯,但引入复合赋值运算符能使语句简洁,提高编译效率,并可产生质量较高的目标代码(关于位运算在本节稍后介绍)。

例 2-16 分析表达式的运算结果。

① 求表达式 x=(y=15)/(z=4)中 x 的值,设 x,y,z 为实型变量。

分析:在所有表达式中,括号运算符"()"的优先级最高,因而有 y 值为 15.0,z 值为 4.0,最后 x 的值为 3.75。

② 求表达式 k+=k−=k*k 的结果值,设 k 为整型变量,其初值为 5。

分析:k+=k−=k*k 即是 k=k+(k−=k*k),亦即 k=k+(k=k−k*k)(注:不能表示成 k=k+k=k−k*k)。

因 k 的初值为 5,所以有 k=k+(k=5−5*5),因而有 k=k+(k=−20)。此时,k 值已变成−20,所以有 k=−20+(−20),即 k 的最终结果为 −40,也就是表达式 k+=k−=k*k 的结果值为 −40。

2. 算术运算符和算术表达式

算术表达式是由算术运算符、括号运算符"()"及运算项连接起来的式子。算术表达式中可使用 8 种基本算术运算符(如表 2-10 所示)和 5 种复合算术运算赋值运算符(即:+=、−=、*=、/=、%=)。

1) 算术表达式的一般形式

算术表达式的运算结果是具有确定类型的数值。算术表达式的一般形式如表 2-10 所示。

表 2-10 算术运算符和算术表达式的基本形式

运算符	名　　称	表达式形式	适用范围		运算功能
			整数	实数	
+	加法运算	a+b	√	√	求 a 与 b 的和
−	减法运算	a−b	√	√	求 a 与 b 的差
*	乘法运算	a*b	√	√	求 a 与 b 的积
/	除法运算	a/b	√	√	求 a 除以 b 的商
%	模运算(求余)	a%b	√	×	求 a 除以 b 的余数
++	自增 1	++a 或 a++	√	×	相当于 a=a+1
−−	自减 1	−−a 或 a−−	√	×	相当于 a=a−1
−	取负	−a	√	√	a=−a

在使用算术表达式时,要注意以下几个问题。

(1) 运算符"−"有两种运算功能:相减运算(具有左结合性)和取负运算(单目运算符,具有右结合性)。

（2）＋＋、－－运算符只适用于整型变量。

（3）对于除法运算，当参与运算的两个运算项均为整型数据时，结果为整型（舍去小数部分），例如：15/4 的结果为 3；只要运算项中有一个是实型，则结果就为双精度实型，例如：15.0/4，15/4.0 及 15.0/4.0 的结果，均为 3.75。

（4）使用括号运算符"（）"时，可提高运算优先级，但要注意括号的配对。

（5）模运算，即求余运算，要求参与运算的两个运算项都必须为整型数据。其求余表达式的运算结果，等于两运算项相除后的余数。例如：

```
48 % 7              /* 表达式的值为 6 */
35 % 7              /* 表达式的值为 0 */
```

当参与求余运算的两个运算项中任一个为负时，其结果取决于具体的编译器（大多数编译器取的符号与左侧运算项的符号相同）。例如：

```
8 % 2               /* 表达式的值为 0 */
5 % 3               /* 表达式的值为 2 */
-5 % 4              /* 表达式的值为 -1 还是 1,由具体的编译器决定,Turbo C 为 -1 */
5 % -4,-5 % -4      /* 在 Turbo C 中的值都为 -1 */
```

另如：

```
4.8 % 3             /* 将会编译出错,运算项不能为实型数据. */
```

（6）算术表达式的书写形式和数学公式的不同。例如：公式 b^2-4ac 必须写成 b*b－4*a*c。数学中 a 与 b 相乘，习惯于写成 ab 或 $a \cdot b$ 或 $a \times b$，而在 C 程序中必须写成 a*b，这里的运算符"*"是不能省略的。另外还要注意运算的优先级，对于该写成－b/(2*a)的表达式，绝不能写成－b/2*a。

下列是符合 C 语言规定的算术表达式：

```
(a+b)/c、a/(b*c)   p*(p-a)*(p-b)*(p-c)
sin(x)+cos(x)   (++i)-(j--)+(--k)
```

以下都是不合法的算术表达式：

```
b*b-4ac   p*(p-a*(p-b*(p-c)   4 * r2   x/*y
```

2）数据类型转换

C 语言允许整型、实型、字符型等不同类型的数据混合运算。这解决了表达式求值中，双目运算符两侧的运算项数据类型不一致问题。下面介绍表达式求值中的类型转换规则。

（1）数据类型的自动转换

当不同类型的数据进行混合运算时，为保证运算精度，C 语言编译器会自动将不同类型的数据转换成同一类型，然后才进行运算。

例如：在表达式 3＋'a'＋8.66 中包含三种不同类型的数据。

由于整数 3 占 2 个字节，实数 8.66 占 8 个字节（double 型），而字符'a'只占 1 个字节，因此必须做类型统一处理。

C 语言编译器在对数据类型做统一处理时，是将占用字节数少的数据向占用字节数多的类型转换。对于各种数据类型，其转换规则如图 2-6 所示。

说明：

① 首先无条件地将所有 char、short 型数据转换成 int 型，float 型数据转换成 double 型。这种无条件的转换称为类型规范化，如图 2-6 中左箭头方向。

② 对于其他不同类型数据间的转换，其转换方向按图 2-6 中朝上箭头方向进行。

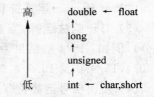

图 2-6　不同数据类型数据进行混合运算时的类型转换规则

例如，int 型与 long 型数据进行运算，是先将 int 型的数据转换成 long 型，然后两个同类型（long 型）的数据进行运算，结果为 long 型。注意箭头所指只表示数据类型转换方向，不要以为 int 型必须先转换成 unsigned 型，再转换成 long 型。

例如，对于表达式：

```
3 + 'a' + 8.66
```

首先将字符'a'转换为 int 型(97)，与 3 进行运算，得到 int 型的中间结果(100)，再将中间结果转换成 double 型，与 8.66 进行运算，结果为 double 类型的值(108.660000)。

③ 上述规则不适用于赋值表达式。

当赋值运算符两侧的类型不一致时，其转换规则是将赋值运算符右侧数据的类型转换为左侧变量的类型，然后进行赋值操作。在这种规则下，一个 long 型数据赋给一个 int 型变量或一个 double 型数据赋给一个 float 型变量时，可能会引起数值溢出或产生舍入误差。

(2) 强制类型转换

自动转换虽然可以提高表达式的运算精度，但是不能控制表达式的类型。为此，C 语言提供了使用强制类型转换机制。应用强制类型转换的一般形式是：

(类型标识符) 表达式

其作用是把表达式的运算结果强制转换成类型标识符所指定的数据类型。

例如：

```
(long) n            /* 将 n 转换为长整型 */
(double) k          /* 将 k 转换为双精度型 */
(float) (m + 1)     /* 将 m + 1  转换为单精度型 */
(int)(x + y) * 2    /* 将 x + y 的结果转换为整型后乘以 2 */
```

使用强制转换时，应注意以下两个问题。

① 类型标识符和表达式（单个变量除外）都必须加括号"（）"，否则会引起混淆。例如，若将(float)(a+b)写成(float)a+b，则结果成了把 a 转换成 float 型之后，再与 b 相加（而原意却是要将 a 与 b 的和强制转换为单精度型）。

② 无论是强制转换还是自动转换，都只是一种作用于本次运算的临时性转换，而不会改变数据原来的类型。

例 2-17　强制类型转换举例。

```
/* 源代码文件名：AL2_17.c */
```

```
# include < stdio. h>
void main()
{   double x;
    int i;
    x = 88.66;
    i = (int)x;/*  将双精度型 x 转换为 int 型,赋值给整型变量 i */
    printf("x = % f,i = % d",x,i);
}
```

程序运行情况如下：

```
x = 88.660000,i = 88
```

从上例可以看出,较高类型向较低类型转换时可能发生精度损失。

3) 自增、自减运算

自增、自减运算是 C 语言的特色之一。自增运算符＋＋实现自增 1 运算；自减运算符－－实现自减 1 运算。它们都是单目运算符,并且具有右结合性。

＋＋和－－有两种使用方式,一种是置于运算项前面(先自增和先自减),如：＋＋i、－－i；另一种是置于运算项后面(后自增和后自减),如：i＋＋、i－－。这两种使用方式,在形成的表达式的执行次序上是有差异的。

(1) 先使运算对象的值增 1(或减 1),然后使用运算对象。例如,语句

```
i = 1;
j = ++i;
```

先将 i 的值增 1 变为 2,然后赋值给变量 j,因此 j 的值为 2。而如有

```
i = 5;
j =-- i;
```

则先将 i 的值减 1 变为 4,然后赋值给变量 j,因此 j 的值为 4。

(2) 先使用运算对象,然后使运算对象的值增 1(或减 1)。例如,语句

```
i = 1;
j = i++;
```

先将 i 的值赋给 j,j 获值为 1,然后将 i 的值增 1,变为 2。再如,语句

```
i = 5;
j = i-- ;
```

先将 i 的值赋给 j,j 获值为 5,然后再将 i 的值减 1,变为 4。

由此,可以得出如下结论。

(1) ＋＋i：先完成自增 1 运算,再参与其他操作。

(2) i＋＋：先参与其他操作,再完成自增 1 运算。运算符－－的使用与＋＋类似。

(3) －－j：先完成自减 1 运算,再参与其他操作。

(4) j－－：先参与其他操作,再完成自减 1 运算。

在使用自增和自减运算符时,还需要注意以下几点。

(1) 自增运算符＋＋和自减运算符－－只能用于变量,而不能用于常量或表达式。例

如,3＋＋、－－(k＋n)都是错误的。

（2）自增和自减运算符具有右结合性,即结合方向是"先右后左"。例如：

```
i = 6;
j =- i++;
```

由于负号运算符－和自增运算符＋＋的优先级相同,结合方向是"先右后左",因此j＝
－i＋＋相当于j＝－(i＋＋),先取出i的值使用,把－i赋值给j,因此j的值为－6,然后使i
的值增1变为7。

（3）建议不要在同一表达式中多次使用＋＋或－－运算符;否则,其结果是不可预料
的。例如：

```
i = 6;
j = (i++) + (i++);
```

有人可能认为j的值是6＋7＝13,但是 Turbo C 把6作为表达式中i的值,因此j的值
是12(6＋6＝12),而不是13(可以自己编程验证)。

因此,含有多个＋＋或－－的表达式最好分解写成多个表达式。例如,上面的表达式可
以写成：

```
i = 5;
k = i++;
j = k + (i++);
```

这样可以保证j的值为13,i的值为7。

（4）C 语言中有的运算符是一个字符,有的运算符是由两个字符组成。如果在表达式
中出现连续多个运算符,该如何理解组合? 例如：i＋＋＋j 是理解为 i＋(＋＋j),还是理解
为(i＋＋)＋j 呢? 实际上,C 编译系统在处理时所遵循的规则是"尽可能从左至右结合最多
的字符组成一个运算符",因此 i＋＋＋j 将被解释成(i＋＋)＋j。

值得注意的是,提高程序可读性是程序设计的重要目标之一,不要编写令人看不懂,也
不知系统会如何执行的程序。

3. 关系运算符和关系表达式

C 语言提供了6种关系运算符。用关系运算符将合法的 C 语言表达式连接而成的式子
称为关系表达式。关系运算用于对两个运算量进行比较,是一种比较简单的逻辑运算。

关系运算符的形式和作用如表 2-11 所示。

表 2-11　关系运算符和关系表达式的基本形式

运算符	名　称	基本形式	运算功能
＞	大于	a＞b	求 a 是否大于 b
＜	小于	a＜b	求 a 是否小于 b
＞＝	大于或等于	a＞＝b	求 a 是否≥b
＜＝	小于或等于	a＜＝b	求 a 是否≤b
＝＝	等于	a＝＝b	求 a 是否＝b
！＝	不等于	a！＝b	求 a 是否≠b

其中：前四个关系运算符的优先级别同为 6 级，后两个关系运算符的优先级别同为 7 级。关系运算符都是双目运算符，都具有左结合性。

例如，下面都是合法的关系表达式：

a＋b＞c
3＞＝5
a＋b＜a＊b
'R'＜＝'Q'
(a＜b)＞＝(x＞y)
k!＝(m＝＝n)

在进行关系运算时，需要注意以下几点。

(1) 关系表达式的结果是一个逻辑值。在 C 语言中，逻辑值"真"用 1 表示，"假"用 0 表示。若关系表达式成立，则结果为 1；否则，结果为 0。因此，关系表达式类型为整型。

例如，当 k＝3，n＝6 时：

k＜n 的值为真，该关系表达式结果值为 1；

k＞n 的值为假，该关系表达式结果值为 0；

k!＝n 的值为真，该关系表达式结果值为 1；

k＝＝n 的值为假，该关系表达式结果值为 0；

k＝＝n＜0 等价于 k＝＝(n＜0)，即 k＝＝0，为假，值为 0。

(2) 在 C 语言中，符号"＝"用做赋值运算符，它的作用是将其右边表达式之结果赋给左边变量，而＝＝表示等于关系(如：关系表达式 x＝＝y 的含义是"x 等于 y 吗?")，不可将二者混淆。

(3) 关系运算符＞＝实际上表示两种关系运算，即大于或等于，而＜＝则表示小于或等于。

例如，当 k＝6，n＝4 时，k＞＝n 的值为真，该关系表达式结果值为 1；而当 k＝6，n＝6 时，k＞＝n 的值为真，结果值为 1。即 k 比 n 大，或者 k 与 n 相等，关系表达式 k＞＝n 都成立，值均为 1。

此外还要注意，表示≥、≤、≠关系所用的表示方法也和数学公式中的不同。

(4) 关系运算符的优先级低于算术运算符，高于赋值运算符＝。例如，x＋y＜s＋t 等价于(x＋y)＜(s＋t)。

例 2-18　设 a＝5、b＝10、c＝15、d＝20，分析下列关系表达式的运算结果。

① (a＜b)＞＝(c＞d)

上式左边为 a＜b 即是 5＜10，左边结果值为 1，而右边 c＞d 即是 15＞20，右边结果值为 0，因为 1≥0，所以该表达式的值为 1。

② b!＝c＋d＜＝a＊b－d

方法一：原式 → b!＝15＋20＜＝a＊b－d → b!＝35＜＝a＊b－d → b!＝35＜＝5＊10－d → b!＝35 ＜＝50－d → b!＝35＜＝50－20 →b!＝35＜＝30 → b!＝0 → 10!＝0 → 1("→"表示"推知"或"推出")

即关系表达式的值为 1。

方法二：实际上，由于关系运算符的优先级低于算术运算符，并且!＝的优先级低于≤。所以,应当先对 c+d≤=a*b-d 进行运算,而此式的结果不是 1 就是 0,故可忽略该式的复杂运算,直接判关系表达式 b!=1 或 b!=0 即可。由于 b 为 10,故 2 个关系表达式都成立,所以可立即得到结果为 1。

4. 逻辑运算符和逻辑表达式

在 C 语言中,有"与"、"或"、"非"三种基本的逻辑运算,相应三种逻辑的运算符的形式和作用如表 2-12 所示。逻辑表达式是用逻辑运算符将关系表达式或逻辑量连接而成的式子。逻辑运算表示各个数据间的逻辑关系。

表 2-12 逻辑运算符和逻辑表达式的基本形式

运算符	名称	基本形式	运算功能
!	逻辑非	!a	求 a 的非(反)
&&	逻辑与	a&&b	求 a,b 的与
||	逻辑或	a||b	求 a,b 的或

表 2-12 中,"!"是单目运算符,具有右结合性;&& 和 || 是双目运算符,都具有左结合性。下面是逻辑运算的例子:

```
a && b        /* 当a和b都为真时,a && b为真 */
a || b        /* 当a、b有一个为真时,a || b为真 */
!a            /* 当a为真时,!a为假,当a为假时,!a为真 */
```

下列几个较复杂的表达式,也都是合法的逻辑表达式:

```
a== d || b!= c
a<c&&c<b
3&&0 + !5
(c<d)|| !a +1&&(a>b)
```

在进行逻辑运算时,需要注意以下几点。

(1) 逻辑表达式的类型为整型。C 语言规定,逻辑表达式的结果,用 1 表示逻辑"真",用 0 表示逻辑"假"。但在运算过程中,C 语言判断一个逻辑量是否为"真"或"假"时,是将非 0 作为"真",0 作为"假"。C 语言逻辑运算规则如表 2-13 所示,这种表又称"真值表"。

表 2-13 逻辑运算的真值表

a 的值	b 的值	! a 的值	! b 的值	a && b 的值	a||b 的值
真(非 0)	真(非 0)	假(0)	假(0)	真(1)	真(1)
真(非 0)	假(0)	假(0)	真(1)	假(0)	真(1)
假(0)	真(非 0)	真(1)	假(0)	假(0)	真(1)
假(0)	假(0)	真(1)	真(1)	假(0)	假(0)

(2) 由于 C 语言用 0 和非 0 来判断一个运算量的真或假,所以,逻辑运算的对象可以是任何类型的数据。例如,(k − a)/5 ||'x' 也是一个逻辑表达式。因为字符'x'为非 0,所以不管 k、a 取什么值,表达式值都是 1。

(3) 注意 C 语言规定表达式的书写形式与习惯用法之间的差别。如：数学中判断 x 是否属于区间[a,b]的关系式 a≤x≤b,在 C 语言中不能用 a<=x<=b 表达,而必须写成 a<=x&&x<=b。

例如,x 属于区间[1,5]应当写成：

1<=x&&x<=5

或写为

x>=1 &&x<=5

(4) 当逻辑表达式包含多种运算符时,务必弄清各种运算符的优先次序。如图 2-7 所示,运算符"!"高于算术运算符,而 && 和‖低于关系运算符,但都高于赋值运算符"="。

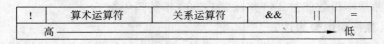

!	算术运算符	关系运算符	&&	‖	=

高 ←———————————————————→ 低

图 2-7　运算符优先次序

(5) C 语言在处理逻辑表达式时,采用的是"不完全计算"方法。

① 在逻辑与表达式中,若 && 左端为假,则不再计算另一端,该表达式的值肯定为假。例如：对于表达式 a&&b,只要 a 为假,则 C 编译器不再去计算 b 的值,该表达式的值即为假。

② 在逻辑或表达式中,若‖左端为真,则不再计算另一端,该表达式的值肯定为真。例如：对于表达式 a‖b,只要 a 为真,则 C 编译器不再去计算 b 的值,该表达式的值即为真。

例 2-19　逻辑表达式的"不完全计算"示例。

```
/*源代码文件名：AL2_19.c*/
#include<stdio.h>
void main()
{   int a,b,c,d;
    a=0;
    b=1;
    c=a++&&b++;
    d=a++||b++;
    printf("a=%d,b=%d,c=%d,d=%d\n",a,b,c,d);
}
```

程序运行情况如下：

a=2,b=1,c=0,d=1

说明：对于语句 c=a++&&b++,按计算顺序,先计算 a++,由于 a++是后自增运算,因此,取 a 值 0,先参加后边运算 0&&b++(这时 C 编译器可以确定 0&&b++的值为 0),然后变量 a 的值增 1(由 0 变为 1)。这样,就不再计算 b++,因而 b 值保持不变,还是 1。故 c 的值为 0(因为 c 等于 a++&&b++的值,即编译器确定的 0&&b++的值)。

　　接着执行语句 d＝a＋＋||b＋＋,按计算顺序,先计算 a＋＋,由于是后自增运算,因此,取 a 值 1,先参加后边运算 1||b＋＋(这时 C 编译器可以确定 1||b＋＋的值为 1),然后变量 a 的值增 1(由 1 变为 2)。这样,就不再计算 b＋＋,因而 b 值保持不变,仍然还是 1。故 d 的值等于 1(因为 d 等于 a＋＋||b＋＋的值,即编译器确定的 1||b＋＋的值)。

　　以下再举两个逻辑运算的应用实例。

　　① 表示 x 是大于 0 的偶数,可用以下逻辑表达式表达:

```
(x>0) && (x%2==0)
```

　　② 要判断由变量 year 表示的某一年是否为闰年,可使用以下逻辑表达式:

```
(year%4==0 && year%100!=0) || year%400==0
```

　　须知:判断闰年的条件有两种,一种是年份数能被 4 整除,但不能被 100 整除,如 2004 年是闰年;另一种是年份数能被 400 整除,如 2000 年是闰年。

　　5. 逗号运算符和逗号表达式

　　逗号“,”在 C 语言中,也可以作为一种运算符,称为逗号运算符。通过逗号运算符可以将两个或多个表达式连接起来,构成逗号表达式。逗号表达式的一般形式是:

　　表达式 1,表达式 2,…,表达式 n

　　逗号表达式的求值过程是,从左到右依次对各表达式求值,并将最右边一个表达式的值作为整个表达式的值。例如:

```
x = (i=3,j=5,i+j);
```

　　以上语句的执行过程是:首先为 i 赋值 3,接着为 j 赋值 5,最后计算 i＋j 的值并赋给 x,作为表达式最终的值,即结果为 8。

　　在使用逗号表达式时,需要注意以下几点。

　　(1) 逗号运算符是所有运算符中优先级最低的一个运算符。因此,为了避免二义性,最好将逗号表达式用圆括号“()”括起来,否则,容易出问题。

　　例如:语句“y＝(3＊6,6＊8);”执行后 y 的值是 48。若将其写成:

```
y=3*6,6*8;              /* 实际上写成了 y=3*6 和 6*8 两个表达式 */
```

由于“＝”号也是 C 语言的运算符,其优先级比“,”高,因此,必定先作 y＝3＊6 运算,结果 y 的值为 18。

　　(2) 若在逗号表达式中包含变量,则在从左向右求各表达式的值时,变量的值会向右传递。例如,有以下变量说明:

```
int n=6,y;
```

随后,求 y 的值:

```
y=(n = n*5,n*3);
```

　　该求值过程是:先计算表达式 n＝n＊5,使 n 值变为 30,再计算表达式 n＊3(此时 n 不再是 6,而是 30)的值,为 30＊3,最终,y 值为最右表达式的值 90。

（3）提醒注意，并不是在任何地方出现的逗号都是逗号运算符。

例如，在变量说明语句及在函数调用时的参数列表中，逗号只是用做间隔符。

```
int   k,m,n=6;
printg("%x=%d,y=%d,z=%d\n",x,y,z);
```

6. 条件运算符和条件表达式

C 语言中有条件运算符"？："，用它可组成一个条件表达式。条件运算符是一个三目运算符，它的一般形式为：

表达式 1？表达式 2：表达式 3

条件表达式的运算规则是：先计算表达式 1 的值；如果表达式 1 的值为真，则计算表达式 2 的值作为整个表达式的值；如果表达式 1 的值为假，则计算表达式 3 的值作为整个表达式的值。

其中，表达式 1 通常是一个关系表达式，表达式 2 和表达式 3 可以是不同类型的表达式（如数值表达式、赋值表达式、函数表达式等）。表达式 1、表达式 2 和表达式 3 的数据类型也可以互不相同，但是，条件表达式的结果值只能与表达式 2、表达式 3 二者之一的数据类型相同，因为表达式 2 和表达式 3 只有一个会被计算。

例如：

```
max=(a>b)? a : b
```

这是一个赋值表达式，其中，赋值号右边为条件表达式，该条件表达式的结果是取 a、b 两者中的较大者，并将该值赋给 max。显然，利用条件表达式可以简化类似以下形式的语句：

```
if(a>b)
   max=a;
else
   max=b;
```

注：此形式的语句将在第 3 章中介绍。

例 2-20　输入两个数，求其中较大的数并输出。

```
/* 源代码文件名：AL2_20.c */
#include<stdio.h>
void main()
{   int   a,b,max;
    printf("Please input two integer numbers:");
    scanf("%d,%d",&a,&b);
    max=(a>b)?a:b;
    printf("a=%d,b=%d,max=%d\n",a,b,max);
}
```

程序运行情况如下：

```
Please input two integer numbers:5,8↙
a=5,b=8,max=8
```

该程序中,语句"max=(a>b)? a:b;",先计算 a>b 的值。当 a>b 成立(即为真)时,计算 a 的值,并将其赋给 max;当 a>b 不成立(即为假)时,计算 b 的值,并将其赋给 max。

7. 位运算符和位运算表达式

位运算(又称按位逻辑运算)是以二进制数为单位进行数据加工的一种运算。位运算是按字节或字中的实际位进行检测、运算或移位。位运算只适用于整型、字符常量或变量,不适用其他数据类型。

在计算机中,数据是以二进制形式存放的,如果要进行系统级编程、硬件控制等,常常需要对数据的二进位进行运算操作。Turbo C 2.0 提供了 6 种位运算符,表 2-14 所示为位运算符和位表达式的形式及基本功能,表 2-15 所示为位运算的真值表。

表 2-14　位运算符和位表达式的基本形式

	运算符	名　称	基本形式	运算功能	运算优先级
逻辑 位运算	~	位逻辑非(反)	~a	求 a 的位非(反)	高 ↑ 低
	&	位逻辑与	a&b	求 a、b 的位与	
	^	位逻辑异或	a^b	求 a、b 的位异或	
	|	位逻辑或	a | b	求 a、b 的位或	
移位 位运算	>>	位右移	a>>b	a 右移 b 位	介于算术和关 系运算符之间
	<<	位左移	a<<b	a 左移 b 位	

表 2-14 列出的位运算符,除按位取反运算符~是单目运算符,具右结合性外,其余位运算符均是双目运算符,都具有左结合性。

表 2-15　位运算的真值表

a	b	~a	a&b	a^b	a|b
0	0	1	0	0	0
0	1	1	0	1	1
1	0	0	0	1	1
1	1	0	1	0	1

前面介绍的关系运算和逻辑运算表达式的结果只能是 0 或 1,而位逻辑运算的结果可以取 0、1 或其他值。

以下对各个位运算符逐一进行介绍。

(1) 按位与运算

按位与运算符为 &,按位与运算是对两个操作数的对应二进位进行与运算。其运算规则是:只有对应的两个二进位都为 1 时,该位与的结果值为 1,否则为 0(见真值表:a&b)。

0 & 0 = 0

0 & 1 = 0

1 & 0 = 0

1 & 1 = 1

例如,设 a=13,b=7,则 a&b 的运算可表示如下:

```
      00001101    (13)
(&)   00000111    (7)
      ─────────────
      00000101    (5)
```

因此,a&b 即 13&7 的结果值为 5。

根据按位与运算的规则,易知:

① 一个数的某二进位与 0 相与,该位结果为 0;

② 一个数的某二进位与 1 相与,该位结果保持原值。

按位与运算常用来对某些位清 0 或保留某些位。例如:把整数 a 的高 8 位清 0,保留低 8 位,可作 a&255 运算(255 的二进制数为 0000000011111111)。

(2) 按位或运算

按位或运算符为 |,按位或运算是对两个操作数的对应二进位进行或运算。其运算规则是:若对应的两个二进位都是 0,则该位或的结果值为 0,否则为 1(见真值表:a|b)。

$0 | 0 = 0$

$0 | 1 = 1$

$1 | 0 = 1$

$1 | 1 = 1$

例如,设 a=13,b=5,则 a|b 的运算,可表示如下:

```
      00001101    (13)
(|)   00000101    (5)
      ─────────────
      00001101    (13)
```

因此,a|b 即 13|5 的结果值为 13。

根据按位或运算的规则,易知:

一个数的某二进位,无论其值是 0 还是 1,与 1 相或后,该位结果均为 1,而与 0 相或则保持其原值。利用或运算的这一特点,可将一个数的某些特定二进位置为 1。例如,要保持整数 a 的高 8 位不变,低 8 位置为 1,可作 a|255 运算。

(3) 按位异或运算

按位异或运算符为 ^,按位异或运算是对两个操作数的对应二进位进行异或运算。其运算规则是:如果对应的两个二进位的值不同,则该位异或运算的结果值为 1;如果两个位的值相同,则结果值为 0(见真值表:a^b)。

$1 \wedge 1 == 0$

$1 \wedge 0 == 1$

$0 \wedge 1 == 1$

$0 \wedge 0 == 0$

例如,设 a=13,b=7,则 a^b 的运算,可表示如下:

```
      00001101    (13)
(^)   00000111    (7)
      ─────────────
      00001010    (10)
```

因此,a^b 即 13^7 的结果值为 10。

根据按位异或运算的规则，可知：

① 与 0 相异或，可保留原值；

② 与 1 相异或，可使 0 变为 1，1 变为 0。

灵活运用按位异或运算的这两个特性，可以实现所谓"保留原值"、"反转特定位"、"交换变量值"等多种特殊应用。

(4) 按位取反运算

按位取反运算符～，是单目运算符，具有右结合性。按位取反运算是对运算符～右侧操作数的各二进位按位取反，即将 1 变为 0，或将 0 变为 1（见真值表：～a）。

```
～1 = 0
～0 = 1
```

例如，设 a 为八进制数 025，则～a 即～025（八进制数 25，其相应二进制表示为：00010101），则～a 的运算，可表示如下：

```
(～)   0000000000010101    (025)
─────────────────────────────
       1111111111101010    (0177752)
```

这表明～a 的结果值，即～025 的值是八进制数 177752。

注意：按位取反运算与负号运算的作用不同，因此，～025 的值不是 −25。

(5) 左移运算

左移运算符为＜＜，左移运算是把＜＜左侧操作数的各二进位依次左移若干位，由＜＜右侧的操作数指定移动的位数，右端位出现空位补 0，而移到左端位之外的舍弃。

例如，设 a 为十进制数 5，而 a＜＜3 是把 a 的各二进位向左依次移动 3 位。十进制数 5 的相应二进制数为 00000101，其左移 3 位后为 00101000，即为十进制数 40。

对某个数左移一位相当于把这个数乘以 2，左移 3 位相当于乘以 $2^3 = 8$，因此上面的例子对 5 左移 3 位，即有 5 * 8 = 40。

(6) 右移运算

右移运算符为＞＞，右移运算是把＞＞左侧操作数的各二进位依次右移若干位，由＞＞右侧的操作数指定移动的位数。

例如，设 a＝017（八进制数 17 即十进制数 15，其相应的二进制数为 000001111），则 a＞＞2 表示把 000001111 右移两位，结果为 00000011（十进制数 3）。

右移一位，相当于除以 2，上例中把 a 右移 2 位，相当于将 a 除以 $2^2 = 4$，即 15/4（整数除），结果为 3。

应该说明的是，对于有符号数，在右移时，符号位将随同移动。当为正数时，最高位补 0，而为负数时，符号位为 1，最高位是补 0 还是补 1，取决于编译系统的规定。Turbo C 等很多系统规定为补 1。

例 2-21　位运算示例

```c
/* 源代码文件名：AL2_21.c */
# include < stdio.h >
void main()
{
    unsigned a,b;
```

```
    printf("Input a number: ");
    scanf(" % d",&a);
    b = a >> 4;
    b = b&15;
    printf("a = % d,b = % d\n",a,b);
}
```

程序运行情况如下：

```
Input a number:99↙
a = 99,b = 6
```

运行上面的程序，从键盘输入正整数 99 后，a 的值为 9。b=a>>4 相当于 b=99>>4，而 b=99>>4 相当于 b=99/16，即 b=6（因为 99/16 是两个整数相除）。随后执行"b=b&15；"，即 b=6&15。由于 6 的二进制数为 00000110，15 的二进制数为 00001111，两者相与的结果为二进制数 00000110，即为十进制数 6。

（7）位运算赋值运算符

除按位取反运算符"～"外，其余位运算符和赋值运算符可以组合成位运算赋值运算符，它们是：>>=、<<=、&=、^=、|=。位运算赋值运算符的运算规则与复合算术运算赋值运算符的类似。

例如，a<<=4 相当于 a=a<<4；b=&c 相当于 b=b&c；c^=d 相当于 c=c^d。

（8）不同类型数据的混合位运算

如果进行位运算的两个操作数的类型不同，例如，long int 型与 int 型或 char 型进行位运算，系统会先将两个操作数右端对齐。如果是正数或无符号数，则高位补 0；如果是负数，则高位补 1。

8. 求字节数运算符

求字节数运算符 sizeof，是一个单目运算符，它返回常量、变量或数据类型所占内存空间的字节数。使用该运算符一般有三种形式：

```
sizeof(数据类型)
sizeof(变量或常量)
sizeof 变量或常量
```

例 2-22　求各种基本类型及变量所占的内存字节个数。

```
/ * 源代码文件名：AL2_22.c * /
# include < stdio. h>
void main()
{
    float f;
    int i;
    printf("int       : % d\n",sizeof(int));
    printf("unsigned int : % d\n",sizeof(unsigned int));
    printf("long int    : % d\n",sizeof(long int));
    printf("char       : % d\n",sizeof(char));
    printf("float      : % d\n",sizeof(float));
    printf("double     : % d\n",sizeof(double));
    printf("f         : % d\n",sizeof(f));
```

```
    printf("i            : % d\n",sizeof(i));
    printf("a: % d,b: % d\n",sizeof(3),sizeof(3.14));
}
```

程序运行情况如下：

```
int              :2
unsigned int     :2
long int         :4
char             :1
float            :4
double           :8
i                :2
a:2,b:8
```

sizeof 运算符常用于确定数组或结构体变量的长度（即它们所占的内存字节数），也用于动态分配内存单元，关于这些应用将在以后章节中介绍。

本 章 小 结

C 语言中的基本数据类型包括：整型、字符型、浮点型，它们各有常量和变量之分。而常量有整型常量（十进制形式、八进制形式和十六进制形式）、浮点型常量（小数形式和指数形式）、字符型常量、字符串常量、符号常量。C 语言的标识符则有专门命名规定。

C 语言的运算符包括：算术运算符、关系运算符、逻辑运算符等十余种，它们具有不同的优先级和结合性。用运算符可以组成各种类型的表达式，不同的表达式求值方法不同。

C 语言中有丰富的库函数，其中有：常用数学函数、字符输入输出函数（如：getchar、putchar）、格式化输入输出函数（如：scanf 和 printf）等。

习　　题

一、选择题

1. 以下表示正确常量的是（　　　）。

    A. E—5　　　　　　　B. 1E5.1　　　　　　　C. 'a12'　　　　　　　D. 32766L

2. 若有定义"int a=1,b=2,c=3,d=4,x=5,y=6;"，则表达式"(x=a>b)&&(y=c>d)"的值为（　　　）。

    A. 0　　　　　　　　B. 1　　　　　　　　C. 5　　　　　　　　D. 6

3. 以下（　　　）是正确的字符常量。

    A. "c"　　　　　　　B. '\\'　　　　　　　C. 'W'　　　　　　　D. "\32a"

4. 以下（　　　）是不正确的字符串常量。

    A. 'abc'　　　　　　B. "12'12"　　　　　　C. "0"　　　　　　　D. " "

5. 以下（　　　）是正确的浮点数。

    A. e3　　　　　　　　B. .62　　　　　　　C. 2e4.5　　　　　　D. 123

6. 若有定义"int a＝2;"，则正确的赋值表达式是(　　)。

  A. a－＝(a＊3) B. double(－a) C. a＊3   D. a＊4＝3

7. 若有定义"int x＝1111,y＝222,z＝33;"，则语句"printf("%4d＋%3d＋%2d", x, y, z);"运行后的输出结果为(　　)。

  A. 111122233 B. 1111,222,33 C. 1111　222　33 D. 1111＋222＋33

8. 已知有如下定义和输入语句：

```
int a,b;
scanf("%d,%d",&a,&b);
```

若要求 a、b 的值分别为 11 和 22，正确的数据输入是(　　)。

  A. 11 22   B. 11,22   C. a＝11,b＝22 D. 11;22

9. 已知有如下定义和输入语句：

```
int a; char c1,c2;
scanf("%d%c%c",&a,&c1,&c2);
```

若要求 a、c1、c2 的值分别为 40、A 和 A，正确的数据输入是(　　)。

  A. 40AA   B. 40　A A   C. 40A　A   D. 40,A,A

10. 语句"a＝(3/4)＋3%2;"运行后，a 的值为(　　)。

  A. 0   B. 1   C. 2   D. 3

11. char 型变量存放的是(　　)。

  A. ASCII 代码值 B. 字符本身 C. 十进制代码值 D. 十六进制代码值

12. 在下列运算符中，优先级最高的运算符是(　　)。

  A. <＝   B. !＝   C. !   D. ||

13. 设单精度型变量 f,g 的值均为 2.0，使 f 为 4.0 的表达式是(　　)。

  A. f＋＝g   B. f－＝g＋2 C. f＊＝g－6 D. f/＝g＊10

14. 若有定义"int i＝7,j＝8;"，则表达式"i>＝j||i<j"的值为(　　)。

  A. 1   B. 变量 i 的值 C. 0   D. 变量 j 的值

15. 若要求当 a 的值为奇数时，表达式的值为"真"；a 的值为偶数时，表达式的值为"假"，则不能满足要求的表达式是(　　)。

  A. a%2==1 B. !(a%2==0) C. !(a%2) D. a%2

16. 若有定义"int x＝3,y＝4,z＝5;"，则值为 0 的表达式是(　　)。

  A. 'x'&&'y'   B. x<＝y

  C. x||y＋z&&y－z   D. !((x<y)&&!z||1)

17. 若有定义"float x＝3.5;int z＝8;"，则表达式 "x＋z%3/4"的值为(　　)。

  A. 3.75   B. 3.5   C. 3   D. 4

18. 已知"char a＝'R';"，则正确的赋值表达式是(　　)。

  A. a＝(a＋＋)%4 B. a＋2＝3 C. a＋＝256－－ D. a＝'\078'

19. 若有定义"int b＝7; float a＝2.5,c＝4.7;"则表达式"a＋(b/2＊(int)(a＋c)/2)%4"的值是(　　)。

  A. 2.5   B. 3.5   C. 4.5   D. 5.5

20. 若已定义"int i＝3,k;",则语句"k=(i－－)+(i－－);"运行后 k 的值为(　　)。

　　　A. 4　　　　　　　B. 5　　　　　　　C. 6　　　　　　　D. 7

21. 若已定义"int a＝5;float b＝63.72;",以下语句中能输出正确值的是(　　)。

　　　A. printf("%d %d",a,b);　　　　　　B. printf("%d %.2f",a,b);

　　　C. printf("%.2f %.2f",a,b);　　　　D. printf("%.2f %d",a,b);

22. C 语言中,能正确表示条件 $10 < x < 20$ 的逻辑表达式是(　　)。

　　　A. 10<x<20　　　　　　　　　　　B. x>10 || x<20

　　　C. x>10 && <20　　　　　　　　　D. (x>10) && (x<20)

23. 若表达式!x 的值为 1,则以下表达式(　　)的值为 1。

　　　A. x==0　　　　　B. x==1　　　　　C. x!=1　　　　　D. x!=0

24. 语句"x=(y=3,b=++y);",运行后,x、y、b 的值依次为(　　)。

　　　A. 4,4,3　　　　　B. 3,3,3　　　　　C. 4,4,4　　　　　D. 4,3,4

25. 若有定义"int x,c;",则语句"x=(c=3,c+1);"运行后,x、c 的值分别是(　　)。

　　　A. 3,3　　　　　　B. 4,4　　　　　　C. 3,3　　　　　　D. 4,3

26. 语句"a=(6/8)+6%5;"运行后,a 的值为(　　)。

　　　A. 1　　　　　　　B. 2　　　　　　　C. 1.75　　　　　　D. 1.2

27. 若有定义"int x,y;",则表达式(x=2,y=5,x*2,y++,x+y)的值是(　　)。

　　　A. 7　　　　　　　B. 8　　　　　　　C. 9　　　　　　　D. 10

28. 对于代数式(4ad)/(bc),不正确的 C 语言表达式是(　　)。

　　　A. a/b/c*d*4　　B. 4*a*d/b/c　　C. 4*a*d/b*c　　D. a*d/c/b*4

29. 若 x 和 y 为整数,以下表达式中不能正确表示数学关系 $|x-y| < 10$ 的是(　　)。

　　　A. abs(x－y)<10　　　　　　　　B. (x－y)>－10&&(x－y)<10

　　　C. !(x－y)<－10||!(y－x)>10　　D. (x－y)*(x－y)<100

30. 若有以下程序段,则 z 的二进制值是(　　)。

```
int x = 3,y = 6,z;
z = x^y<<2;
```

　　　A. 00010100　　　B. 00011011　　　C. 00011000　　　D. 00000110

二、填空题

1. 表达式 5/7 的值是＿＿＿＿＿,5.0/7 的值是＿＿＿＿＿,5%7 的值是＿＿＿＿＿。

2. 以下程序运行的结果是:＿＿＿＿＿。

```
void main()
{
  char c;
  c = 'B'+32;
  printf(" %c\n",c);
}
```

3. 若有定义"int a＝5,b＝4;char c1= 'A ',c2='B';",则表达式 a＋b%7＋c2－c1 的值是＿＿＿＿＿。

4. 若有定义"int b;",则语句"b=9/5＋9%5;"运行后,b 的值是＿＿＿＿＿。

5. 若已定义"int a＝9,b＝11,c;",则语句"c＝a＞b;"运行后 c 的值是＿＿＿＿＿＿。

6. 若有定义"int a＝2,b＝3; float x＝3.5,y＝2.5;",则表达式(float)(a＋b)/2＋(int) x％(int)y 的值是＿＿＿＿＿＿。

7. 已知"double a＝5.2;",则语句"a＋＝a－＝(a＝4)＊(a＝3);"运行后 a 的值是＿＿＿＿＿＿。

8. 若有定义"int x,y;",则表达式(x＝2,y＝5,x＋＋,x＋y＋＋)的值是＿＿＿＿＿＿。

9. 若有定义"int m＝3,n＝5;",则表达式(m＋1,n＋1,(－－m)＋(n－－))的值是＿＿＿＿＿＿。

10. 若有定义"int x＝3,y＝4;",则表达式！x‖y 的值是＿＿＿＿＿＿。

11. 若有定义"int a＝5,b＝2,c＝1;",则表达式 a－b＜c‖b＝＝c 的值是＿＿＿＿＿＿。

12. 若有定义"int a＝2,b＝2,c＝2;",则语句"＋＋a‖＋＋b＆＆＋＋c;"运行后 b 的值是＿＿＿＿＿＿。

13. 以下程序段中,要将 a 值的低 4 位取反,b 的值应取＿＿＿＿＿＿。

```
unsigned char a = 0x39,b;
b = _____;
a = a ^ b;
```

14. pow(3.0,2.0)的函数值是＿＿＿＿＿＿。

15. 若有定义"int k,i＝3,j＝3;",则表达式 k＝(＋＋i)＊(j－－)的值是＿＿＿＿＿＿。

三、程序设计题

1. 编写程序,从键盘输入大写字母,用小写字母输出。

2. 编写程序,从键盘输入一个矩形的长度和宽度,输出面积和周长。

3. 编写一个程序,从键盘输入华氏温度,将其转换成摄氏温度值后输出(转换的公式为: $C＝(F－32)/1.8$)。

4. 编写程序,输入两个字符,利用条件运算符,输出其中较小字符的 ASCII 码值。

5. 用 C 赋值语句表示以下计算式:

(1) $Area＝\pi r^2＋2\pi rh$

(2) $Torque＝\dfrac{2m_1 m_2}{m_1＋m_2}\cdot g$

(3) $Side＝\sqrt{a^2＋b^2－2ab\cos(x)}$

(4) $Energy＝mass\left(acceleration×height＋\dfrac{velocity^2}{2}\right)$

第3章 结构控制语句

教学目标、要求

本章内容是 C 语言的基础核心内容。学习本章内容,要求了解选择结构和循环结构的概念;熟练掌握选择结构(if…else 语句和 switch 语句)和循环结构(while 语句、do…while 语句和 for 语句)的应用;熟悉 continue 语句、break 语句以及选择语句、循环语句的嵌套使用。最终目的是能够独立完成简单程序的编写。

教学用时、内容

本章教学共需 10 课时,其中理论教学 6 课时,实践教学 4 课时。教学内容如下:

教学重点、难点

重点:(1) if…else 和 switch 语句的应用;

(2) while、do…while 和 for 语句的应用。

难点:(1) 选择语句的嵌套使用;

(2) 循环语句的嵌套使用;

(3) continue 语句和 break 语句的使用。

3.1 引 例

C 语言基础部分的核心内容可概括为"三大结构,九大语句"。其中,所谓三大结构就是在第 1 章已经提到的顺序结构、选择结构和循环结构,这三种基本控制结构可以组成任何形式的程序;所谓九大语句是指能构成这三种控制结构、组成 C 语言实用程序的九种基本语句。在本章之前所见到的程序结构几乎都是顺序结构,但是,为了能够有效解算一些实际问题,选择结构和循环结构不可或缺。例如要输入 100 个整数,求其所有正整数之和,若程序单纯地使用顺序结构,实现起来显然是很麻烦的。可以说,几乎所有实用程序都会用到选择结构和循环结构。所以,熟练掌握本章的内容是程序设计最基本的要求。

例 3-1　输入任意 10 个整数,求其所有正整数的和。

将这个问题作为引例,在此程序中,用 while 语句构成循环结构,用 if…else 语句组成选择结构。

```c
/* 源文件名: AL3_1.c */
#include <stdio.h>
void main()
{
    int n, sum = 0;
    int i = 1;
    printf("Please enter ten numbers:\n");
    while(i <= 10)                    /* 循环结构开始 */
    {   scanf("%d", &n);
        if(n > 0)                     /* 选择结构开始 */
            sum = sum + n;            /* 选择结构结束 */
        i++;
    }                                 /* 循环结构结束 */
    printf("sum = %d", sum);
}
```

程序运行情况如下:

```
Please enter ten numbers:
5  -3  2  -2  7  9  10  -15  10  -1 ↙
sum = 43
```

在此引例中,用 while 语句形成循环结构,在循环结构内,用 if…else 语句组成选择结构。其中,变量 i 在条件表达式 i<=10 中,用来控制循环次数(由题意可知,要输入 10 个整数,每次由输入函数读取一个整数,因此需要循环 10 次。i 的取值从 1 到 10,正好 10 次);变量 n 在循环体内用于接收输入的数据,在 if 语句中通过关系式 n>0,判断数 n,如果是正数,就将该数加到变量 sum 中,如果是负数便不作处理;变量 sum 用于存储所有正整数的和,其初始值为 0。当循环结束时,sum 中存放的是输入的 10 个整数中正整数的和。

3.2　C 语言的执行语句

构成 C 源程序的基本单位是语句,C 语言语句分为声明语句和执行语句两类。第 2 章介绍的变量类型定义就是最常见的声明语句,在编译源程序时声明语句被处理,而在程序执行时它不产生相应操作。执行语句的作用是在程序执行时向计算机发出操作指令,使计算机实现特定操作。C 语言的执行语句一般分为四类:

(1) 表达式语句;

(2) 空语句;

(3) 复合语句;

(4) 控制语句。

3.2.1　表达式语句

表达式语句由表达式加上一个分号";"构成。表达式语句格式如下：

表达式；

例如：

```
c = a + abs(b);                /* 赋值语句 */
x = 1,y = 0;                    /* 逗号表达式语句 */
i++;                           /* 自增 1 语句 */
m * n;                         /* 乘法运算语句,但其计算结果不能保存,无意义 */
printf("sum = % d",sum);       /* 函数调用语句 */
```

其中,赋值语句和函数调用语句是在程序中使用最多的表达式语句,下面对其加以介绍。

1. 赋值语句

赋值语句是由赋值表达式末尾加上一个分号";"构成的表达式语句。其一般格式如下：

变量　赋值运算符　表达式；

赋值语句具有计算和赋值的双重功能,在 C 语言中担负着主要的运算任务。赋值语句与赋值表达式在形式和功能上有许多相似之处,详见第 2 章(2.6.3　C 语言的表达式)内容。下面再强调说明几点。

(1) 赋值运算符除"＝"外,还包含复合赋值运算符。例如：

x + = a * b;

(2) 赋值运算符(包括复合赋值运算符)命令计算机实现一种操作。例如：

n = n + 1;

该语句是指计算机将 n 中的值加 1 后,再送回(即赋值)到 n 中去,并非 n 等于 n+1。而 x＋＝a * b 语句将实现把 x 的值加上 a 与 b 乘积的值后,再送回到 x 中去。

(3) 赋值运算符右边的表达式又可以是一个赋值表达式。例如：

x = y = 9 * 6;

该语句等效于"x＝(y＝9 * 6);",进一步等效于"y＝9 * 6；x＝y；"。

(4) 赋值语句与赋值表达式功能相同,但是性质不同。赋值表达式可以出现在允许表达式出现的任何地方,因为它是一种表达式,而赋值语句则不能出现在表达式中。例如：
语句"if (x＋＝ y * b)z＝x；"是合法的。而语句"if (x＋＝ y * b；)z＝x；"是不合法的。

2. 函数调用语句

函数调用语句是由函数调用加上分号";"构成的表达式语句。其一般格式如下：

函数调用；

通过执行函数调用语句,可实现所调用函数的特定功能。例如：

```
printf("Welcome !" );
```

执行该语句,调用函数库中的输出函数 printf,输出"Welcome !"(不包括双引号)。

3.2.2　空语句

空语句是指只由一个分号";"构成的语句。即:

```
;
```

空语句不产生任何操作运算,只是在逻辑上起到一个语句的作用。在某些特定的场合中,为了实现程序的某种功能,必须独立占用一个语句位置。空语句常用于:

(1) 构成标号语句,用来标识程序流程的转向点;

(2) 构成循环语句中的"空"循环体。

例如:

```
for (i = 0; i < 100; i++)
;
```

该循环语句中循环体为空语句,起到延迟作用。

又如:

```
while(getchar()! = '\n')
;
```

这个循环语句的循环体也是空语句,此循环语句的功能为只要从键盘上输入的字符不是回车符则重新输入,即等待从键盘上按 Enter 键。

3.2.3　复合语句

用一对花括号"{}"将多条语句括起来形成一个整体,称该整体为复合语句,其形式为:

```
{
    语句 1
    语句 2
      ⋮
    语句 n
}
```

例如:

```
{
    temp = x;
    x = y;
    y = temp;
}
```

说明:

(1) 复合语句内的各条语句均应以分号";"结尾,而右花括号"}"后面则不能有分号。

(2) 在语法上,复合语句是一个语句,而不是多条语句。因此,允许单一语句出现的地方都可以使用复合语句。

（3）一般将复合语句用在语法上是一个语句,而相应操作需多条语句完成的场合。例如,将复合语句用做循环语句的循环体,或作为选择语句某分支内嵌的语句。

（4）复合语句也称为分程序,其可有属于自己的数据声明语句。

例如：

```
{
    int i = 10, j = 20, sum = 0 ;
    sum = i + j;
    printf(" % d",sum);
}
```

3.2.4　控制语句

控制语句用于程序流程的控制。C 语言中控制语句有以下 9 种。

（1）条件选择语句：if 语句；

（2）开关分支语句：switch 语句；

（3）当型循环语句：while 语句；

（4）直到型循环语句：do…while 语句；

（5）步长型循环语句：for 语句；

（6）中止本次循环的语句：continue 语句；

（7）中止整个循环的语句：break 语句；

（8）无条件转移语句：goto 语句；

（9）函数返回语句：return 语句。

本章将结合程序三种基本结构介绍前面 8 种控制语句,return 语句将在第 5 章中介绍。

3.3　顺　序　结　构

顺序结构是最简单的程序结构。按照解算问题的先后顺序编写语句,程序运行时它的执行顺序是从上到下依次逐条语句执行,这种程序结构称为顺序结构。顺序结构的流程图如图 3-1 所示。程序先执行语句 A,再执行语句 B。

典型的顺序结构程序,通常由三个部分组成：

（1）使运算对象获得初始数据；

（2）进行运算处理；

（3）输出处理结果。

相应部分的实现语句一般使用输入语句、赋值语句和输出语句。

在前面几章中所见到的程序,其结构多数属于顺序结构,为节省篇幅,在此不再举例。

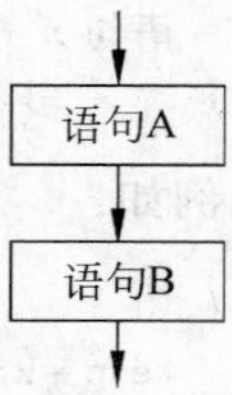

图 3-1　顺序结构

3.4　选　择　结　构

选择结构是指在程序执行过程中,根据指定条件的当前值在两条或多条路径中选择一条执行。选择结构一般如图 3-2 所示。在图 3-2 所示的选择结构中,如果条件表达式的值为真(非 0 值),则执行程序段 A,执行完后转向出口;如果条件表达式的值为假(0 值),则执行程序段 B,执行完后也转向出口。从以上描述可看出,程序段 A 和程序段 B 不可能都被执行,具体执行哪一个程序段,取决于条件表达式的值。

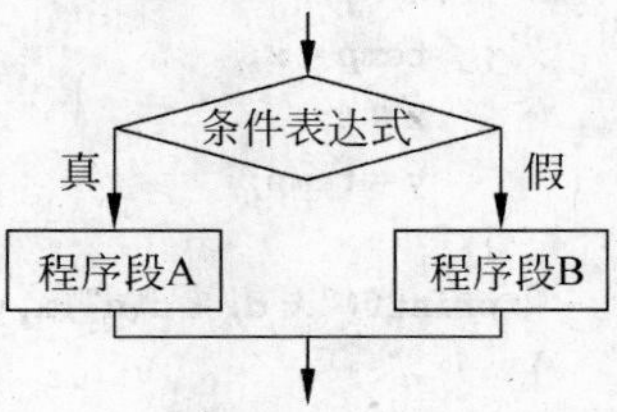

C 语言中实现选择结构的控制语句有以下两种。

(1) 条件选择语句:if 语句;

(2) 开关分支语句:switch 语句。

图 3-2 选择结构

3.4.1 用 if 语句实现选择结构

if 语句主要用来实现双分支的选择结构,其基本形式如下:

```
if(条件表达式)
        语句 1
else
        语句 2
```

说明:

(1) 圆括号内的条件表达式,在语法上允许其是任意合法的表达式,只要其值为非 0,就代表"真",表示条件成立;只要其值为 0,就代表"假",表示条件不成立。

(2) 在解算具体问题时,作为条件的表达式一般应是具有某种意义或有一定实用价值的表达式,所以,通常用关系表达式或逻辑表达式来表达。例如:

```
if (x >= y)              /* 条件为"x 大于或等于 y" */
if (n!= 0 )              /* 条件为"n 不等于 0" */
if (a >= 0 && a <= 5)    /* 条件为"a 值介于 0 与 5 之间" */
```

注意: 表达式必须用圆括号括起来。

(3) 如果条件表达式值为真,则执行语句 1,否则(即条件表达式值为假)执行语句 2。语句 1 和语句 2 均可以是单个语句,也可以是由多条语句组成的一个复合语句。

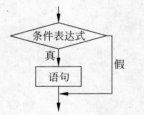

图 3-3 单分支的 if 语句结构

(4) else 分支可以缺省。若缺省 else 分支,则会形成所谓单分支的 if 语句,如图 3-3 所示。

例 3-2 从键盘输入 x,y 两个整数,比较其大小,并按降序输出这两个整数。

算法一: 用一个单分支 if 语句实现。判断输入的 x,y 两数,若 x<y 时则须将 x,y 两数交换以使 x>y,否则无须交换。

```
/* 源文件名: AL3_2(1).c */
# include < stdio. h>
void main()
{
    int x, y, temp;
    printf("x = ");
    scanf(" % d", &x);
    printf("y = ");
```

```
      scanf("%d",&y);
      if(x<y)
      {   temp = x;
          x = y;
          y = temp;
      }
      printf("%d,%d\n",x,y);
}
```

程序运行情况如下：

① x = 5 ↙
   y = 9 ↙
   9,5

② x = 9 ↙
   y = 5 ↙
   9,5

在算法一程序中，if 分支内嵌的是由三个赋值语句组成的复合语句，这三个赋值语句用来实现 x、y 两数的交换。

算法二：用两个单分支 if 语句实现。判断 x、y 两数，是否 x >= y，若是，则先 x 后 y 输出两数；然后判断 x、y 是否满足 x<y，若是，则先 y 后 x 输出两数。算法二程序如下。

```
/* 源文件名：AL3_2(2).c */
#include<stdio.h>
void main()
{
  int x,y;
  printf("x = ");
  scanf("%d",&x);
  printf("y = ");
  scanf("%d",&y);
  if(x>= y)
          printf("%d,%d\n",x,y);
  if(x<y)
          printf("%d,%d\n",y,x);
}
```

在算法二程序中，用两个单分支 if 语句实现了题目要求。

算法三：用一个双分支 if 语句代替算法二程序中的两个单分支 if 语句实现题目要求。算法三程序如下。

```
/* 源文件名：AL3_2(3).c */
#include<stdio.h>
void main()
{
  int x,y;
  printf("x = ");
  scanf("%d",&x);
  printf("y = ");
```

```
    scanf("%d",&y);
    if(x>=y)
            printf("%d,%d\n",x,y);
    else
            printf("%d,%d\n", y, x);
}
```

例 3-3　判断某年份是闰年还是平年。

判断闰年的条件是：年份能被 4 整除而不能被 100 整除，或者年份能被 400 整除。

```
/* 源文件名: AL3_3.c */
# include <stdio.h>
void main()
{
    int year;
    printf("请输人年份: ");
    scanf("%d",&year);
    if(year%4==0&&year%100!=0||year%400==0)
        printf("%d年,是闰年!/n",year);
    else
        printf("%d年,是平年!/n",year);
}
```

程序运行情况如下：

t 请输人年份:2010↙
2010 年,是平年!

在本例中,判断闰年用双分支 if 语句,实现选择输出闰年或平年。

3.4.2　if 语句的嵌套

在一个 if 语句的内嵌分支中又出现一个或多个 if 语句,称为 if 语句的嵌套。其一般形式如下：

```
if()
    if()   语句 1  ⎫
    else   语句 2  ⎬ if 嵌套
else
    if()   语句 3  ⎫
    else   语句 4  ⎬ if 嵌套
```

或

```
if()  语句 1          ⎫
else                  │
    if()  语句 2       ⎬ if 语句多重嵌套
    else              │
        if()  语句 3   │
        else  语句 4   ⎭
```

在应用时,应当特别注意 if 与 else 之间的配对。if 与 else 的配对原则是：else 应与其上面离它最近的尚未匹配的 if 配对。为了增强程序的可读性，在书写时，应采用"层次递进"的格式，内嵌的 if…else 语句往右缩进几个字符。

例 3-4　输入任意一个整数 x，判断该数的正负，如果 x＝0，则输出 0。

```
/* 源文件名: AL3_4.c */
# include < stdio.h>
void main()
{
   int x;
   printf("x = ");
   scanf(" % d",&x);
   if(x>0)
     printf("x 的符号为: + ");
   else
       if(x<0)
           printf("x 的符号为: - ");
       else
           printf("x 的值为 0");
}
```

程序运行情况如下：

```
x = 5 ↙                    (第一次运行)
x 的符号为: +
x = - 5 ↙                  (第二次运行)
x 的符号为: -
x = 0 ↙                    (第三次运行)
x 的值为 0
```

分析：该问题有三种可能情况，即 x＞0，其为正值；x＜0，其为负值；x＝0，其值为零。对于双分支的 if…else 结构来说，单纯使用一个 if…else 已无法分辨这三种情况。本程序中，在外层的 if…else 结构中，首先判断 x＞0 和 x＜＝0 两种情况，然后在外层的 else 分支中，使用一个内嵌的 if…else，将 x＜＝0 再分成两种情况，分别是 x＜0 和 x＝0。

例 3-5　由键盘输入三个整数 x，y，z，求其最大者。

```
/* 源文件名: AL3_5.c */
# include < stdio.h>
void main()
{
   int x,y,z,max;
   printf("x = ");
   scanf(" % d",&x);
   printf("y = ");
   scanf(" % d",&y);
   printf("z = ");
   scanf(" % d",&z);
   if(x>y)
       if(x>z)              /* 表明 x>y,并且同时 x>z */
           max = x;
       else                 /* 表明 z>x,并且同时 x>y */
          max = z;
   else
```

```
        if(y>z)                 /* 表明 y>x,并且同时 y>z */
            max = y;
        else                    /* 表明 z>y,并且同时 y>x */
            max = z;
    printf("the max is:%d",max);
}
```

程序运行情况如下：

```
x = 12 ↙
y = 15 ↙
z = 20 ↙
the max is:20
```

分析：在该程序中,外层的 if 分支和 else 分支分别嵌套了一个 if…else 的结构。要执行内嵌的 if 结构,首先要满足外层的条件。程序的注释已说明每个条件判断的结果情况,这里不再赘述。

3.4.3　用 switch 语句实现多分支选择结构

switch 语句是实现多路分支的选择语句,其基本格式如下：

```
switch(表达式)
{ case 常量表达式 1: 语句段 1
  case 常量表达式 2: 语句段 2
   ⋮
  case 常量表达式 n: 语句段 n
  [default:          语句段 n+1]
}
```

说明：

在执行 switch 语句时,首先计算 switch 后面圆括号中表达式的值,然后将该值依次与"case 子句"后的常量表达式相比较,判断两者是否相等。若相等,则执行相应 case 子句的语句段；若不相等,则取下一个 case 子句的常量表达式进行比较。当比较完所有的 case 子句后,仍找不到相等的常量表达式,那么就执行 default 语句（默认语句）。其中,default 语句可缺省。

在找到一个匹配的 case 子句后,程序便从该子句的语句段处开始执行,执行完后并不会退出 switch 结构,而是会接着往下执行剩余的 case 子句的语句段,直到执行完最后一个语句段后,遇到 switch 的结束标志（右花括号）时,才退出 switch 结构。若希望程序体在执行完一个 case 子句的语句段之后便退出 switch 结构,则应该在 case 子句的语句段后加上 break 语句,用它表示不再执行其后的 case 子句而跳出 switch 结构。图 3-4 所示的便是在每个 case 子句的语句段后加上 break 语句的流程示意图。

使用 switch 语句时,应注意以下几个问题。

（1）switch 后的表达式一般限于整型、字符型和枚举类型的表达式。

（2）case 后的常量表达式的值的类型必须与 switch 后的表达式的类型相一致,且常量表达式的值应该互不相同。

（3）default（默认语句）可以放在该语句中的任何位置,且不影响执行结果。

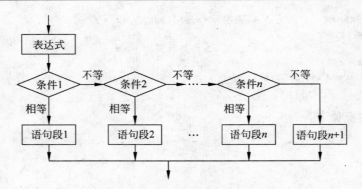

图 3-4　switch 语句流程示意图

例 3-6　学校在给学生成绩评定等级时规定：分数在 90～100 为 A 等,80～89 为 B 等,70～79 为 C 等,60～69 为 D 等,60 分以下不及格,为 E 等。现要求输入一学生成绩,输出其等级。

```c
/*源文件名:AL3_6.c*/
#include<stdio.h>
void main()
{
  int score,n;
  printf("score=");
  scanf("%d",&score);
  n=score/10;
  switch(n)
  {
    case 10:
    case 9:printf("成绩为 A 等");break;
    case 8:printf("成绩为 B 等");break;
    case 7:printf("成绩为 C 等");break;
    case 6:printf("成绩为 D 等");break;
    default:printf("不及格");
  }
}
```

程序运行结果如下:

score=82 ✓
成绩为 B 等

再次运行程序:

score=100 ✓
成绩为 A 等

第三次运行程序:

score=45 ✓
不及格

分析:score 值的范围在 0 到 100 之间,可知整数 n 值的范围在 0 到 10 之间。将计算得到的 n 值与 case 子句的常量表达式值相比较,以决定执行哪个 case 子句。

在此例中,n 的值为 9 或 10(即 score 分数在 90 到 100),成绩等级均是 A 等,因此将语句"printf("成绩为 A 等");"放置在第二条 case 子句中。当 n 取值为 10 时,由于第一条 case 子句的语句段置为空,流程会接着往下执行下一条 case 子句,输出"成绩为 A 等"(如程序第二次运行结果所示),并通过 break 语句退出 switch 结构。

default 表示 n 值不在 6~10 之间,实际上此时 n 的值在 0~5 之间(即 score 分数在 0 到 59),那么就执行语句"printf("不及格");"。

例 3-7 任意输入一个字母,判断其是原音还是辅音。

```
/* 源文件名：AL3_7.c */
#include < stdio.h>
void main()
{
    char ch;
    printf("请输入一小写字母：");
    scanf(" %c",&ch);
    switch(ch)
    { case 'a':
      case 'e':
      case 'i':
      case 'o':
      case 'u':printf("字母%c是原音",ch);break;
      default :printf("字母%c是辅音",ch);
    }
}
```

程序运行结果如下：

请输入一小写字母：i↙
字母 i 是原音

再次运行程序：

请输入一小写字母：m↙
字母 m 是辅音

分析：因为字母表中原音字母只有 5 个,都应该执行相同操作,为了避免重复,只需要在最后一个 case 子句写出语句"printf("字母%c是原音",ch);",并在其后加上 break 退出即可。当输入任意一个原音字母时,程序都会执行到最后一个 case 子句的语句段。除了5 个原音字母外,其他的字母均为辅音,因此程序通过判断只要不是原音字母,便执行 default 语句输出辅音字母。

在这里,不妨试试用 if 选择语句实现以上两个例子,比较两种选择结构之间的差异。一般情况下只要是 switch 结构均可以用 if 结构来实现,if 语句使用灵活,适用面也较广,但用 switch 语句来实现多分支结构会比 if 语句清晰,程序可读性也会好些。

3.5 循 环 结 构

除了选择结构外,在解决某些程序问题时,还需要用到循环结构。可以说,所有的实用程序都有循环结构的存在。C 语言提供了以下 4 种构成循环结构的语句。

(1) 当型循环语句：while 语句；

(2) 直到型循环语句：do…while 语句；

(3) 步长型循环语句：for 语句；

(4) 无条件转移语句：goto 语句。

这 4 种循环语句的格式不同，对循环条件判断的先后顺序也不同。在实际编程过程中，较常使用的是前三种语句。读者可根据具体的问题来选择使用哪一种循环格式。

一般情况下不使用 goto 语句，结构化程序设计要求尽可能避免使用 goto 语句组织循环，因为 goto 语句可以直接跳出程序的循环结构到达指定的位置，一旦使用不当，会引发许多问题，最常见的是导致循环结构的混乱，使程序的可读性差。goto 语句常用在程序的测试阶段，测试人员使用 goto 语句直接跳过不需要测试的程序段。

3.5.1　goto 型循环语句

goto 语句为无条件转向语句，它和语句标号结合使用，其一般格式为：

goto 语句标号;

"语句标号"用标识符表示，命名规则和变量名的命名规则相同，即由字母、数字和下画线组成，其第一个字符必须是字母或下画线，不能用整数来做标号。例如，"goto loop_1;"是合法的，而"goto 321;"是不合法的。

通过 goto 语句和"语句标号"结合可以实现无条件循环结构。当然，要跳出循环，往往还要和 if 语句配合。形式为：

```
语句标号: if(条件表达式)
{   …
    goto 语句标号;
    …
}
```

当条件表达式成立时，执行程序段，然后通过 goto 语句跳转到"语句标号"指定位置，再次进行条件的判断，成立则继续执行循环，不成立则跳出 if 语句退出循环，指向 if 语句体后面的程序。

例 3-8　用 goto 语句和 if 语句相结合，求 $1+2+3+\cdots+99+100$ 的和。

```c
/* 源文件名: AL3_8.c */
# include < stdio. h>
void main()
{
    int i, sum;
    sum = 0;
    i = 1;
loop: if(i < = 100)
    { sum + = i;
      i++;
      goto loop;
    }
    printf("1 至 100 的累加和为: % d", sum);
}
```

程序运行情况如下：

1 至 100 的累加和为：5050

3.5.2　用 while 语句实现循环

用 while 语句实现循环结构，其基本格式是：

```
while(条件表达式)
{
    语句组
}
```

这种循环语句通常被称为"当型"循环语句。其组成是，保留字 while 后跟一对圆括号，其中是条件表达式，称为循环条件表达式，再后是用花括号括起的语句，称作循环体。while 语句执行过程是，当条件表达式成立（其值为非 0）时，执行循环体语句，当条件表达式不成立（其值为 0）时，就退出循环去执行循环结构后面的语句。while 语句的执行流程如图 3-5 所示。

从流程图可看出，while 循环是先判断循环条件表达式，再决定是否执行循环体语句的。若条件表达式值为"真"，则执行循环体语句，执行完循环体语句后，返回去再一次判断循环条件；若条件表达式值为"假"，则退出循环，执行该循环语句后面的语句；极端情况是，第一次判断循环条件表达式，其值就为"假"，就退出循环，则会造成循环体语句一次也未执行。

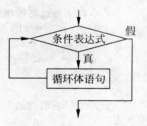

图 3-5　while 循环结构

应用 while 语句时，需要注意以下两点。

(1) 如果循环体语句只有单条语句，花括号可省略；如果有多条语句，则应该用花括号将它们括起来，变为复合语句。

(2) 注意根据具体问题设定循环条件，以免造成程序的"死循环"。

例 3-9　用 while 循环语句编写程序，求 $1+2+3+\cdots+100$ 的和。

```
/* 源文件名：AL3_9.c */
#include <stdio.h>
void main()
{
    int i=1,sum=0;
    while(i<=100)
    {   sum=sum+i;
        i++;
    }
    printf("1~100 的累加和为：%d",sum);
}
```

程序运行情况如下：

1~100 的累加和为：5050

分析：在程序中设置 i 和 sum 两个变量。其中，i 用来表示该数列中的元素，显然，初值应为 1；sum 用来存储该数列的累加和，在未计算之前其值应为 0。分析该题目可知，要计算 1～100 的和就要进行 100 次的加法运算，而 i 由 1 自增到 100，正好进行 100 次的变化，因此变量 i 作为循环控制条件。在循环体内，表达式 sum＝sum＋i 的目的是将每次的数列元素 i 的值加到 sum 上，每加一次 i 自增取得数列的下个元素，如此循环，当 i 取值超过 100（取到 101）时，循环条件不成立，退出了循环，并输出所求得的结果。

例 3-10　求两个正整数 num1 和 num2 的最大公约数。

```c
/* 源文件名: AL3_10.c */
# include < stdio.h>
void main()
{ int   num1, num2, t;
  printf("请输入两个正整数: \n");
  scanf("% d % d", &num1, &num2);
  if(num1 < num2)
  { t = num1;
    num1 = num2;
    num2 = t;
  }
  /* 以下通过辗转相除法求两数的最大公约数 */
  while(num2 != 0)
  { t = num1 % num2;
    num1 = num2;
    num2 = t;
  }
  printf("它们的最大公约数为: % d\n", num1);
}
```

程序运行情况如下：

请输入两个正整数:
12   56 ↙
它们的最大公约数为: 6

分析：程序中将较大数存放在 num1 中，较小数存放在 num2 中。利用辗转相除法，每次循环求得 num1 与 num2 相除所得的余数，并将 num2 赋给 num1，所得余数赋给 num2，当余数为 0 时，退出循环。此时的 num1 即为两数的最大公约数。

3.5.3　用 do…while 语句实现循环

用 do…while 语句实现循环结构，其基本格式是：

```c
do{
    循环体
}while(条件表达式);
```

这种循环语句通常被称为"直到型"循环语句。

其组成是，保留字 do 后跟用花括号括起的语句，称作循环体，花括号后跟保留字 while，再后是一对圆括号，其中是条件表达式，称为循环条件表达式。注意书写时，条件表达式后右圆括号外要加上分号";"。

do…while 语句的执行过程是,首先执行一次循环体语句,然后进入循环条件表达式的判断:当条件表达式成立(即其值为非 0)时,则再次执行循环体语句,如此循环反复,直到条件表达式不成立(其值为 0)时,退出循环而去执行该循环语句后面的语句。do…while 语句的执行流程如图 3-6 所示。

从图 3-6 可看出,do…while 循环是先执行一次循环体语句,再来判断循环条件表达式,决定是否执行循环体语句。因此,极端情况是,即使第一次判断循环条件表达式,其值就为"假",就退出循环,这时循环体语句也已执行了一次。

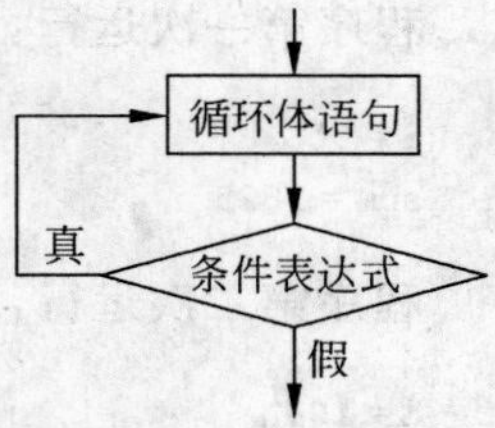

使用 do…while 语句时,需要注意以下两点。

(1) 如果循环体语句只有单条语句,花括号可省略;如果有多条语句,则应该用花括号将它们括起来,变为复合语句。

(2) 注意根据具体问题设定循环条件,以免造成程序的"死循环"。

图 3-6 do…while 循环结构

例 3-11 用 do…while 循环,求 $1+2+3+\cdots+100$ 的和。

```c
/* 源文件名: AL3_11.c */
#include <stdio.h>
void main()
{ int  i = 1, sum = 0;
  do{ sum = sum + i;
      i++;
  }while(i <= 100);
  printf("1～100 的累加和为: % d",sum);
}
```

程序运行情况如下:

1～100 的累加和为: 5050

本题的解题思路与例 3-8 相同,唯一不同的地方就是在循环条件的判断上。本题先将 i 元素第一个值加到累加器 sum 上,并取得下一个值后,才进行循环条件的判断。观察并比较例 3-8 与本例,可以看出,循环体和循环条件均无变化,只是循环格式变了。

应该明确,while 循环和 do…while 循环,两者循环性质相同,功能也基本一致。在解决同一个问题时,既可以使用 while 语句,也可以使用 do…while 语句。但应注意在有些情况下,两者还是存在着前述的微小差异。

例 3-12 修改例 3-9 与例 3-11,比较 while 循环和 do…while 循环的差异。

例 3-9 修改如下:

```c
/* 源文件名: AL3_12(1).c */
#include <stdio.h>
void main()
{ int i, sum;
  sum = 0;
  printf("i = ");
  scanf(" % d",&i);
  while(i <= 100)
```

```
    { sum + = i;
      i++;
    }
    printf("sum = % d",sum);
}
```

程序第一次运行：

```
i = 50 ↙
sum = 3825
```

程序第二次运行：

```
i = 101 ↙
sum = 0
```

例 3-11 修改如下：

```
/ *  源文件名：AL3_12(2).c * /
♯ include < stdio. h>
void main()
{ int i,sum;
  sum = 0;
  printf("i = ");
  scanf(" % d",&i);
  do{ sum + = i;
    i++;
  }while(i < = 100);
  printf("sum = % d",sum);
}
```

程序第一次运行：

```
i = 50 ↙
sum = 3825
```

程序第二次运行：

```
i = 101 ↙
sum = 101
```

　　运行以上两个程序可以发现，当输入的 i 值小于或者等于 100 时，两程序输出的结果是相同的，但当输入的 i 值大于 100 时，两者输出的结果便出现了差异，其原因是：前者使用的是 while 循环语句，它先进行循环条件的判断，当输入的 i 值为 101，判别出条件值为"假"时，便立即退出循环结构，而未去执行循环体，因而 i 的值也就没有累加到 sum 上，所以输出结果是 sum=0。后者使用的是 do…while 语句，其先执行一次循环体，将 101 加到 sum 上，然后再对循环条件进行判断，发现条件值为"假"，退出循环，所以输出结果是 sum=101。

　　综上可知，while 语句的特点是先判断循环条件后执行循环体，因此它的循环体可能一次都不执行；而 do…while 语句的特点是先执行循环体后判断循环条件，所以它的循环体至少要执行一次。所以在应用时，要注意两者的特点和差异，避免类似上例的情况发生。

例 3-13 输入一个正整数 $n(n>=1)$，计算并输出 S：

$$S=1-\frac{1}{2}+\frac{1}{3}-\frac{1}{4}+\frac{1}{5}-\frac{1}{6}+\cdots+(-)\frac{1}{n}$$

程序设计如下：

```
/* 源文件名: AL3_13.c */
# include < stdio. h>
void main()
{ int i = 1, n ,flag = 1;
  double sum = 0;
  printf("请输入 n 的值(n > = 1): ");
  scanf(" % d", &n);
  do{ sum = sum + 1.0/i * flag;
      flag = - 1 * flag;
      i++;
  }while(i < = n);
  printf("sum = % f\n", sum);
}
```

程序运行情况如下：

请输入 n 的值(n > = 1): 9 ↙
sum = 0.745635

不难看出，该数列后项的分母总是比前项的分母多 1，且奇数项的符号为正，偶数项的符号为负。为了计算其前 n 项的和，只能通过循环语句实现，每次循环都计算出一项的值，并把该项值累加到变量 sum 上，sum 的初值为 0。设置标识变量 flag 来标记各项的符号，执行第一次循环体即计算出第一项的值，flag 的值为 1（表示正号），执行第二次循环体，flag 的值为 -1（表示负号），以此类推，实现的方法就是通过在循环体中加入表达式"flag= -1 * flag"。循环条件表达式中的 i 用于表示循环体中，每次进行累加的项，当 i 值大于所设置的项数 n 时，便退出循环，输出累加和 sum。

3.5.4 用 for 语句实现循环

用 for 语句实现循环，其基本格式是：

```
for(表达式 1; 表达式 2; 表达式 3)
{
    循环体
}
```

for 语句通常被称为"步长型"循环语句。步长型循环语句组成是，保留字 for 后跟一对圆括号，其中给出的是所谓循环控制部分，随后用花括号括起的语句，称作循环体。循环控制部分一般由三个表达式组成，表达式之间用分号";"隔开，其中：

表达式 1 主要用于给循环控制变量初始化，在 for 语句流程中只被执行一次；

表达式 2 用做循环条件的判断，其值为"真"或"假"；

表达式 3 用于修改循环控制变量的值。

循环体语句组若仅为一条，则花括号可以省略，若多于一条语句，就应以复合语句的形式存在。

　　for 语句的执行过程是,首先求解表达式 1,接下来判别表达式 2 的值,若值为"真",则执行一次循环体,然后求解表达式 3,再次判断表达式 2 的值,如此循环反复。当表达式 2 的值为"假"时,就退出 for 循环语句。

　　for 语句的使用最为灵活,也最为频繁。其执行流程如图 3-7 所示。

　　例 3-14　用 for 循环语句,实现求 sum 的值,其中 sum＝1＋ 2＋3＋…＋100。

```
/* 源文件名: AL3_14.c */
#include<stdio.h>
void main()
{ int i,sum;
  sum = 0;
  for(i = 1;i <= 100;i++)
      sum = sum + i;
      printf("1～100 的累加和为: = %d",sum);
}
```

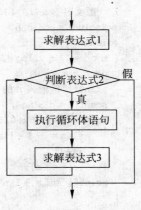

图 3-7　for 循环示意图

程序运行情况如下:

1～100 的累加和为: = 5050

　　与例 3-8 和例 3-10 相比较可看出,for 语句形式简洁、结构清晰,应用起来灵活方便。在 for 语句的循环控制部分,三个表达式可根据具体情况缺省其中一个或两个,甚至三个表达式可以同时缺省,但是缺省表达式时,其后的分号不能省略。例如:

　　(1) 缺省表达式 1,例如:

```
i = 1;
for(;i <= 100;i++)
    sum = sum + i;
```

循环变量 i 的初始化,已经在 for 语句之前完成,那么表达式 1 即可省略。

　　(2) 缺省表达式 2,例如:

```
for(i = 1;;i++)
{ if(i > 100)         /* i>100 退出循环 */
    break;            /* 该 break 语句用于退出循环体 */
  else
    sum = sum + i;
}
```

若缺省表达式 2,C 语言编译器默认循环条件为真,循环将无终止地进行下去(称作"死循环"),因此必须在循环体内部设置条件使其退出循环。如上例中的"if(i>100) break",该语句的作用就是当 i 值大于 100 时,跳出循环。break 语句将在下一节中讲解。

　　(3) 缺省表达式 1 和表达式 3,例如:

```
i = 1;
for( ;i <= 100 ; )
```

```
{ sum = sum + i;
  i++;
}
```

等价于

```
i = 1;
while(i < = 100)
{ sum = sum + i;
  i++;
}
```

在这种情况下,for 语句完全等价于 while 语句。在实际应用过程中,for 语句可以完全代替 while 语句。

（4）三个表达式都缺省,例如：

```
int i = 1, sum = 0;
for(;;)
{ sum = sum + i;
  i++;
  if(i > 100)
    break;
}
```

像这种情况,for 语句就失去了它的意义,一般在实际编程中很少会用到。

例 3-15　将一个二进制整数转换为十进制数。

```
/ * 源文件名: AL3_15.c * /
# include < stdio. h >
# include < math. h >
void  main()
{ long binary;                          / * 用于存放二进制数 * /
  int sum = 0, temp;
  int n = 0;                            / * 权值 n * /
  printf("请输入一个二进制整数:");
  scanf(" % ld", &binary);
  for( ; binary! = 0; binary = binary/10)
  { temp = binary % 10;
    sum = sum + temp * (int)pow(2,n);   / * 函数 pow(2,n)用于求 2 的 n 次方 * /
    n++;
  }
  printf("转换为十进制数是: % d", sum);
}
```

程序运行情况如下：

```
请输入一个二进制整数: 1101↙
转换为十进制数是: 13
```

分析：根据二进制转换成十进制的方法可知,要进行转换,必须分离出每个数位上的值,将每个值乘以 2^n（对应权值,最低位为 0,第二位为 1,以此类推）后相加,结果即为十进制数。

变量 temp 用于存放每次分离出来的值,sum 用于存放累加和,初值为 0。第一次循环,将二进制数 binary 与 10 进行取余运算后,分离出该二进制数的最低位数的值,并将该值乘以 2 的 n 次方(此时 n 的值为 0)后加入 sum 中。表达式 binary＝binary/10 是去除已被取过的位数,把还未被取过的二进制位数作为一个新的二进制数赋给 binary,同时权值 n 自增,为下一次循环做好准备。以此类推,在循环的过程中,binary 的值不断减小,当其值等于 0 时,表示该二进制数的所有数位都已被取过一次,此时便可结束循环,输出结果。

3.5.5　continue 语句和 break 语句

1. continue 语句

continue 语句只能用在循环结构中,其作用是跳过循环体内尚未执行的部分(即跳过循环体中 continue 语句后面的程序段),进入下一次的循环条件判断。其通常和选择语句配合使用,起到提前结束本次循环的作用。例如以下的循环结构:

```
while(条件 1)
{    语句段 1
     if(条件 2)
          continue;
     语句段 2
}
```

其流程如图 3-8 所示。

例 3-16　输出 1～100 之间能被 7 整除的所有整数。

```
/* 源文件名: AL3_16.c */
#include <stdio.h>
void main()
{ int i;
  printf("1～100 之间能被 7 整除的数是: ");
  for(i = 1;i <= 100;i++)
  { if(i % 7!= 0)
       continue;
    printf("%d  ",i);
  }
}
```

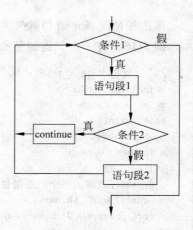

图 3-8　continue 语句流程

程序运行情况如下:

1～100 之间能被 7 整除的数是: 7 14 21 28 35 42 49 56 63 70 77 84 91 98

利用穷举法,依次从 1 取到 100,分别与 7 进行求余运算,当 i 所取得的数不能被 7 整除时,执行 continue 语句,跳过循环体中 continue 后的语句"printf("%d ",i);",提前结束本次循环,当 i 能被 7 整除时,才输出 i 值。

2. break 语句

在 3.4.3 小节中已经介绍过,利用 break 语句跳出 switch 结构。除此之外,break 语句还能用在循环结构中,跳出循环体,起到结束循环的作用。

在实际中,会遇到一些循环次数无法确定的情况,可运用它与 if 选择语句相结合,实现退出循环。例如有以下程序段：

```
while(条件 1)
{
   语句段 1
   if(条件 2)
        break;
   语句段 2
}
```

其执行流程如图 3-9 所示。

例 3-17　在 $100\sim200$ 之间找出能同时被 6 和 9 整除的最小数。

```
/* 源文件名：AL3_17.c */
# include < stdio.h>
void main()
{ int i;
  for(i = 100;i <= 200 ;i++)
  { if(i % 6 == 0&&i % 9 == 0)
        break;
  }
  printf("在 100～200 之间能同时被 6 和 9 整除的最小数是：
        % d",i);
}
```

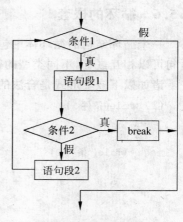

图 3-9　break 语句流程

程序运行情况如下：

在 100～200 之间能同时被 6 和 9 整除的最小数是：108

循环结束条件有两个，一个在循环控制部分，当 i＞200 时退出循环，另一个在循环体中，当 i 能同时被 6 和 9 整除（即 i%6＝＝0&&i%9＝＝0 为真）时，通过 break 语句退出循环。因为所要查找的数是最小数，因此只需使循环变量 i 值由 100 开始逐个进行判断即可。

例 3-18　将上例改为：输出能同时被 6 和 9 整除的最小正整数。

```
/* 源文件名：AL3_18.c */
# include < stdio.h>
void main()
{ int i;
  for(i = 1; ;i++)
  {   if(i % 6 == 0&&i % 9 == 0)
        break;
  }
  printf("能同时被 6 和 9 整除的最小正整数是：% d",i);
}
```

程序运行情况如下：

能同时被 6 和 9 整除的最小正整数是：18

在此例中，因为循环条件无法确定，for 语句的表达式 2 缺省，只有在循环体中使用

break 语句与 if 选择语句相结合,来结束循环。

在使用 break 语句和 continue 语句时,需注意以下三点。

(1) break 不能用在除 switch 和循环结构之外的其他结构中。

(2) break 只能退出一层循环结构(这点将在下节循环嵌套中学习)。

(3) break 和 continue 的区别在于:执行 continue 语句,跳过循环体中居于其后的语句,继续循环条件的判断,而并未跳出循环结构;执行 break 语句,则是跳出循环,结束本层循环结构。

3.5.6　循环的嵌套

一个循环结构的循环体中包含另一个完整的循环结构,称为循环嵌套。同类型的循环语句可以相互嵌套,不同类型的循环语句也可以相互嵌套。

诸如以下嵌套形式是合法的。

```
(1) while(条件 1)
    {
      ⋮
      while( 条件 2)
      {
        ⋮
      }
    }

(2) while(条件 1)
    {
      ⋮
      do{
        ⋮
      }while(条件 2);
      ⋮
    }

(3) for( 表达式 1;表达式 2; 表达式 3 )
    {
      ⋮
      while( 条件 2)
      {
        ⋮
      }
    }
```

使用循环嵌套时,要注意嵌套的层次,内嵌循环要完整地包含在外层循环体内,不可与外层循环出现交叉现象,例如以下形式是错误的。

```
(1) for( … ; … ; … )
    {
      ⋮
      do{
        ⋮
    } while();
```

（2）do{

  ⋮

  while()

  {

   ⋮

  }while();

  }

  为了避免此类错误的发生，建议在使用循环嵌套时，不管循环体语句是几条，一律用花括号将其括起后，再在花括号内嵌入内层循环，以保证内嵌循环结构的完整。其次，为了增强程序的可读性，书写时应采用分层递进的方式。

  例 3-19 打印如下图形。

```
*  *  *  *  *
*  *  *  *  *
*  *  *  *  *
*  *  *  *  *
```

程序设计如下：

```c
/* 源文件名: AL3_19.c */
#include <stdio.h>
void main()
{ int i,j;
  for(i=1;i<=4;i++)
  {  for(j=1;j<=5;j++)
        printf(" * ");
     printf("\n");
  }
}
```

  经观察可知，该图形是由 4 行、5 列的“ * ”组成的。程序中设置了两层循环，整型变量 i 和 j 分别用于控制行数和列数。外层循环的循环体由内层 j 循环语句和 printf("\n") 语句组成。i＝1 表示即将打印第一行的“ * ”号，进入内层循环后，由列数 j 控制输出 5 个“ * ”，接着程序换行，进入下一行的输出。当输出第 4 行“ * ”后，退出外层循环结构，程序结束。

  例 3-20 找出 3～100 的全部素数。

```c
/* 源文件名: AL3_20.c */
#include <stdio.h>
void main()
{  int i,n;
     printf("3～100 之间的素数: \n");
     for(n=3;n<=100;n++)
     {  for(i=2;i<=n;i++)
        {  if(n%i==0)
              break;
        }
        if(i==n)
           printf(" %d ",n);
     }
}
```

程序运行情况如下：

3～100 之间的素数：

3 5 7 11 13 17 19 23 29 31 37 41 43 47 53 59 61 67 71 73 79 83 89 97

除了 1 和它本身，均不能被其他数整除的数称为素数。本程序中，外层循环变量 n 用于控制从 3～100 逐个取出判断；内层循环用于判断 n 是否为素数，内层循环变量 i 从 2 取到 n，并与 n 进行求余运算，当余数为 0 时，执行 break 语句，跳出内层循环，到外层循环体中由 if 语句判断，若 i 与 n 相等（表示 3 到 n−1 中的数均不能整除 n），那么 n 即为素数，此时输出 n 的值。

在此例中，可以修改一下内层循环条件，将 i<＝n 改为 i<＝ sqrt(n)，在外层循环体中以变量 i 是否大于 sqrt(n)（函数 sqrt(n) 返回 n 的平方根）来决定 n 是否为素数。这样做的目的是减少循环的次数以优化程序，提高程序的执行效率。在编程过程中，特别是在使用多重循环结构解题时，要特别注意编写执行效率高，占用内存少，处理速度快的程序。

3.6　程 序 举 例

例 3-21　求 $ax^2+bx+c=0$ 方程的解，方程系数 a,b,c 由键盘输入。

根据求根公式，有以下几种情况：

（1）$b^2-4ac=0$，方程有两相同实根；

（2）$b^2-4ac>0$，方程有两不同实根；

（3）$b^2-4ac<0$，方程有两共轭虚根。

程序设计如下：

```
/* 源文件名: AL3_21.c */
# include < stdio. h>
# include < math. h>
void main()
{ float a,b,c,delta,x1,x2,r,i;
  printf("a = ");
  scanf(" % f",&a);
  printf("b = ");
  scanf(" % f",&b);
  printf("c = ");
  scanf(" % f",&c);
  delta = b * b - 4 * a * c;
  if(delta > 0)
  {   x1 = ( - b + sqrt(delta))/(2 * a);
      x2 = ( - b - sqrt(delta))/(2 * a);
      printf("x1 = % f,x2 = % f\n",x1,x2);
  }
  else   if(delta == 0)
  {         x1 = x2 = -b/(2 * a);
          printf("x1 = x2 = % f\n",x1);
  }
  else
  { r = - b/(2 * a);                 /* 虚根的实部 */
```

```
    i = sqrt( - delta)/(2 * a);        /* 虚根的虚部 */
    printf("x1 = % f + % fi\n",r,i);
    printf("x2 = % f - % fi\n",r,i);
  }
}
```

请思考：如果要求 10 个或若干个一元二次方程的解，程序该如何修改？

例 3-22　打印出 100～1000 之间的所有"水仙花数"。

所谓"水仙花数"是指一个 3 位数，其各个位数的立方之和等于该数本身。例如，$153 = 1^3 + 5^3 + 3^3$，因此 153 是一个水仙花数。

```
/* 源文件名: AL3_22.c */
# include < stdio. h>
# include < math. h>
void   main()
{ int i,j,k,num;
  printf("the water flower's number is:");
  for(num = 100;num < 1000;num++)
  { i = num % 10;                    /* 分解出个位 */
    j = num/10 % 10;                 /* 分解出十位 */
    k = num/100;                     /* 分解出百位 */
    if(num == i * i * i + j * j * j + k * k * k)
      printf(" % - 5d",num);
  }
}
```

程序运行情况如下：

```
the water flower's number is:153   370   371   407
```

程序中 i,j,k 分别用于存储 num 分解出来的个位、十位和百位的数值。根据题意，只要各个数位上数的立方和等于该数，那么该数就是所求的"水仙花数"，将该数输出即可。

例 3-23　兔子问题。有一对兔子，从出生后的第 3 个月起，每个月都生一对兔子。小兔子长到第 3 个月时，每个月又生一对兔子。假设兔子不死，那么每个月（求前 12 个月）兔子的总数是多少？

先寻求兔子繁殖的规律。成熟的一对兔子用记号 ● 表示，未成熟的用 ○ 表示，如图 3-10 所示。

由图可知：前两个月兔子的数目都是 1 对，从第三个月起，每个月兔子的总数等于前两个月兔子数之和。即：

$$f_1 = f_2 = 1$$
$$f_n = f_{n-1} + f_{n-2} \quad (n \geqslant 3)$$

程序设计如下：

```
/* 源文件名: AL3_23.c */
# include< stdio. h>
void   main()
{ long int f1,f2;
  int n;
```

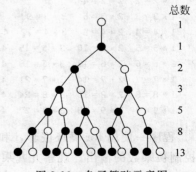

总数
1
1
2
3
5
8
13

图 3-10　兔子繁殖示意图

```
    f1 = f2 = 1;
    for(n = 1;n <= 12;n++)
    { printf("%8ld%8ld",f1,f2);
      if(n%2 == 0)
         printf("\n");
      f1 = f1 + f2;
      f2 = f2 + f1;
    }
}
```

程序运行情况如下：

```
    1        1        2        3
    5        8       13       21
   34       55       89      144
  233      377      610      987
 1597     2584     4181     6765
10946    17711    28657    46360
```

程序中的 if 语句用于控制输出每行 4 个数据，输出格式符"%8ld"是因为输出的最后一个数据值大于 int 的最大值 32767，必须用 ld 表示。

例 3-24　输出九九乘法表。

程序一：

```
/* 源文件名: AL3_24(1).c */
#include < stdio.h>
void  main()
{ int i,j;
  for(i = 1;i <= 9;i++)
  { for(j = 1;j <= i;j++)
        printf("%d*%d = %-4d",j,i,i*j);
    printf("\n");
  }
}
```

程序运行情况如下：

```
1*1 = 1
1*2 = 2  2*2 = 4
1*3 = 3  2*3 = 6   3*3 = 9
1*4 = 4  2*4 = 8   3*4 = 12  4*4 = 16
1*5 = 5  2*5 = 10  3*5 = 15  4*5 = 20  5*5 = 25
1*6 = 6  2*6 = 12  3*6 = 18  4*6 = 24  5*6 = 30  6*6 = 36
1*7 = 7  2*7 = 14  3*7 = 21  4*7 = 28  5*7 = 35  6*7 = 42  7*7 = 49
1*8 = 8  2*8 = 16  3*8 = 24  4*8 = 32  5*8 = 40  6*8 = 48  7*8 = 56  8*8 = 64
1*9 = 9  2*9 = 18  3*9 = 27  4*9 = 36  5*9 = 45  6*9 = 54  7*9 = 63  8*9 = 72  9*9 = 81
```

程序一使用 for 循环嵌套，i 和 j 分别用于控制循环的行和列，并且 i 控制乘数的输出，j 控制被乘数的输出。观察九九乘法表可知，第 1 行有 1 列，第 2 行有 2 列，第 3 行有 3 列，以此类推，那么行数的范围是 1～9，列数的范围根据 i 的值而定（为 1～i）。

程序二：

```
/* 源文件名: AL3_24(2).c */
#include<stdio.h>
void  main()
{ int i,j;
  for(i=1;i<=9;i++)
  {  j=1;
     do{ printf("%d*%d=%-4d",j,i,i*j);
        j++;
     }while(j<=i);
     printf("\n");
  }
}
```

程序二中，for 循环内嵌套 do…while 循环，也能实现程序一的功能。建议自行设计循环嵌套，实现同样功能。

本 章 小 结

本章主要介绍了 C 语言中的语句以及三种程序控制结构，主要针对选择结构和循环结构的相关控制语句进行了讲解。

顺序结构按照命令从前到后的顺序逐条执行，它是 C 语言中使用最普遍的一种基本程序结构。

选择控制结构根据条件表达式的判断结果，决定执行后面若干条语句中的某一条。要求熟练掌握 if 语句的使用，熟悉 if 语句嵌套结构。若程序中同时出现多条 if 语句，但出现部分 if 语句的 else 分支缺省的情况，要特别注意 if 和 else 的配对关系，避免出现逻辑错误和嵌套混乱的情况。对于多路分支 switch 语句，首先要注意其条件表达式的类型限制，即只允许整型、字符型和枚举类型；其次，要掌握其分支的特点；最后，注意在 case 子句中是否出现 break 语句程序的执行情况。

循环控制结构是所有实用程序中不可或缺的，在 C 语言中主要有 while 型循环、do…while 型循环、for 型循环以及使用 goto 语句实现循环控制。while 型循环是先判断条件表达式，再决定是否执行循环体，而 do…while 型循环先执行一次循环体，然后判断条件表达式，以决定是否再次执行循环体。在许多场合，它们之间可以相互替代，但要注意两者之间存在的不同之处。for 型循环将关于循环控制的三个环节集中于 for 语句的开头，是最紧凑的循环形式。在设计程序时，可根据问题的实际情况结合三种循环语句的特点来选择使用哪一种循环语句。除此之外，还要学会这三种语句的嵌套使用。

continue 语句和 break 语句分别对循环控制产生了不同的影响。其中，continue 语句是起到提前结束本次循环，接着下一次循环条件判断的作用，而 break 语句的作用是结束循环，跳出循环体。在程序中要注意两者的使用时机。

总之，在本章中首先要掌握选择结构和循环结构的控制机制、功能和格式，比较相互之间的异同，避免出现逻辑和语义上的错误，学会不同语句的适用情况。在编写程序（特别是使用嵌套）时，书写形式应采用"分层递进"的格式，养成良好的编程习惯，保证程序代码的正确性，同时做到层次分明，增强程序的可读性。

习　题

一、选择题

1. 以下程序执行后输出结果是(　　)。

```c
# include < stdio. h >
void  main()
{ int  i = 1, j = 1, k = 2;
  if ( (j++|| k++) && i++)
     printf(" % d, % d, % d\n", i, j, k);
}
```

A. 1,1,2　　　　　　B. 2,2,1　　　　　C. 2,2,2　　　　　D. 2,2,3

2. 以下程序运行的结果是(　　)。

```c
# include < stdio. h >
void main()
{ int x, y, z, a;
  x = y = z = 1;
  a = 15;
  if(!x)
      a-- ;
  else if(y)
      if(z)
          a = 3;
      else
          a + = 4;
  printf(" % d\n",a);
}
```

A. 15　　　　　　　B. 3　　　　　　C. 19　　　　D. 14

3. 以下程序执行后输出结果是(　　)。

```c
# include < stdio. h >
void  main()
{ int  a = 5,b = 4,c = 3,d = 2;
  if (a>b>c)
      printf(" % d\n",d);
  else if ( (c-1 >= d) == 1)
        printf(" % d\n",d + 1);
      else
        printf(" % d\n",d + 2);
}
```

A. 2　　　　　　　　　　　　　B. 3

C. 4　　　　　　　　　　　　　D. 编译时有错,无结果

4. 以下程序的运行结果是(　　)。

```c
# include < stdio. h >
```

```
void main()
{ int n = 9;
  switch(n -- )
  { default: printf(" % d   ",n++);
    case 8:
    case 7: printf(" % d   ",n); break;
    case 6: printf(" % d   ",n++);
    case 5: printf(" % d   ",n);
  }
}
```

　A. 8　　　　　　　　B. 7　　　　　　　　C. 8　9　　　　　　D. 8　7

5. 以下程序当输入 247↙时的输出结果是(　　　)。

```
# include < stdio. h >
void  main()
{ char c;
  while((c = getchar())!= '\n')
  { switch(c - '2')
    { case 0 :
      case 1 : putchar(c + 4);
      case 2 : putchar(c + 4); break;
      case 3 : putchar(c + 3);
      default: putchar(c + 2); break;
    }
  }
  printf("\n");
}
```

　A. 689　　　　　　　B. 6689　　　　　　C. 66778　　　　　D. 66887

6. 以下程序段的输出结果是(　　　)。

```
int x = 3;
do
{ printf(" % 3d",x - = 2);}
while (!( -- x));
```

　A. 1　　　　　　　　B. 3　0　　　　　　C. 1 - 2　　　　　　D. 死循环

7. do⋯while 循环与 while 循环的主要区别是(　　　)。

　A. while 循环体至少无条件执行一次,而 do⋯while 循环体可能一次都不执行

　B. do⋯while 循环体中可使用 continue 语句,while 循环体中不允许出现 continue 语句

　C. do⋯while 循环体中可使用 break 语句,while 循环体中不允许出现 break 语句

　D. do⋯while 循环体至少无条件执行一次,而 while 循环体可能一次都不执行

8. 以下程序运行时,循环体的执行次数是(　　　)。

```
# include < stdio. h >
void main()
{ int i,j;
    for(i = 0,j = 1;i < = j + 1;i = i + 2,j -- )
      printf(" % 3d",i);
```

```
    }
```

    A. 3　　　　　　　　B. 2　　　　　　　　C. 1　　　　　　　　D. 0

9. 以下程序运行后,a 的值是(　　　)。

```
# include < stdio. h>
void    main()
{   int a,b;
    for(a = 1,b = 1;a <= 100;a++)
    {   if(b >= 20) break;
        if(b % 3 == 1) { b + = 3; continue; }
        b - = 5;
    }
}
```

    A. 101　　　　　　　B. 100　　　　　　　C. 8　　　　　　　　D. 7

10. 下面程序的输出是(　　　)。

```
# include < stdio. h>
void main()
{   int x = 3,y = 6,a = 0;
    while (x++!= (y - = 1))
    {
        a + = 1;
        if (y < x) break;
    }
    printf("x = % d,y = % d,a = % d\n",x,y,a);
}
```

    A. x=4,y=4,a=1　　　　　　　　　　B. x=5,y=5,a=1
    C. x=5,y=4,a=3　　　　　　　　　　D. x=5,y=4,a=1

11. 以下程序的运行结果是(　　　)。

```
# include < stdio. h>
void main()
{   int i,j, k = 0;
    for(i = 3;i >= 1;i -- )
    { for(j = i;j <= 3;j ++)
        k += i * j;
    }
    printf(" % d\n", k);
}
```

    A. 19　　　　　　　　B. 29　　　　　　　　C. 6　　　　　　　　D. 25

12. 以下程序的输出结果是(　　　)。

```
# include < stdio. h>
void    main()
{   int i = 0,a = 0;
    while(i < 20)
    { for( ; ; )
```

```
    {  if((i % 10) == 0)
                break;
          else i -- ;
       }
       i + = 11; a + = i;
    }
    printf(" % d\n",a);
  }
```

　　A. 21　　　　　　　　B. 32　　　　　　　　C. 33　　　　　　　　D. 11

二、填空题

1. 以下程序的运行结果是_____。

```
# include < stdio. h>
void   main()
{  int s = 0, i = 0;
   while(i < 8)
   {i++;
    if(i % 2 == 0)
        continue;
    s + = i;
   }
   printf(" % d\n",s);
}
```

2. 下面程序的功能是计算 1 到 10 之间的奇数之和及偶数之和,请填空。

```
# include < stdio. h>
void   main()
{  int a, b,c , i;
   a = c = 0;
   for(i = 0;i < = 10;i + = 2)
   {   a + = i;
      _____;
      c + = b;
   }
   printf("偶数之和: % d\n",a);
   printf("奇数之和: % d\n",_____);
}
```

3. 下面程序的功能是输出 100 以内能被 3 整除且个位数为 6 的所有整数,请填空。

```
# include < stdio. h>
void   main()
{ int i,j;
  for(i = 0;_____;i++)
  {  j = i * 10 + 6;
     if(_____)
           continue;
     printf(" % d",j);
  }
}
```

4. 以下程序运行后的输出结果是_____。

```
# include< stdio. h>
void main()
{ int i,m = 0,n = 0,k = 0;
  for(i = 9; i <= 11;i++)
  switch(i/10)
  {   case 0: m++;n++;break;
      case 10: n++; break;
      default: k++;n++;
  }
  printf("% d % d % d\n",m,n,k);
}
```

5. 下面程序的功能是求 1! ＋2! ＋3! ＋4! ＋5! 的和,请填空。

```
# include< stdio. h>
void   main()
{ int   i, j, f, sum = 0;
  for(i = 1;i <= 5;i++)
  {   f = 1;
      for(j = 1;  _____; j++)
          _____;
      sum = sum + f;
  }
  printf(1! + 2! + 3! + 4! + "5!= % d",sum);
}
```

三、程序设计题

1. 编写程序,求 1－3＋5－7＋…＋97－99＋101 的值。

2. 任意输入一个正整数 n,求 $n!$ 的值。

3. 补充 fun()函数,使其能用勾股定理判断一个三角形是否为直角三角形,即输入一个三角形的三边长 a, b, c(假设 a,b,c 三边已能构成三角形),若能构成直角三角形则返回 1,不能则返回 0。

```
# include< stdio. h>
# include< math. h>
int fun(float a,float b,float c)
{
  //将函数补充完整
}
void   main()
{   float a,b,c;
    printf("Please input three numbers:\n");
    scanf("% f % f % f",&a, &b,&c);
    if( fun(a,b,c) == 1)
      printf("Yes\n");
    else
      printf("No\n");
    getch();
}
```

4. 求 $S_n = a + aa + aaa + \cdots + \overbrace{aa\cdots a}^{n\uparrow a}$ 之值。其中 a 是一个数字,例如 $a=2, n=5$,那么：$S_n = 2 + 22 + 222 + 2222 + 22222$。$a$ 和 n 的值均由键盘输入。

5. "百钱百鸡"问题：鸡翁一,值钱五；鸡母一,值钱三；鸡雏三,值钱一。百钱买百鸡,问鸡翁、鸡母、鸡雏各几何？

6. 从键盘输入正整数 n,输出 $1 + (1+2) + (1+2+3) + \cdots + (1+2+3+\cdots+n)$ 的值。

第4章 数　　组

教学目标、要求

通过本章的学习,要求掌握一维数组、二维数组的定义、初始化和数组元素的引用及相关的使用方法,数组与循环计算的运用,以及根据需要使用数组编制程序解决实际问题。

教学用时、内容

本章教学共需 8 学时,其中理论教学 4 学时,实验教学 4 学时。教学主要内容如下:

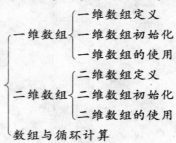

教学重点、难点

重点:一维数组、二维数组的定义。

难点:(1) 一维数组、二维数组的初始化及赋值;

　　　　(2) 数组元素的引用。

第 3 章介绍了 C 语言基本数据类型,如整型、实型、字符型等,此前各例题程序中所处理的数据都比较简单,使用基本数据类型即可满足。但对于许多实际问题,经常需要处理具有相同类型的成批数据。例如,某公司有 200 名员工,每位员工都有当月工资,要求这 200 名员工当月的平均工资。求解很简单:把这 200 名员工的工资数加起来,再除以 200,得到的结果就是平均工资。但是,在用程序实现时会产生两个问题:一是如何表示 200 名员工的工资? 当然可以用 200 个简单变量,如用 float 型 p1,p2,p3,…,p200 表示,但显然太烦琐,若有 2000(或更多)名员工怎么办呢? 二是忽略了这组数据的内在联系,实际上这组数据具有相同的类型属性。为此,像其他高级语言那样,C 语言用数组来表示具有相同类型的成批数据。

一个数组就是一组变量,其中每一个变量称为一个数组元素。上述这批数据,在 C 语言中可以表示为 p[1]、p[2]、p[3]、…、p[200],其中:p 是它们统一的名字,即数组名,每个 p[i](i=1,2,3,…,200)是一个变量,称为数组 p 的一个数组元素,方括号中的数字称作下标(因而,数组元素亦称下标变量),它标识数组元素在数组中的位置。由此可知:

(1) 数组是一组变量的集合。这组变量(即下标变量)的数据类型相同,数组中的数组元素按它们的内在关系排列,由下标来标识数组元素在数组中的位置(序号)。

(2) 数组名与下标可唯一确定数组中的数组元素。如 p[50]是数组 p 的第 50 个数组元素。

（3）同一数组中的数组元素应属于同一数据类型。数组元素可以是基本数据类型或者构造类型。根据数组元素类型的不同,数组可分为数值数组、字符数组、指针数组、结构体数组等。

在用 C 语言进行程序设计时,将数组与循环结合起来,能灵活有效地处理大批量的数据,从而大大提高效率。

本章主要介绍数值数组,其他类型数组将在后续章节中介绍。

4.1　一　维　数　组

一维数组是最简单的数组,其数组元素只需用数组名和一个下标就能唯一确定。例如:一个班有 40 个学生,每个学生有一个成绩,用一维数组 S(元素:S_1,S_2,S_3,…,S_{40})就可以表示该班学生成绩。其中:S_1 代表第 1 名学生的成绩,S_2 代表第 2 名学生的成绩。以此类推,S_{40} 代表第 40 名学生的成绩。如果同一门课有几个班上,要表示几个班的学生成绩,则需用二维数组,对于二维数组,其数组元素需指定两个下标才能唯一确定,如用 $S_{2,5}$ 表示"第 2 班的第 5 名学生的成绩",其中,第一下标标识班,第二下标标识在该班中学生的序号,此时 S 是二维数组。类似的可以用 $S_{3,2,5}$ 表示"3 年级 2 班的第 5 名学生的成绩",此时 S 就是三维数组。还可以有更多维数的数组,它们的概念与用法是类似的。掌握好一维数组后,举一反三,很容易学会运用二维数组或多维数组。

4.1.1　一维数组的定义

一维数组由数组名和一个下标组成。C 语言中,使用数组与使用普通变量类似,在程序中必须"先定义,后使用"。一维数组的定义方式为:

> 类型标识符　　数组名 [常量表达式];

说明:

（1）类型标识符,可是任一种基本类型或构造类型的类型标识符,其确定数组元素的取值类型,对于同一个数组,其所有数组元素的数据类型都是相同的。

（2）数组名的命名规则和变量名取名规则相同,遵循标识符命名规则。数组名不能与其他变量同名,例如:

```
int s;
float s[10];
```

这样是错误的。

（3）常量表达式,必须用方括号将其括起来(不允许用圆括号或花括号),常量表达式用来指定数组元素的个数,数组元素的个数也称为数组的长度。例如:

```
float x[8];
```

表示定义了数组 x,它有 8 个数组元素,都是实型的,能存储 8 个浮点型数据,数组 x 的长度为 8。

注意:C 语言规定下标是从 0 开始的,数组 x 的 8 个数组元素依次是:x[0],x[1],x[2],x[3],x[4],x[5],x[6],x[7]。按上述定义,不存在数组元素 x[8]。

（4）常量表达式中可以包括整型常量或整型符号常量，不允许包括变量，也就是说 C 语言不允许对数组长度作动态定义。

例如：

```
#define N  10
main()
{  int  n,m ;
   int a[5+7], b[7+N] ;
   scanf(" % d, % d",&n,&m);
   float x[n],y[m+N],z[5+n+m] ;
    ⋮
}
```

其中，数组 a、b 的定义是正确的，数组 a 拥有 12 个数组元素，数组 b 有 17 个数组元素；而数组 x、y、z 的定义是不合法的。

（5）同一数组的数组元素在存储器中被分配占用的存储单元是连续的。

4.1.2　一维数组的初始化

C 语言允许在定义数组时为各数组元素指定初值，此即所谓数组初始化。

一维数组初始化的一般形式为：

类型标识符　　数组名[常量表达式] = { 初值列表 };

其中，初值列表是一系列初值数据，放在一对花括号内，各初值数据之间用逗号分隔，系统将按初值的排列顺序，依次将它们赋予数组元素。

注意：不要将初值数据放在圆括号或方括号中。

说明：一维数组初始化有如下几种方法。

（1）对数组全部数组元素赋初值。

例如：

```
int a[6] = { 3,6,9, − 2,5,8 };
```

经过上面的定义与初始化后，数组 a 的各数组元素便有了初始值，即：a[0]=3,a[1]=6,a[2]=9,a[3]=−2,a[4]=5,a[5]=8。须注意：花括号内的初值类型必须与数组类型一致，并且初值数据个数应少于或等于数组长度。

（2）对数组部分数组元素赋初值。

例如：

```
int a[8] = {1,3,5,7,9};
```

当初值列表中数据个数少于数组长度时，只给前面部分数组元素赋初值。

上面定义数组 a 有 8 个数组元素，但是花括号内只提供 5 个初值，这表示只给前 5 个数组元素：a[0]～a[4]赋初值，而后 3 个数组元素系统会自动赋值为零。示意图如图 4-1 所示。

a[0]	a[1]	a[2]	a[3]	a[4]	a[5]	a[6]	a[7]
1	3	5	7	9	0	0	0

图 4-1　对部分数组元素赋初值示意图

（3）对数组全部数组元素赋相同初值（如初值均为 6）时，只能采用如下方式：

```
int a[8] = {6,6,6,6,6,6,6,6 };
```

而不能写成：

```
int a[8] = 6;
```

或

```
int a[8] = {6 * 8 };
```

但是，如果想使一个数组中全部数组元素初始化为 0，可以写成：

```
int a[6] = {0,0,0,0,0,0 };
```

或

```
int a[6] = {0};              /* 未赋值部分的数组元素系统自动设置为 0 */
```

（4）对数组全部数组元素赋初值，可以省略数组长度。

例如：

```
int a[5] = {2,4,6,8,10};
```

可以写成：

```
int a[ ] = {2,4,6,8,10};
```

C 语言编译系统在编译源程序过程中，根据花括号内所包含的初值个数，自动确定数组长度，因此上面两条语句是等价的。但若被定义的数组长度与提供的初值的个数不相同，则数组长度不能省略。

例如：

```
int a[8] = {1,2,3,4,5};
```

若写成：

```
int a[ ] = {1,2,3,4,5};
```

则前条语句使得数组 a 的前 5 个数组元素的初值分别为 1、2、3、4、5，后 3 个数组元素初值均为 0；而后条语句使得数组 a 只有 5 个数组元素，且全部赋得初值。

例 4-1　一维数组几种初始化方法的比较。

```
/* 源代码文件名: AL4_1.c */
# include < stdio. h >
void main()
{   int a [5] = {2,4,6,8,10};            /* 数组 a 的全部数组元素初始化 */
    int b[5] = {3,6,9};                  /* 数组 b 的部分数组元素初始化 */
    int i,c[3];                          /* 定义了数组 c, 但是未初始化 */
    printf("\nArray a:");
    for(i = 0;i < 5;i++)
        printf(" % 6d",a[i]);
```

```
    printf("\nArray b:");
    for(i = 0;i < 5;i++)
        printf(" % 6d",b[i]);
    printf("\nArray c:");
    for(i = 0;i < 3;i++)
        printf(" % 6d",c[i]);
}
```

程序运行情况如下：

```
Array a:     2     4     6     8    10
Array b:     3     6     9     0     0
Array c:   863  73826  58341
```

从程序运行结果可看出，数组 a 和 b 初始化后，它们的各个数组元素均获得了确定的初值，数组 b 中后两个数组元素由系统给定默认值 0，而数组 c 由于在定义时未进行初始化，输出了 3 个不可预料的随机值，它们是系统为数组 c 分配内存空间时，其数组元素所占内存单元中的原始值。

说明：如果在定义数值型数组时，指定了数组的长度并对之初始化，凡未被"初始列表"指定初始化的数组元素，系统会自动可它们初始化为 0（如果是字符数组，则初始化为 '\0'，如果是指针数组，则初始化为 NULL，即空指针）。

数组初始化是在编译阶段进行的，这样可减少运行时间，提高程序效率。

4.1.3　一维数组元素的使用

数组被定义后，就可以使用了。引用数组中的元素可以通过使用数组名及跟在数组名后方括号中的下标来实现。

一维数组元素的表示与引用形式为：

数组名[下标]

说明：

（1）方括号中的下标是数组元素在数组中的顺序号，它可以是整型常量、整型变量或整型表达式，下标的取值范围应在 0 到"数组长度－1"之间。

注意：下标必须用方括号括起来，不得用圆括号、花括号。

例如，若有定义"int a[10],i＝3；"，则 a[0]、a[3]、a[i]、a[4＋5]、a[2 * i]都是数组 a 中的数组元素，而 a[10]、a[4＋6]、a[4 * i]都不是数组 a 中的数组元素。

在此特别提醒两点：一是数组 a 的下标从 0 开始，其最大下标值为 9，不存在数组元素 a[10]，下标值超出下标的取值范围，会产生"下标越界"错误；二是（引用数组元素时）数组元素的下标不仅可以是整型常量（如 a[0]、a[3]），也可以是整型变量或整型表达式（如a[i]、a[4＋5]、a[2 * i]）。

（2）同一个数组中的数组元素具有同一数据类型，每个数组元素都可以单独作为该类型的变量来使用。因而，数组元素通常也被称作"下标变量"。

例如：

```
int a[10];
a[3] + = 5;                        /* 数组元素即下标变量 a[3]被赋值 */
a[7] = a[1] + a[4];                /* 数组元素即下标变量 a[1]与 a[4]之和赋值给 a[7] */
```

（3）数组定义形式中的"数组名[常量表达式]"与数组元素引用中的"数组名[下标]"形式相同，但含义不同：定义时，方括号中内容指定数组长度，引用时，方括号中内容确定数组元素的序号。

例如：

```
int a[10], m ;   /* 定义一维整型数组 a 和整型变量 m,a 的长度为 10 */
    m = a[6];    /* 此处的 a[6]表示引用数组 a 中序号为 6 的数组元素,6 并非表示数组长度 */
```

（4）C 语言中，数组在内存中是顺序存储的，一个数组各数组元素占用的存储单元是连续的，一个数组占用一片存储空间，数组名实质上代表该数组在内存的起始地址，是一个常量地址，使用数组时只能单个引用数组中的数组元素而不能对数组名进行赋值，不能利用数组名来一次引用整个数组。

由于数组元素的下标可为整型表达式，所以编写程序时利用循环控制变量（通常为整型变量）来处理数组元素下标简洁而有效。下面通过例子来介绍一维数组元素的引用。

例 4-2　一维数组元素的引用。

```
/* 源代码文件名: AL4_2.c */
# include < stdio. h>
void main()
{   int i,a[10];
    for(i = 0;i < = 9;i++)
        a[i] = 2 * i;
    for(i = 9;i > = 0;i -- )
        printf("%d  ",a[i]);
}
```

程序运行情况如下：

```
18  16  14  12  10  8  6  4  2  0
```

说明：程序中第一个 for 循环使 a[0]～a[9]的值为 0、2、4、…、16、18，第二个 for 循环将数组元素按逆序输出它们的值。

应特别注意，编写程序时要避免下面常见的错误：

```
for(i = 1;i < = 10;i++)            /* 循环变量值从 1 开始,变到 10 */
    a[i] = 2 * i;                  /* 下标 i 的值从 1 开始,变到 10,下标越界 */
for(i = 10;i > = 1;i -- )
    printf("%d  ",a[i]);          /* 下标 i 的值从 10 开始,变到 1,下标越界 */
```

数组元素的值除了在定义数组初始化时获得，一般需要在程序执行过程中获取，这通常分两种情况：一种是通过表达式（计算）赋值给数组元素，另一种是通过键盘输入数据给数组元素。后一种需要运用循环语句，在循环体中使用 scanf()函数进行数据输入，在 scanf()函数的地址列表中，把数组元素看作一般的单个变量，在数组元素名之前加上取地址运算符"&"即可。

例 4-3　从键盘为数组元素输入数据。

```c
/* 源代码文件名：AL4_3.c */
#include < stdio.h >
void main()
{   int i,a[6];
    for(i = 0;i < = 5;i++)
        scanf("%d",&a[i]);
    for(i = 0;i < = 5;i++)
        printf("%d    ",a[i]);
    a[1] = a[2];                    /* 用赋值语句改变数组元素 a[1]的值 */
    a[3] = 2 * a[2];                /* 用赋值语句改变数组元素 a[3]的值 */
    a[5] = a[3] + a[4];             /* 用赋值语句改变数组元素 a[5]的值 */
    for(i = 0;i < = 5;i++)
        printf("%d    ",a[i]);
}
```

程序运行情况如下：

```
2    4    6    8    10    555 ↙
2    4    6    8    10    555
2    6    6    12   10    22
```

说明：程序中第一个 for 循环用来控制从键盘输入 5 个整数，先后赋值给数组元素 a[0]～a[5]，第二个 for 循环用来输出数组元素的值。第三个 for 循环输出的是数组元素（a[1]、a[3]、a[5]）被赋值语句改变后数组各元素的值。

4.2　二维数组

前面介绍了一维数组，一维数组只有一个下标，其数组元素只需用数组名和一个下标，就能唯一确定。二维数组有两个下标，二维数组的数组元素要用数组名和两个下标，才能唯一确定。如：一个学习小组有 5 个学生共同学习 3 门课程，若建立一个数组 Score 来记录他们的学习成绩，该数组应当是二维的，第一维用来表示第几个学生，第二维用来表示第几门课程。例如：用 $Score_{3,2}$ 表示第 3 个学生（王五）第 2 门课程（English）的成绩，其值是 83，如图 4-2 所示。

	Math	English	C Language
张三	85	92	84
李四	61	71	65
王五	76	83	70
赵六	85	90	87
周七	76	85	77

图 4-2　某学习小组成绩统计

在编程解决实际问题中,通常用二维数组表示数学中的矩阵(Matrix),数组的第一维表示矩阵的行,数组的第二维表示矩阵的列。将二维数组按行和列的形式进行排列,会有助于形象化地理解二维数组的逻辑结构。

4.2.1 二维数组的定义

二维数组定义的一般形式:

类型标识符　数组名[常量表达式 1][常量表达式 2];

说明:

(1) 如同定义一维数组一样,二维数组定义中"类型标识符",指明二维数组的类型,即确定数组所有数组元素的类型。如果把二维数组视为矩阵,则其中"常量表达式 1"表示矩阵第一维的长度(即数组的行数),"常量表达式 2"表示矩阵第二维的长度(即数组的列数),亦即每行的数据个数。并且,常量表达式 1 与常量表达式 2 要用方括号分别括起来(注意:不得用圆括号、花括号),它们必须是整型常量或符号常量。二维数组元素的个数为:常量表达式 1×常量表达式 2。

例如:

```
int a[5][3];
```

以上语句定义一个整型数组 a,数组 a 为二维数组,它有 5 行 3 列共 15 个整型数组元素。用它可以记录 5 个学生 3 门课程的成绩。该数组的 12 个数组元素分别为:

```
a[0][0]      a[0][1]      a[0][2]
a[1][0]      a[1][1]      a[1][2]
a[2][0]      a[2][1]      a[2][2]
a[3][0]      a[3][1]      a[3][2]
a[4][0]      a[4][1]      a[4][2]
```

注意,不得用下列形式来定义二维数组:

```
int    a[5,3];
int    score[5],[3];
float  x(5)(3),y{5}{3};
```

(2) C 语言定义二维数组的这种方式,使可以将二维数组看作是一种特殊的一维数组,这种特殊的一维数组的数组元素又是一个一维数组。例如,可把上述数组 a,看作是一种特殊的一维数组,它有 5 个数组元素:a[0]、a[1]、a[2]、a[3]、a[4]。而每个数组元素又是一个一维数组,各含有 3 个数组元素:

```
a[0]    ------    a[0][0]  a[0][1]  a[0][2]
a[1]    ------    a[1][0]  a[1][1]  a[1][2]
a[2]    ------    a[2][0]  a[2][1]  a[2][2]
a[3]    ------    a[3][0]  a[3][1]  a[3][2]
a[4]    ------    a[4][0]  a[4][1]  a[4][2]
```

这样理解二维数组,在以后的使用中会显得很方便。

(3) 二维数组在逻辑上是二维的,但其数组元素存储仍是按一维线性分配。C 语言中,二维数组的数组元素"按行存放",即在内存中先顺序存放第一行的数组元素,接着再存放第二行、第三行,直至最后一行。图 4-3 表示对二维数组 b[2][3]的数组元素存放的顺序。

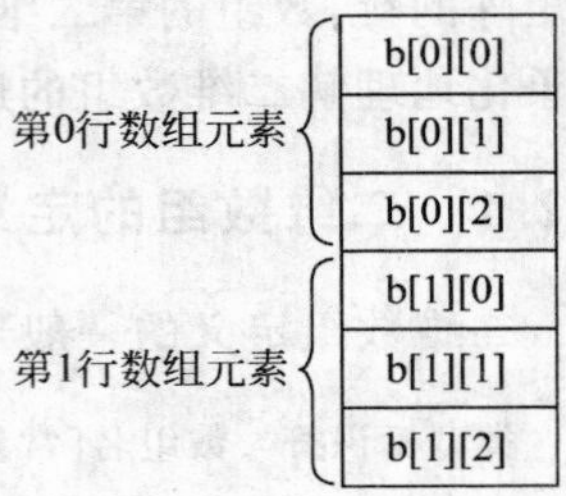

（4）C 语言还允许使用多维数组。多维数组定义的一般形式如下：

类型标识符　数组名[常量表达式 1][常量表达式 2]…[常量表达式 n];

例如：

```
int a[2][3][4];          /* 定义了整型的三维数组 a,它有 24
                            个数组元素 */
float x[2][3][4][6];     /* 定义了实型的四维数组 x,它有 144 个数组元素 */
```

	b[0][0]
第0行数组元素	b[0][1]
	b[0][2]
	b[1][0]
第1行数组元素	b[1][1]
	b[1][2]

图 4-3　二维数组 b 各元素的存放顺序

C 语言中,多维数组元素在内存中存放顺序也是按一维线性分配的。上述三维数组 a 的 24 个数组元素在内存中排列顺序如下：

a[0][0][0]→a[0][0][1]→a[0][0][2]→a[0][0][3]→a[0][1][0]→a[0][1][1]→a[0][1][2]→
a[0][1][3]→a[0][2][0]→a[0][2][1]→a[0][2][2]→a[0][2][3]→a[1][0][0]→a[1][0][1]→
a[1][0][2]→a[1][0][3]→a[1][1][0]→a[1][1][1]→a[1][1][2]→a[1][1][3]→a[1][2][0]→
a[1][2][1]→a[1][2][2]→a[1][2][3]

4.2.2　二维数组的初始化

在 C 语言中,二维数组及多维数组的初始化和一维数组的类似,二维数组初始化的一般形式为：

类型标识符　数组名[下标 1][下标 2] = {值 1,值 2,…,值 n};

对二维数组进行初始化,一般可以采用以下几种方法。

（1）定义数组时对所有数组元素赋予初值。有两种方式。

第一种方式为：

```
int a[3][4] = {1,2,3,4,5,6,7,8,9,10,11,12};
```

即将所有初值数据写在一对花括号内（各数值之间用逗号隔开）,按数组元素在内存中的排列顺序对各元素赋初值。若有上面定义,则会使：

a[0][0] = 1	a[0][1] = 2	a[0][2] = 3	a[0][3] = 4
a[1][0] = 5	a[1][1] = 6	a[1][2] = 7	a[1][3] = 8
a[2][0] = 9	a[2][1] = 10	a[2][2] = 11	a[2][3] = 12

用这种方式,如果数据多,不仅书写量大,而且容易遗漏,也不易检查核对。

第二种方式为：

```
int a[3][4] = {{1,2,3,4},{5,6,7,8},{9,10,11,12}};
```

或

```
int a[3][4] = {{1,2,3,4},
```

```
{5,6,7,8},
{9,10,11,12}};
```

即按行赋初值。将第 1 个花括号内的数据赋给第 1 行的数组元素,将第 2 个花括号内数据赋给第 2 行的数组元素,以此类推。这种方式比较直观。

(2) 定义数组时对数组中部分元素初始化。

情形一:

```
int a[2][3] = {{6},{8}};
```

即只对各行的第 1 列元素赋初值(其余各元素系统会自动赋值为 0)。初始化后数组各元素值如下:

$$\begin{bmatrix} 6 & 0 & 0 \\ 8 & 0 & 0 \end{bmatrix}$$

情形二:

```
int a[3][4] = {{3},{0,6},{0,0,9}};
```

即对各行中某一元素赋初值(其余各元素系统会自动赋值为 0)。初始化后的数组元素值如下:

$$\begin{bmatrix} 3 & 0 & 0 & 0 \\ 0 & 6 & 0 & 0 \\ 0 & 0 & 9 & 0 \end{bmatrix}$$

这种方法对非 0 元素少时比较方便,不必将所有的 0 都写出来,只需输入少量的数据。

情形三:

```
int a[3][4] = {{},{2,4,6,8},{}};
```

或

```
int b[3][4] = {{3},{},{9,9,9,9}};
```

即对数组中某一行或某些行元素赋初值。如上初始化后,数组 a 和数组 b 的元素值分别如下:

$$a: \begin{bmatrix} 0 & 0 & 0 & 0 \\ 2 & 4 & 6 & 8 \\ 0 & 0 & 0 & 0 \end{bmatrix} \qquad b: \begin{bmatrix} 3 & 0 & 0 & 0 \\ 0 & 0 & 0 & 0 \\ 9 & 9 & 9 & 9 \end{bmatrix}$$

(3) 定义数组时可以不指定第一维的长度。

情形一:

```
int a[ ][4] = {1,2,3,4,5,6,7,8,9,10,11,12};
```

如此定义后,系统会根据给出数据的总个数分配存储空间,一共 12 个数据,每行 4 列,即可以确定为 3 行。这个定义与:int a[3][4]={1,2,3,4,5,6,7,8,9,10,11,12};等价。

情形二:

```
int a[ ][4] = {{1,2},{5},{9}};
```

即对数组元素按行进行初始化,二维数组定义时也可以不指定第一维的长度。这个定义与

```
int a[ ][4] = {{1,2},{5},{8,0,8,6}};
```

是等价的。它们都会初始化数组 a 获得初值：$\begin{pmatrix} 1 & 2 & 0 & 0 \\ 5 & 0 & 0 & 0 \\ 8 & 0 & 8 & 6 \end{pmatrix}$

注意：定义二维数组时,只允许省略第一维的长度,不允许省略第二维的长度或两维的长度都省略。

4.2.3　二维数组的使用

二维数组的引用同一维数组一样,通过数组名带下标实现,只不过二维数组元素的引用需要带两个下标。二维数组的数组元素表示形式为：

```
数组名[下标 1][下标 2]
```

其中,"下标 1"、"下标 2"应是整型常量、整型变量或整型表达式。"下标 1"称作第一维下标(亦称数组的行下标),取值范围在 0 至"第一维长度－1"之间；"下标 2"称作第二维下标(亦称数组的列下标),取值范围在 0 至"第二维长度－1"之间。

二维数组元素通常也称作下标变量,引用二维数组元素如同使用变量一样,它可以出现在表达式中,也可以被赋值。

说明：

(1)引用二维数组元素时,两个下标必须分别放在两对方括号内。

例如：

若有定义

```
int a[4][5] ;
```

则 a[3][4] 和 a[3+1][2 * i－1]两个引用均合法。

而写成 a[3,4]、a[3],[4]或写成 a(3,4)、a{3,4}、a[3](4)、a[3]{4}、a{3}(4)都是错误的。

(2)注意引用时下标值应在(数组定义时)指定的取值范围内。

例如,若有以下定义：

```
int a[5][8],i = 3;
```

则在赋值语句

```
a[4][7] = a[3][5] + a[4][2 * i];
```

中引用的 3 个数组元素都是允许的,它们的下标值均在下标的取值范围内。

而赋值语句

```
a[4][7] = a[3][3 * i];
```

中引用的数组元素 a[3][3 * i],其第 2 下标值超过了规定的范围。

对于数组 a,不允许作如下引用：

```
i = a[5][8];
```

或

```
a[5][8] = 19;
```

因为按上述定义,数组 a 可用的"行下标"取值范围是 0~4,"列下标"取值范围是 0~7,显然 a[5][8] 的行下标、列下标都超过规定范围,a[5][8] 不是数组 a 的数组元素。

请注意区别定义数组时用的 a[5][8] 与引用数组元素时用的 a[5][8]。定义数组时的 a[5][8],用来指定数组 a 的维数为二维,其一维指定数组 a 有 5 行,其二维指定数组 a 有 8 列;而在引用数组元素时,若使用 a[5][8],则它表示引用数组 a 的一个数组元素,该数组元素位居数组 a 的第 6 行第 9 列(因为 C 语言规定行序号、列序号均从 0 起算),显然,数组 a 中没有 a[5][8] 这个数组元素。

实际应用中,通常采用二层循环结构引用二维数组的各数组元素。

例 4-4　用二层循环结构对二维数组元素赋值并输出。

```c
/* 源代码文件名: AL4_4.c */
# include < stdio.h >
void main()
{   int a[3][4];
    int i,j;                      /* 设置两个变量用做循环变量 */
                                  /* 程序段 1: 从键盘输入数据,为二维数组元素赋值 */
    printf("Please input 12 integer numbers:\n");
    for(i = 0;i < = 2;i++)        /* 用 i 作外层循环变量,控制数组的行下标 */
      for(j = 0;j < = 3;j++)      /* 用 j 作内层循环变量,控制数组的列下标 */
        scanf("%d",&a[i][j]);     /* 在 i、j 共同控制下为二维数组元素赋值 */
    printf("\n----------------------------\n");
    for(i = 0;i < = 2;i++)        /* 程序段 2: 按正序输出二维数组元素值 */
    {   printf("\n");
        for(j = 0;j < = 3;j++)
          printf("%4d", a[i][j]);
    }
    printf("\n----------------------------\n");
    for(i = 2;i > = 0;i-- )       /* 程序段 3: 按逆序输出二维数组元素值 */
    {   printf("\n");
        for(j = 3;j > = 0;j-- )
          printf("%4d", a[i][j]);
    }
    printf("\n----------------------------\n");
    for(i = 0;i < = 2;i++)        /* 程序段 4: 由程序产生数据,为二维数组元素赋值并输出 */
    for(j = 0;j < = 3;j++)
        a[i][j]) = 5 * i + j + 1;
    for(i = 0;i < = 2;i++)
    {   printf("\n");
        for(j = 0;j < = 3;j++)
          printf("%4d", a[i][j]);
    }
}
```

程序运行情况如下：

```
Please input 12 integer numbers:
1 2 3 4 5 6 7 8 9 10 11 12↙
-------------------------
    1    2    3    4
    5    6    7    8
    9   10   11   12
-------------------------
   12   11   10    9
    8    7    6    5
    4    3    2    1
-------------------------
    1    2    3    4
    6    7    8    9
   11   12   13   14
```

4.3　数组与循环计算举例

处理数组中的数据，往往以一定的顺序对一个或多个数组元素，甚至对数组的所有元素进行处理。对于一维数组的数据处理，一般使用单循环结构进行，对多维数组进行数据处理，通常要用多重循环结构。

1. 一维数组应用举例

例 4-5　对输入的 10 个整数，完成下列任务：

(1) 输出其中的最大值和最小值；

(2) 输出它们的平均值以及比平均值大的数；

(3) 在它们中查找一个指定的数，并将紧邻该数之后的数（如果有的话）扩大 10 倍后输出。

分析：定义整型变量 max、min、sum、i 及一个包含 10 个数组元素的整型的数组，以及实型变量 ave。数组 a 用来存放 10 个整数，max、min 分别用于存放最大值和最小值，sum 存放 10 个数的和，ave 存放平均值，i 用做循环变量。

(1) 通过循环语句为数组 a 从键盘上输入 10 个整数。设置 max 和 min 的初值均为第一个数组元素的值。运用循环结构，逐一将其他所有数组元素与 max 和 min 进行比较，比 max 值大的存入 max，比 min 值小的存入 min，遍历结束，max、min 里存储的就是 10 个整数中最大值、最小值。

(2) 利用循环结构求 10 个整数的和，并置于 sum，然后求平均值放在 ave 中，再利用循环结构找出比平均值大的数并输出。

(3) 在循环结构中，查找指定的数，找到后记录其位置，再将紧邻该数之后的数扩大 10 倍后输出。源程序如下：

```
/*源代码文件名: AL4_5.c*/
#include<stdio.h>
void main()
{   int   max,min,sum,i, a[10];
```

```
        float  ave;
        printf("input 10 integer numbers:\n");
        for(i = 0;i <= 9;i++)
            scanf(" % d",&a[i]);                /* 从键盘上输入 10 个整数给数组各元素 */
        max = min = a[0];                        /* 将 max、min 初值均置为 a[0] */
        /* (1)求最大值和最小值 */
        for(i = 1;i <= 9;i++)                    /* 将数组中其余元素逐个与 max、min 进行比较 */
        {   if(a[i]> max)
                max = a[i];                      /* 大的存入 max */
            if(a[i]< min)
                min = a[i];                      /* 小的存入 min */
        }
        printf("\nmax = % d,min = % d\n\n",max,min);   /* 输出大数和小数 */
        /* (2)求平均值以及比平均值大的数 */
        sum = 0;
        for(i = 0;i <= 9;i++)
            sum + = a[i];
        ave = sum/10;
        printf("\nave = % f\n",ave);
        for(i = 0;i <= 9;i++)
          if(a[i]> ave)
                printf(" % 8d",a[i]);
        /* (3)查找一个指定的数,并将紧邻该数之后的数扩大 10 倍后输出 */
        printf("\n input a integer numbers:\n");
        scanf(" % d",&sum);
        for(i = 0;i <= 9;i++)
          if(a[i] = sum)
                printf("\n % d\n",a[i + 1] * 10);
}
```

程序运行情况如下:

```
input 10 integer numbers:
3  12  8  - 6  18  20  - 13  21  20  - 9↙
max = 21,min = - 13
ave = 7.000000
      12    8    18    20   20   21    20
input a integer numbers:
18
200
```

例 4-6 用数组处理 Fibonacci 数列,输出其前 20 项的值。

$$
\mathrm{fib}[i]\begin{cases} 1 & i=0 \\ 1 & i=1 \\ \mathrm{fib}(i-2)+\mathrm{fib}(i-1) & i>=2 \end{cases}
$$

问题分析:根据 Fibonacci 数列的形成规律,第 1、第 2 项值均为 1,从第 3 项开始,每一项的值均等于其前相邻两项值之和。采用一维数组解决此问题比较简单,定义有 20 个元素的整型数组 fib,置 fib[0]、fib[1]的值为 1,第 i 号数组元素用于存放 Fibonacci 数列的第 i 项值,依据算式 fib[i]= fib[$i-2$]+fib[$i-1$],运用循环结构,依次计算出下标为 2~19 的

数组元素的值,即得到 Fibonacci 数列的第 2～19 项的值。程序代码如下:

```
/* 源代码文件名:AL4_6.c */
#include<stdio.h>
void main()
{   int i;
    int fib[20]={1,1};                    /* 初始化 Fibonacci 数列的第 1、第 2 项 */
    for(i=2;i<=19;i++)                    /* 依次求得 Fibonacci 数列的第 2～19 项的值 */
        fib[i]=fib[i-2]+fib[i-1];
    for(i=0;i<=19;i++)
    {   printf("%6d",fib[i]);
        if(i%5==0)                        /* 控制换行,每行输出 5 个元素值 */
            printf("\n");
    }
}
```

程序运行情况如下:

```
1        1        2        3        5
8        13       21       34       55
89       144      233      377      610
987      1597     2584     4181     6765
```

采用数组计算 Fibonacci 数列的优点在于算法简单,能够把数列各项的值记录在数组中,但缺点是需要占用存储空间存放数列元素值,且需要根据输出数列元素的个数先指定数组的长度。

例 4-7 用冒泡法对 10 个数进行由小到大排序。

冒泡法排序的基本思想是:将相邻两个数比较,把小的调到前头。以 6 个数为例,冒泡法排序过程如图 4-4 和图 4-5 所示。

```
第 1 次:  9  8  5  4  2  0           第 1 次:  8  5  4  2  0
第 2 次:  8  9  5  4  2  0           第 2 次:  5  8  4  2  0
第 3 次:  8  5  9  4  2  0           第 3 次:  5  4  8  2  0
第 4 次:  8  5  4  9  2  0           第 4 次:  5  4  2  8  0
第 5 次:  8  5  4  2  9  0           结果:    5  4  2  0  8
结果:    8  5  4  2  0  9
```

图 4-4　第一趟比较　　　　　　　　　　　　图 4-5　第二趟比较

说明:对如上 6 个数进行冒泡法排序。第一次将 8 和 9 对调,第二次将第 2 和第 3 个数(9 和 5)对调,如此共进行 5 次,得到 8→5→4→2→0→9 的顺序,可以看到:最大数 9 已"沉底",成为最下面一个数,而小的数"上升",最小数 0 已向上"浮起"一个位置,经第一趟(共 5 次)比较后(如图 4-4 所示),已得到最大数。然后进行第二趟比较,对余下的前面 5 个数按上面方法进行比较(如图 4-5 所示),经过 4 次比较,得到次大的数 8。以此规则进行下去,可以推知,对 6 个数进行冒泡排序,最多需要 5 趟比较,即可使 6 个数按由小到大排列。在第一趟中要进行两个数之间的比较共 5 次,在第二趟中比较 4 次,……,第五趟比较 1 次。如果有 n 个数,则要进行 $n-1$ 趟比较。在第一趟比较中要进行 $n-1$ 次两两比较,在第 j 趟比较中要进行 $n-j$ 次两两比较。

```
/* 源代码文件名: AL4_7.c */
# include < stdio.h >
void main()
{   int i,j,t,a[10] = {6,2,17,0,9, - 3,15, - 8,12,8};
    for(j = 0;j < 9;j++)              /* 10 个数共进行 9 趟(j = 0 ~ 8)比较 */
    {   for(i = 0;i < 9 - j;i++)      /* 在第 j 趟比较中要进行 n - j 次两两比较 */
        {   if(a[i] > a[i + 1])
            {   t = a[i];
                a[i] = a[i + 1];
                a[i + 1] = t;
            }
        }
    }
    printf("\nthe sorted numbers:\n");
    for(i = 0;i < 10;i++)
    printf(" % 4d",a[i]);
}
```

程序运行情况如下：

```
the sorted numbers:
 - 8   - 3   0   2   6   8   9   12   15   17
```

例 4-8　用直接选择排序法对 10 个数进行由小到大排序。

说明：用直接选择排序法对 10 个数进行递增排序，具体做法是，第一轮从数组第一个元素 a[0] 开始到 a[9]，找出其中最大值的数组元素，记录该元素的下标号，将其数组元素值与数组元素 a[9] 值互换，使得 10 个元素中最大的数值调换到最后一个元素 a[9] 中，第二轮在 a[0] 到 a[8] 之间进行选择，找出其中最大值的元素（它是 10 个元素中次大的数），将其调换到元素 a[8] 中，以此类推，就可以实现 10 个数的递增排序。与冒泡排序法相比，直接选择排序法减少了元素之间两两交换的环节。具体的程序代码如下：

```
/* 源代码文件名: AL4_8.c */
# include < stdio.h >
void main()
{   int i,j,k,t,a[10] = {6,2,17,0,9, - 3,15, - 8,12,8};
    for(i = 0;i < = 9;i++)
    {   k = 0;
        for(j = 0;j < = 9 - i;j++)
            if(a[j] > a[k])   k = j;
        if(k! = 9 - i)
        {   t = a[k];
            a[k] = a[9 - i];
            a[9 - i] = t;
        }
    }
    printf("\nthe sorted numbers:\n");
    for(i = 0;i < 10;i++)
      printf(" % 4d",a[i]);
}
```

程序运行结果与例 4-7 的相同。

例 4-9　用折半查找法在一组升序排列的数据中查找一个指定的数,若有则给出该数的位置,否则提示"Not Exist!"。

折半查找亦称二分查找,适用于对数组中已排列有序的数据进行查找。

以升序排列的一组数据为例,折半查找法是每次都把要查找的数与待查数据范围(待查区间)内的中间的数据进行比较,其结果会产生如下 3 种情况之一:

① 若相等,则查找成功;

② 若比中间数据小,则说明如果有要查的数,它一定在中间数据的左半区间;

③ 若比中间数据大,则说明如果有要查的数,它一定在中间数据的右半区间。

继续查找,直到查找成功或查找失败为止。

具体解法:假定有 n 个待查数据按升序放在数组 a 中,定义整型变量 left、right、mid,分别指向待查区间起始元素、最后元素、中点元素,还应定义变量 x 存放要查找的数。

(1) 初始时,令 left=0,right=n-1, mid=(left +right)/2。

(2) 将 x 与 mid 指向的数组元素作比较:

① 若 x==a[mid],则查找成功。

② 若 x > a[mid],说明 x 可能在 a[mid+1]~a[right]之间,则令 left=mid+1。

③ 若 x<a[mid],说明 x 可能在 a[left]~a[mid-1]之间,则令 right=mid-1。

(3) 重复上述操作,直至 left > right 时,查找失败。该程序编写如下:

```c
/* 源代码文件名: AL4_9.c */
#include< stdio.h>
#define  N  11
void main()
{   int  a[N],left,right,mid,x,i;
    printf("Input % d sorted numbers:\n ",N);
    for(i = 0;i < N;i++)
        scanf(" % d",&a[i]);          /* 输入一组升序排列的数据 */
    printf("Input a number you want to search: ");
    scanf(" % d",&x);                 /* 输入一个要查的数据 x */
    left = 0;right = N - 1;           /* 确定初始查找区间 */
    while(left <= right)
    {   mid = (left + right)/2;       /* 折半:取查找区间中点 */
        if(x > a[mid])
            left = mid + 1;           /* 若 x 大于中点数据,则下次查找区间在右边 */
        else  if(x < a[mid])
                right = mid - 1;      /* 若 x 小于中点数据,则下次查找区间在左边 */
        else
                break;                /* 若 x 既不在右边也不在左边,则中点数据为要查的数据 */
    }
    if(left > right)
        printf("Not Exist! ");        /* 查找失败 */
    else
    {   printf("Search  Success!\n "); /* 查找成功 */
        printf("% d  is the % dth  number  in array.\n",x, mid + 1);
    }
}
```

2. 二维数组应用举例

处理二维数组的数据，一般采用二层循环结构进行。设置两个变量用做循环变量，一个控制外层循环，另一个控制内层循环，外层循环控制数组的行数，内层循环控制数组的列数。在循环语句配合下，能对二维数组进行逐行逐列的控制。

例 4-10 一个学习小组有 5 个人，每个人有三门课的考试成绩，如表 4-1 所示。求全组分科的平均成绩和各科总平均成绩。

表 4-1　学习小组的成绩

姓名	Math	C Language	English
张三	80	75	92
王五	61	65	71
李四	59	63	70
赵六	85	87	90
周七	76	77	85

分析：可用一个二维数组 a[5][3] 存放五个人三门课的成绩，再定义一维数组 v[3] 用于存放所求得的各分科平均成绩，设变量 average 为全组各科总平均成绩。程序代码如下：

```
/* 源代码文件名: AL4_10.c */
# include < stdio. h>
main()
{   int i, j, s = 0, average, avr[3];
    int a[5][3] = {{80,75,92},{61,65,71},{59,63,70},{85,87,90},{76,77,85}};
    for(i = 0;i < 3;i++)              /* 将 a 的数组元素分 3 列控制处理 */
    {   for(j = 0;j < 5;j++)
        s = s + a[j][i];             /* 每一列是一个分科,累加求分科成绩的和 */
        avr[i] = s/5;                /* 求分科的成绩平均成绩 */
        s = 0;
    }
    average = (avr[0] + avr[1] + avr[2])/3;   /* 求各科总平均成绩 */
    printf("math: % d\nC Languag: % d\nEnglish: % d\n",avr[0],avr[1],avr[2]);
    printf("total: % d\n", average);
}
```

程序运行情况如下：

```
math:72
C Language:73
English:81
total:75
```

例 4-11 将一个二维数组的行和列元素值互换，存到另一个二维数组中。例如：

$$a: \begin{pmatrix} 2 & 5 & 8 \\ 1 & 4 & 7 \end{pmatrix} \qquad b: \begin{pmatrix} 2 & 1 \\ 5 & 4 \\ 8 & 7 \end{pmatrix}$$

该问题要求将数组 a 的两行转换成为数组 b 的两列，数组 a 的 3 列转换成为数组 b 的 3 行（即要求将矩阵 a 转置为矩阵 b）。

可采用二层循环结构进行处理。设置嵌套的 for 循环,外层循环变量 i 控制数组 a 的行下标从 0 到 1 变化,每循环一次,完成对数组 a 中一行元素的处理,内层循环变量 j 控制一行内元素下标从 0 到 2 变化,从而完成对一行之内 3 个元素的逐一输出和赋值。内层循环的循环体将 a[i][j] 的值赋值给 b[j][i]。程序代码如下:

```c
/* 源代码文件名: AL4_11.c */
#include < stdio.h>
void main()
{   int a[2][3] = {{2,5,8},{1,4,7}};
    int i,j,b[3][2];
    printf("array a:\n");
    for(i = 0;i < 2;i++)
    {   for(j = 0;j < 3;j++)
        {   printf(" % 4d",a[i][j]);        /* 输出数组 a 元素的值 */
            b[j][i] = a[i][j];              /* 将数组 a 元素的值赋值给数组 b 的相应元素 */
        }
    printf("\n");
    }
    printf("array b:\n");
    for(i = 0;i < 3;i++)
    {   for(j = 0;j < 2;j++)
            printf(" % 4d",b[i][j]);        /* 输出数组 b 元素的值 */
    printf("\n");
    }
}
```

程序运行情况如下:

```
array a:
2    5    8
1    4    7
array b:
2    1
5    4
8    7
```

例 4-12 在二维数组 a 中选出各行最大的元素组成一个一维数组 b。例如:

$$a: \begin{pmatrix} 10 & 16 & 87 & 65 \\ 14 & 32 & 11 & 108 \\ 10 & 25 & 12 & 37 \end{pmatrix} \qquad b: (87, 108, 37)$$

说明:运用二层循环结构,在数组 a 的每一行中查找其数组元素的最大值,找到之后即将该值赋予数组 b 相应的元素。编程如下:

```c
/* 源代码文件名: AL4_12.c */
#include < stdio.h>
void main()
{   int a[][4] = {{10,16,87,65},{14,32,11,108},{10,25,12,37}};
    int b[3],i,j,zd;                        /* 用 zd 存放最大值 */
    for(i = 0;i <= 2;i++)
```

```
{   zd = a[i][0];
    for(j = 1;j <= 3;j++)
        if(a[i][j]>1) zd = a[i][j];        /* 在数组 a 的每一行中查找最大值 */
    b[i] = zd;                             /* 将最大值赋予数组 b 相应的元素 */
}
printf("\narray a:\n");
for(i = 0;i <= 2;i++)
{   for(j = 0;j <= 3;j++)
    printf(" % 5d",a[i][j]);
    printf("\n");
}
printf("\narray b:\n");
for(i = 0;i <= 2;i++)
        printf(" % 5d",b[i]);
    printf("\n");
}
```

程序运行结果如下:

```
array a:
    10    16    87    65
    14    32    11   108
    10    25    12    37
array b:
    87   108    37
```

本 章 小 结

本章介绍了数组的定义、初始化和如何使用数组元素。重点介绍一维数组和二维数组元素的使用,以及利用数组在数据处理和数值计算中应用到的一些技巧与实用方法。

通过本章学习要了解数组初始化时应注意的问题(随时注意 C 语言数组每一维的下标值从 0 开始,避免越界),能准确引用数组元素,在实际编程中紧密结合循环结构,熟练运用循环变量确定任意一个数组元素,实现对数组的有序控制和正确使用。

习 题

一、选择题

1. 在 C 语言中,引用数组元素时,其数组下标的数据类型允许是( )。

    A. 整型常量   B. 整型表达式

    C. 整型常量或整型表达式   D. 任何类型的表达式

2. 以下对一维数组 a 进行正确初始化的语句是( )。

    A. int a[10]=(0,0,0,0,0);   B. int a[10]={ };

    C. i nt a[]={0};   D. int a[10]={10 * 1};

3. ( )是正确的数组定义。

    A. int n=10,x[n];   B. int x[10];

　　C. int N=10;int x[N];　　　　　　　　　D. int n;
　　　　　　　　　　　　　　　　　　　　　　　　scanf("%d",n);
　　　　　　　　　　　　　　　　　　　　　　　　int x[n];

4. 若已定义"int arr[10]";,则不能正确引用 arr 数组元素的是(　　　)。

　　A. arr[0]　　　　B. arr[1]　　　　C. arr[10-1]　　　　D. arr[7+3]

5. 若已定义"int x[4]={2,1,3};",则元素 x[1]的值为(　　　)。

　　A. 0　　　　　　B. 2　　　　　　C. 1　　　　　　D. 3

6. 以下程序段运行后,x[1]的值为(　　　)。

```
int x[5] = {5,4,3,2,1};
x[1] = x[3] + x[2+2] - x[3-1];
```

　　A. 6　　　　　　B. 0　　　　　　C. 1　　　　　　D. 5

7. 下面程序段的运行结果是(　　　)。

```
int m[] = {5,8,7,6,9,2},i=1;
do{
    m[i] + = 2;
}while(m[++i]>5);
for(i = 0;i < 6;i++)
printf("% d  ",m[i]);
```

　　A. 7 10 9 8 11 4　　　　　B. 7 10 9 8 11 2
　　C. 5 10 9 8 11 2　　　　　D. 5 10 9 8 11 4

8. 下面程序段的运行结果是(　　　)。

```
int m[] = {5,8,7,6,9,2},i=1;
for(i = 0;i < 6;i++)
{   if(i % 2!= 0)
    m[i] + = 10;
}
for(i = 0;i < 6;i++)
    printf("% d  ",m[i]);
```

　　A. 5 18 7 16 9 12　　　　B. 15 18 17 16 19 12
　　C. 15 8 17 6 19 2　　　　D. 5 8 7 6 9 2

9. 下面关于数组的叙述中,正确的是(　　　)。

　　A. 定义数组后,数组的大小是固定的,且数组元素的数据类型都相同
　　B. 定义数组时,可不加类型说明符
　　C. 定义数组后,可通过赋值运算符"="对该数组名直接赋值
　　D. 在数据类型中,数组属基本类型

10. 以下程序段执行后输出的结果是(　　　)。

```
int a[][4] = {1,2,3,4,5,6,7,8,9,10,11,12};
printf("% d\n",a[1][2]);
```

　　A. 2　　　　　　B. 3　　　　　　C. 6　　　　　　D. 7

11. 以下程序段执行后 p 的值是(　　)。

```
int a[3][3] = {3,2,1,3,2,1,3,2,1};
int j,k,p = 1;
for(j = 0;j < 2;j++)
    for(k = j;k < 3;k++)
            p * = a[j][k];
```

　　A. 108　　　　　　B. 18　　　　　　C. 12　　　　　　　　D. 2

12. 不能对二维数组 a 进行正确初始化的语句是(　　)。

　　A. int a[3][2]＝{{1,2,3},{4,5,6}};
　　B. int a[3][2]＝{{1},{2,3},{4,5}};
　　C. int a[][2]＝{{1,2},{3,4},{5,6}};
　　D. int a[3][2]＝{1,2,3,4,5};

13. 若定义"int a[][4]＝{1,2,3,4,5,6,7,8};",则表达式 sizeof(a[0][1])的值为(　　)。

　　A. 1　　　　　　　B. 2　　　　　　　C. 3　　　　　　　　D. 4

14. 以下程序段运行后 s 的值是(　　)。

```
int a[3][3] = {1,2,3,4,5,1,2,3,4};
int i,j,s = 1;
for(i = 0;i < 3;i++)
 for(j = i + 1;j < 3;j++)
s + = a[i][j];
```

　　A. 6　　　　　　　B. 120　　　　　　C. 7　　　　　　　　D. 240

15. 在 C 语言中,若定义二维数组 a[2][3],设 a[0][0]在数组中位置为1,则 a[1][1]在数组中位置是(　　)。

　　A. 3　　　　　　　B. 4　　　　　　　C. 5　　　　　　　　D. 6

16. 下面程序段的输出结果是(　　)。

```
int k,a[3][3] = {1,2,3,4,5,6,7,8,9};
for (k = 0;k < 3;k++) printf(" % d",a[k][2 - k]);
```

　　A. 3 5 7　　　　　B. 3 6 9　　　　　C. 1 5 9　　　　　　D. 1 4 7

17. 若二维数组 a 有 m 列,则计算任一元素 a[i][j]在数组中位置(设 a[0][0]位于数组的第一个位置上)的公式为(　　)。

　　A. i * m+j　　B. j * m+i　　C. i * m+j−1　　D. i * m+j+1

18. 若有以下说明语句,则数值为 4 的表达式是(　　)。

```
int a[12] = {1,2,3,4,5,6,7,8,9,10,11,12};
char c = 'a',d,g;
```

　　A. a[g−c]　　　　　　　　　　　　　B. a[4]
　　C. a['d'−'c']　　　　　　　　　　　D. a['d'−c]

19. 下列程序运行后的输出结果是(　　)。

```
# include "stdio.h"
```

```c
void main()
{  int n[3],t,j,k;
   for(t = 0;t < 3;t++)
      n[t] = 0;
   k = 2;
   for(t = 0;t < k;t++)
   for(j = 0;j < 3;j++)
       n[j] = n[t] + 1;
   printf(" % d\n",n[1]);
}
```

　　A. 2　　　　　　　　B. 1　　　　　　　C. 0　　　　　　　　　D. 3

20. 有如下程序,该程序的输出结果是(　　　)。

```c
# include "stdio. h"
void main()
{ int n[5] = {0,0,0},j,k = 2;
  for(j = 0;j < k;j++)
      n[j] = n[j] + 1;
  printf(" % d\n",n[k]);
}
```

　　A. 不确定的值　　　B. 2　　　C. 1　　　　　　　D. 0

二、填空题

1. 下面程序可求出矩阵 *a* 的主对角线上的元素之和,请填空使程序完整。

```c
# include "stdio. h"
void main ()
{  int a[3][3] = {1,3,5,7,9,11,13,15,17} , sum = 0, i, j ;
   for (i = 0 ; i < 3 ; i++)
     for (j = 0 ; j < 3 ; j++)
        if (_____)
           sum = sum + _____;
   printf("sum = % d",sum);
}
```

2. 下面 rotate() 函数的功能是:将 *n* 行 *n* 列的矩阵 *A* 转置为 A',请填空。

```c
#define   N    4
void   rotate(int a[][N])
{  int i,j,t;
   for(i = 0;i < N;i++)
   for(j = 0;_____;j++)
   {  t = a[i][j];
      _____;
      a[j][i] = t;
   }
}
```

3. 下面程序的功能是输入 10 个数,找出最大值和最小值所在的位置,并把两者对调,然后输出调整后的 10 个数,请填空使程序完整。

```
# include "stdio. h"
void main ()
{ int a[10],max,min,i,j,k ;
  for (i = 0; i < 10; i++)
     scanf(" % d",&a[i]);
     max = min = a[0];
  for (i = 0; i < 10; i++)
  {  if (a[i]< min)
     { min = a[i]; _____; }
     if (a[ i ]> max)
     {max = a[i]; _____; }
  }
  _____; _____; _____;
  for (i = 0; i < 10; i++)
     printf(" % d",a[i]);
}
```

4. 下面程序的功能是将二维数组 a 中每个元素向右移一列,最右一列换到最左一列,移后的结果保存到 b 数组中,并按矩阵形式输出 a 和 b,请填空使程序完整。

```
# include "stdio. h"
void main()
{  int i,j,a[2][3] = {{4,5,6},{1,2,3}},b[2][3];
   printf("array a:\n");
   for(i = 0;i < 2;i++)
   {  for(j = 0;j < 3;j++)
      {  printf(" % 5d",a[i][j]);}
         printf("\n");
      }
   for(i = 0;i < 2;i++)   / * 将数组 a 的第 0、1 列放入数组 b 的第 1、2 列中 * /
   {  for(j = 0;j < 2;j++)
         _____;
   }
   for(_____;_____;i++)
         b[ i][0] = a[i][2];
   printf("array b:\n");
   for(i = 0;i < 2;i++)
   {  for(j = 0;j < 3;j++)
      {  printf(" % 5d",b[i][j]);}
      _____;
   }
}
```

5. 以下的程序输出一个如下所示的 5×5 的矩阵。

```
1    2    3    4    5
10   9    8    7    6
11   12   13   14   15
20   19   18   17   16
21   22   23   24   25
```

```
# define N 5
  void initial(int _____)
```

```
{   int i,j;
    for(i = 0;i < N;i++)
      for(j = 0;j < N;j++)
        if(i % 2 == 0)
          a[i][j] = i * N + j + 1;
        else
          a[i][j] = _____ ;
}
void main()
{ int a[N][N];
  int i,j;
  initial(a);
  for(i = 0;i < N;i++)
  { for(j = 0;j < N;j++)
      printf(" % 3d",a[i][j]);
    printf("\n");
  }
}
```

6. 以下程序执行后的输出结果是_____。

```
# include "stdio.h"
void main()
{   int a[4][4] = {{1,2, - 3, - 4},{0, - 12, - 13,14},{ - 21,23,0, - 24},{ - 31,32, - 33,0}};
    int i, j, s = 0;
    for (i = 0;  i < 4;  i++)
    {   for (j = 0; j < 4; j++)
        {   if (a[i][j]< 0)
              continue;
            if (a[i][j] == 0)
              break;
            s + = a[i][j];
        }
    }
    printf(" % d\n", s);
}
```

7. 以下程序运行后的输出结果是_____。

```
# include "stdio.h"
void main()
{   int i,j,a[][3] = {1,2,3,4,5,6,7,8,9};
    for(i = 0;i < 3;i++)
    for(j = i + 1;j < 3;j++)
        a[j][i] = 0;
    for(i = 0;i < 3;i++)
    {   for(j = 0;j < 3;j++)
        printf(" % d ",a[i][j]);
        printf("\n");
    }
}
```

8. 当运行下面程序时,从键盘上输入"7 4 8 9 1 5 ↙",则写出下面程序的运行结果_____。

```c
#include "stdio.h"
void main ()
{ int a[6],i,j,k,m;
  for (i = 0 ; i < 6 ; i++)
        scanf ("%d",&a[i]);
  for (i = 5 ; i >= 0; i--)
  { k = a[5];
    for (j = 4; j >= 0; j--)
          a[j+1] = a[j] ;
    a[0] = k;
    for (m = 0 ; m < 6 ; m++)
      printf("%d",a[m]);
    printf("\n");
  }
}
```

9. 以下程序运行后,输出结果是_____。

```c
#include "stdio.h"
void main()
{ int y = 18,t = 0,j,a[8];
  do{
      a[t] = y%2;t++;
      y = y/2;
  }while(y >= 1);
  for(j = t - 1;j >= 0;j--)
    printf("%d",a[j]);
  printf("\n");
}
```

10. 以下程序的输出结果是_____。

```c
#include "stdio.h"
void main()
{   int j,k,a[10],p[3];
  k = 5;
  for(j = 0;j < 10;j++)
        a[j] = j;
  for(j = 0;j < 3;j++)
    p[j] = a[j*(j+1)];
  for(j = 0;j < 3;j++)
        k += p[j]*2;
  printf("%d\n",k);
}
```

三、程序设计题

1. 给出 10 个儿童的体重,要求计算平均体重并打印出低于平均体重的数值。

2. 编写程序,给出任意 10 个整数,先按照从大到小的顺序进行排序,然后输入一个整数插入到数列中,使数列保持从大到小的顺序。

3. 从键盘输入若干整数(数据个数少于 30),其值在 0~4 的范围内,用-1 作为输入结束标志。统计每个整数的个数。

4. 定义一个含有 30 个整数的数组,按顺序分别赋予从 2 开始的偶数;然后按顺序每 5 个数求出一个平均值,放在另一个数组中并输出。

5. 用数组打印出杨辉三角形(要求打印出 10 行)。

```
1
1  1
1  2  1
1  3  3  1
1  4  6  4  1
1  5  10  10  5  1
...
```

6. 任意输入一个年份和月份,输出该月份有多少天,要求采用数组实现。

7. 通过循环按行顺序,为一个 5×5 的二维数组 a 赋 1~25 的自然数,然后输出该数组的左下半三角。

第5章 函　　数

教学目标、要求

理解函数、形参、实参、作用域、生存期的概念；掌握各种函数的定义、原型声明和调用方法，掌握常见数据结构作为函数参数时，实参与形参的对应关系及数据在函数间传递的方式；了解动态变量、静态变量、局部变量、全局变量的作用域和生存期。

要求弄清 C 语言源程序的一般结构、实参和形参一致性、函数调用中的数据传递、函数调用的执行过程以及变量的作用域和存储类别等，学会运用 C 语言函数的定义、调用（嵌套、递归）、声明的规则，设计编写一般 C 语言函数。

教学用时、内容

本章教学共需 10 学时，其中理论教学 6 学时，实践教学 4 学时。教学主要内容如下：

```
            ┌ 函数的作用
            │                       ┌ 函数定义
            │ 函数定义和函数调用 ┤
            │                       └ 函数调用
            │                       ┌ 简单变量作函数参数
            │ 函数调用中的参数传递 ┤
            ┤                       └ 数组作函数参数
            │                          ┌ 函数的嵌套调用
            │ 函数的嵌套调用和递归调用 ┤
            │                          └ 函数的递归调用
            │                       ┌ 局部变量及其存储类型
            └ 变量的作用域和存储类别 ┤
                                    └ 全局变量及其存储类型
```

教学重点、难点

重点：(1) 函数调用的执行过程；

(2) 函数调用中的数据传递；

(3) 函数的设计编写。

难点：(1) 函数定义、调用中参数的一致性；

(2) 作用域、生存期概念的区别。

C 程序由函数组成。使用若干个具有相对独立功能的函数模块构成 C 程序，不仅可以节省相同程序段（函数模块）的重复编写、输入、编译的时间，提高程序设计的效率，更重要的是它体现了"模块化程序设计"的思想，亦即体现了化繁为简解决复杂问题的思维方式。

本章主要讨论 C 语言函数的定义与调用规则、函数调用方式和数据传递过程以及变量的作用域和存储类别等相关内容。

5.1　函数的作用

模块化程序设计方法的主要思想是将整个应用程序分解为若干个功能相对独立、可以单独设计、编程、调试、命名的程序单元，这样的程序单元称为模块。由这些模块构成功能完整的模块化程序,以满足问题的求解。

　　计算机高级语言中有子程序的概念,程序设计时一般都用子程序来实现模块的功能。C 语言是一种支持模块化程序设计的计算机语言,在 C 语言中用函数实现模块的功能,由函数来构建模块化程序。

　　C 语言中的函数有主函数与其他函数之分,与主函数相呼应,将其他函数称为子函数。通常一个子函数只完成设定好的单一的任务,它类似子程序的作用。一个 C 语言源程序由一个主函数和若干个子函数构成。主函数调用子函数,子函数之间也可以相互调用,同一个子函数可以被一个或多个函数(包括自己)调用任意多次,但主函数不能被任何子函数调用。

　　从使用的角度看,C 语言函数包括两种:库函数和用户自定义函数。库函数是由 C 语言编译系统提供的,可以直接使用它们,用户不必自己编写;用户自定义函数,则是依据问题的需要,由用户自己设计编写的,用来实现指定的功能。

　　从函数的形式看,C 语言函数分为两类:无参函数和有参函数。无参函数被调用时,主调函数不向被调函数传递数据;而有参函数被调用时,主调函数通过参数向被调函数传递数据。

　　为了说明函数的作用,下面给出两个简单例子。

　　例 5-1　函数调用的简单例子。

```
/*源程序文件名:AL5_1.c*/
#include <stdio.h>
void myprint()
{   int i = 0;
    for (i = 1; i <= 18; i++)
    printf(" * ");
    printf("\n");
}
void myprint_n(int n)
{   int i = 0;
    for(i = 1; i <= n; i++)
       printf(" * ");
    printf("\n");
}
void main()
{   myprint();              /* 调用一次输出一行固定个数的" * "(18 个) */
    myprint_n(6);           /* 调用一次输出一行 6 个" * " */
    myprint_n(12);          /* 调用一次输出一行 12 个" * " */
    myprint();              /* 调用一次输出一行固定个数的" * "(18 个) */
}
```

　　程序运行情况如下:

```
******************
******
************
******************
```

　　说明:
该程序实现在屏幕上输出 4 行、每行若干个" * "的功能。程序中包含 3 个函数模块,

main()函数是主函数,函数 myprint()和 myprint_n()是子函数。

(1) myprint()函数是无参函数(函数名后的圆括号中无参数),由 main()函数头尾各调用一次,分别输出 18 个"*"。

(2) myprint_n()函数是有参函数(函数名后的圆括号中有参数),main()函数对其调用两次:myprint_n(6)和 myprint_n(12),参数 n 分别得到 6 和 12,于是分别输出 6 个"*"和 12 个"*"。可见,调用有参函数时,可以根据参数值的不同,得到不同的结果。

例 5-2 从键盘输入 x 和 y 的值,计算 x 的 y 次方的值(设 y 为整型变量)。

C 语言没有乘方运算符,故不能直接用乘方运算求 x 的 y 次方的值,但 C 语言库函数中包含一个求幂函数 pow(),可直接调用此函数求 x 的 y 次方的值。如果不直接使用 pow()函数,可以先自定义求 x 的 y 次方的值的函数,然后再调用它。请考察下面两种算法中的程序。

算法一:调用 C 语言中的库函数 pow(),计算 x 的 y 次方的值。

```c
/* 源程序文件名: AL5_2(1).c */
# include < stdio. h>
# include < math. h>              /* pow()函数的原型在 math.h 中声明,所以应加此行 */
void main()
{ double x = 0, z = 0;
  int y = 0;
  printf("Input data: ");
  scanf("%lf%d",&x,&y);
  z = pow(x, y);                  /* 调用库函数 pow()计算 x 的 y 次方的值 */
  printf("%f,%d,%f\n",x,y,z);
}
```

输入 x 为 2、y 为 3 时,运行情况如下:

```
Input data: 2 3↙
2.000000,3,8.000000
```

算法二:自定义函数 mypow(),计算 x 的 y 次方的值。

```c
/* 源程序文件名: AL5_2(2).c */
# include < stdio. h>
double mypow(double x, int y)    /* 自定义函数 mypow()开始 */
{ int i = 0;
  double z = 1.0;
  for(i=1; i<=y; i++)
    z = z * x;
  return z;
}                                /* 自定义函数 mypow()结束 */
void main()                      /* 主函数 */
{ double x = 0, z = 0;
  int y = 0;
  printf("Input data: ");
  scanf("%lf%d", &x,&y);
  z = mypow(x, y);               /* 调用自定义函数 mypow() */
  printf("%f,%d,%f\n",x,y,z);
```

}

说明：

（1）pow()函数与 mypow()函数的作用都是计算 x 的 y 次方的值，但前者是 C 语言提供的库函数，直接调用即可；而后者是用户自定义函数，在程序中要先编写该函数，然后再调用它。

（2）pow()函数是数学函数库中的函数，必须在程序的开头加写预处理命令"＃include ＜math. h＞"，而 mypow()函数是在程序中编写的，则不需要命令"＃include ＜math. h＞"。

从以上两个例子可知如下几点。

（1）一个 C 语言程序是由一个或多个函数组成，但必须有一个且只能有一个名为 main()的主函数。无论 main()函数位于程序的什么位置，C 语言程序总是从 main()函数开始执行。如果在 main()函数中调用其他函数，调用后流程返回到 main()函数，在 main()函数中结束整个程序的运行。

（2）main()函数可以调用其他任何一个函数，而其他函数不能调用 main()函数，main()函数可看做由 C 语言系统调用的。

（3）C 语言中函数与函数之间都是平行的、互相独立的，不能在一个函数内部定义另外一个函数，即 C 语言不允许函数嵌套定义。

（4）程序中使用的函数有两种：一种是由 C 语言编译系统提供的标准库函数，用户不必自己设计，在程序开头写明相应的预处理命令后即可直接使用它们，如最常用的格式输入、输出函数 scanf()、printf()和数学函数 sin()、cos()、sqrt()以及 pow()等（有关库函数的详细内容，请参阅本书的附录 B）；另一种是自定义函数，如上述例子中 myprint()函数、myprint_n()函数和 mypow()函数，以及 main()函数均为自定义函数，自定义函数需要用户设计编写，必须先定义后使用。

5.2　函数定义和函数调用

虽然 C 语言有非常丰富的库函数，但是这些函数不能满足用户的所有需求，因此大量的函数必须由用户自己来编写，本节介绍如何编写和使用自定义函数。

5.2.1　函数定义

1. 函数定义的一般形式

函数定义的一般形式如下：

［类型标识符］函数名（［形式参数表］）
{
　　声明部分
　　执行部分
}

其中方括号括起部分为可选项。

说明：

（1）上述函数定义格式中，第一行称为函数首部，花括号括起部分称作函数体。

（2）函数首部中指定了函数名，以便使用函数时按名调用，函数名用标识符表示。

注意：函数名不能与该函数中其他标识符相同，也不能与本程序中其他函数名相同。

类型标识符指定函数的类型，即函数返回值的类型，可以是 int、float、char 等标准的预定义类型，也可以是用户自定义的类型。若返回值是 int 型时，则可以省略 int；如果函数无返回值，则函数的类型可指明为 void 型。

形式参数表（以下简称形参表）指定函数的形式参数（以下简称形参）的名字和类型。有参函数的形参表中可以有多个形参，每个形参的类型必须单独定义，且各组之间要用逗号隔开。无参函数没有形参表，但函数名后的一对圆括号不可省略。

（3）函数体由一对花括号及其括起来的声明部分和执行部分组成。声明部分包括对函数内使用的变量进行定义以及对要调用的函数给予声明等内容；执行部分是实现函数功能的核心部分，由 C 语言的执行语句组成。

2. 无参函数的定义形式

无参函数的定义格式如下：

```
[类型标识符]　函数名()
{
    声明部分
    执行部分
}
```

定义无参函数时，形式参数表应为空，但函数名后的一对圆括号必须保留。

例如：

```
void hello()
{   printf("Hello,everyone!\n ");
}
```

当函数 hello()被调用时，输出字符串"Hello,everyone!"。

3. 有参函数的定义形式

有参函数的定义格式如下：

```
[类型标识符]　函数名(形式参数表)
{
    声明部分
    执行部分
}
```

有参函数定义后，形参并没有具体的值，只有当主函数或其他函数调用该函数时，各形参才会得到具体的值，因此形参必须是变量。

为了说明有参函数的定义，下面给出一个简单示例。

例 5-3　求三个整数中的最大值。

```
/* 源程序文件名：AL5_3.c */
# include < stdio.h >
int mymax( int a, int b, int c)
{   int max;
    if ( a > b )
```

```
        max = a;
    else
        max = b;
    if ( max < c )
        max = c;
    return (max);
}
void main()
{   int z, m, n, y;
    printf("Input three number:\n");
    scanf("%d %d %d", &m, &n, &y);
    z = mymax(m, n, y);
    printf("max = %d\n", z);
}
```

说明：

子函数 mymax() 的功能是求三个整数中的最大值。

（1）int mymax(int a,int b,int c)是函数首部，mymax 是函数名，"int a,int b,int c"为形参表内容，指定三个形参 a、b、c 的类型均为 int 型，函数名前的类型标识符 int 则表示函数的类型，即该函数返回值的类型为 int 型。

（2）子函数首部下面一对花括号中的内容是函数体，用来实现求三个整数中最大值的功能。其中，int max 是对函数内使用的变量 max 的声明，Turbo C 要求变量的声明都要写在函数体的最前面。

（3）通过 return 语句把函数值返回给主函数，函数值是 return 后面表达式的值。有关return 语句的内容将在 5.2.2 小节详细介绍。

（4）子函数 mymax() 可以单独编译，但不能单独执行，必须被其他函数调用才能执行。在 C 程序中，除了主函数，其他自定义函数都是如此。

4. 空函数的定义形式

如果函数体中没有任何内容，称这样的函数为空函数。空函数的定义形式如下：

```
[类型标识符]  函数名()
{    }
```

程序设计中常在准备扩充功能的地方写上一个空函数，例如：

```
void kongf()
{    }
```

用空函数先占一个位置，表明"这里有一个函数"，等以后扩充程序功能时，再将函数编好补充上。

5.2.2　函数调用

在一个函数中调用一个已定义的函数（前者称为主调函数，后者称为被调函数），意味着在主调函数的调用处实现被调函数的功能，函数调用是使被调函数付诸实际执行。

1. 函数调用的一般形式

函数调用的一般形式为：

函数名([实际参数表])

说明:

(1) 函数名为被调用函数的函数名。在一个函数中允许多次调用其他函数,但要注意函数调用中的函数名应与被调函数的函数名一致,而且被调函数必须存在。

(2) 如果被调函数是有参函数,在函数调用中应包含实际参数表(简称实参表)。如果实参表包含多个实际参数(简称实参),相互之间要用逗号分隔。实参应与被调函数中的形参个数相同、位置对应、类型一致。

(3) 如果被调函数是无参函数,实参表为空,但一对圆括号不能省略。

(4) 函数调用的执行过程为首先实参与形参结合(即将实参的值赋给形参),然后程序执行流程转入被调函数的函数体中,执行函数体中的语句,函数体执行完之后,执行流程再返回到主调函数中调用语句的下一语句去执行。

特别说明: 实参表中如果包含多个实参,在函数调用时,不同的 C 系统对实参的求值顺序不尽相同,有的系统按自左至右顺序对实参求值,而有的系统(如: Turbo C、Turbo C++、Visual C++)则按自右至左顺序对实参求值。

例 5-4　调用函数,求 $\sqrt{n}$ 和 $n!$,其中 $n > 0$。

```c
/* 源程序文件名: AL5_4.c */
#include <stdio.h>
#include <math.h>                  /* 将库函数中的数学函数 sqrt()的声明包含进来 */
long myfac(int n)
{   int i = 0;
    long y = 1;
    for(i = 1; i <= n; i++)
      y = y * i;
    return y;
}
void main()
{   int n = 0;
    float y = 0;
    long z = 0;
    printf("Input data:");
    scanf("%d", &n);
    y = sqrt(n);                   /* 调用库函数 sqrt(),计算 n 的平方根 */
    z = myfac(n);                  /* 调用自定义函数 myfac(),计算 n! */
    printf("Square root of %d:%f\n",n,y);
    printf("%d! = %ld\n",n,z);
}
```

程序运行情况如下:

```
Input data: 4 ↙
Square root of 4:2.000000
4! = 24
```

说明:

(1) 主函数中 sqrt(n)的作用是以 n 为实参调用库函数 sqrt(),求 n 的平方根。当实参

n 的值为 4 时,调用 sqrt()函数计算出 4 的平方根为 2.000000。

(2) 主函数中 myfac(n)的作用是以 n 为实参调用用户自定义函数 myfac(),计算 n! 的值。当实参 n 的值为 4 时,调用 myfac()函数计算出 4 的阶乘为 24。

(3) 函数调用过程为,运行程序,在主函数中执行到赋值语句"z＝myfac(n);"时,由myfac(n)引发函数调用,这时程序执行流程转向被调函数 myfac(),首先实参与形参结合,将实参值 4 传递给形参 n,然后依次执行被调函数 myfac()的函数体中的语句,在执行到语句"return y;"时,流程返回,由 y 将其(阶乘结果)值 24 带回到主函数 main()中。

2. 函数调用的方式

从函数调用在程序中出现的位置看,函数调用可以分为三种方式。

(1) 函数语句方式

这种调用方式是把函数调用作为一个独立的语句。例如:

```
myprint();
myprint_n(6);
```

这时不要求从被调函数返回值,只要求被调函数完成一定操作。

(2) 函数表达式方式

这种调用方式下,函数调用作为表达式的组成部分出现在表达式中,这时称为函数表达式,这种调用要求从被调函数返回一个确定的值以参加表达式的运算。例如:

```
z = 2 * myfac(n);
```

其中,函数调用 myfac(n) 称为函数表达式,是表达式 2 * myfac(n)的一部分,它的值乘以 2,再赋给 z。

(3) 函数参数方式

这种调用方式是将函数调用作为一个函数的实参。例如:

```
m = min(a,min(b,c));
```

在这个赋值语句中,min(b,c)是一次函数调用,它作为 min()函数的另一次调用的实参。m 的值是 a、b、c 三者中的最小者。又如:

```
printf(" %f ",min(a,b));
```

也是把 min(a,b)作为 printf()函数的一个实参进行函数调用的。

函数调用做为函数的实参,实质上也是一种函数表达式方式的调用,因为函数的实参本来就要求是表达式形式。

3. 形式参数和实际参数

在函数定义时,函数首部形式参数表中的变量是形式参数,即形参;在函数调用中的实际参数表里的参数称为实际参数,即实参。

调用有参函数时,主调函数和被调函数之间通过参数进行数据传递。

例 5-5 求两个整数中的大者。要求编写一个子函数求大者,在主函数中输入两个整数并输出大者。

```
/*源程序文件名: AL5_5.c */
```

```
# include < stdio. h>
int max(int x, int y)
{   int z;
    z = x > y ? x : y;
    return(z);
}
void main()
{   int a, b, c;
    scanf(" % d, % d", &a, &b);
    c = max(a,b);
    printf("max is % d\n", c);
}
```

程序运行情况如下：

```
5,18↙
max is 18
```

程序中第 2～7 行定义一个子函数：指定了函数名 max 和两个形参 x、y，形参的类型为 int 型。程序的第 12 行中 max(a,b)是函数表达式，其作用为函数调用，max 后面圆括号内的 a 和 b 是实参。a 和 b 是在主函数 main()中定义的变量，并且通过 scanf()函数获得确定的值 5 和 18，x 和 y 是在子函数 max()中指定的形参。

程序运行时，通过主函数中的 max(a,b)，产生函数调用，使两个函数之间发生数据传递：作为实参的 a 和 b 将它们的值 5 和 18 分别传送给形参 x 和 y，在子函数 max()中，经计算后，由"return(z)；"语句将两个数中的大者传回到主函数 main()中产生函数调用的地方。

说明：

（1）形参的类型必须在函数定义时指定，但是函数未被调用时，形参并不占内存中的存储单元。只有在发生函数调用时，形参才由系统分配存储单元（与实参单元是不同的单元），并将实参值传递到形参单元中；在执行被调函数的过程中，形参单元被访问或被重新赋值，但均与实参单元无关；函数调用结束后，形参单元被系统释放，而实参单元仍然保留且值不变。这便是 C 语言在实参与形参之间传递数据时所采用的单向的"值传递"方式。

（2）实参可以是常量、变量或表达式。例如：

```
max(a + b,8);
```

但要求它们在发生函数调用时必须有确定的值，以便在调用时将实参的值赋给形参。

（3）实参的类型与相对应的形参的类型应相同或赋值兼容。例 5-5 中实参和形参都是整型，这是合法的、正确的。如果实参为实型而形参为整型，或者相反，则按不同类型数值的赋值规则进行转换。假如，调用子函数 max()时，实参 a 的值为 5.9，而形参 x 为整型，则系统会将实数 5.9 转换成整数 5 后传递给形参 x。

4. 函数的返回值

根据需要，函数可以有返回值，也可以没有返回值。函数的返回值（简称函数值）是通过函数中的 return 语句获得的。

下面将对 return 语句和函数的返回值类型做一些说明。

1) return 语句的语法格式

return 语句的语法格式如下：

return [(表达式)];

其中,表达式可以是常量、变量、数组元素、函数调用或其他形式的表达式。

(1) return 语句的两个功能：

① 如果函数有返回值,则该语句计算后面表达式的值,并将其作为函数值传回主调函数。

② 终止被调函数的执行,使流程返回主调函数。

(2) return 语句的使用形式：

① return 后面的表达式,可用圆括号也可以不用圆括号括起来。例如：

return(c); 与 return c; 是等价的.
return(a > b ? a : b); 与 return a > b ? a : b; 是等价的.

② 一个函数若没有返回值时,return 后面不带表达式,即：

return;

该 return 语句仅起将程序执行流程返回主调函数的作用。

③ 如果不需要从被调函数带回函数值,则被调函数中可以不要 return 语句。

④ 一个函数可以有多个 return 语句,即多个出口。例如：

```c
int sign(float x)
{ if(x > 0)
     return(1);
  else if(x == 0)
     return(0);
  else
     return( - 1);
}
```

sing()函数有 3 个 return 语句,即有 3 个出口。当 x>0 时,返回值为 1；当 x=0 时,返回值为 0；当 x<0 时,返回值为-1。

可以根据需要在函数中设置多个 return 语句,但每次调用函数时仅执行其中一个。

值得注意的是,结构化程序设计要求一个函数应单入口、单出口,一般不提倡设置多个出口。

建议在测试程序时,可以在功能函数中设置多个 return 语句,用于检测是否执行了函数的各个功能部分,执行过程中是否有错,并通过设置返回值查出错误点。

2) 函数的返回值类型

函数的类型决定函数返回值的类型。

(1) 在定义函数时,应当指定函数的类型,从而决定函数返回值的类型。

例如,下面是 3 个函数定义中的函数首部：

```c
int max(float x,float y)          /* 函数值为整型 */
char let(char c1,char c2)         /* 函数值为字符型 */
float min(int x, int y)           /* 函数值为浮点型 */
```

(2) 函数返回值类型一般应和 return 语句中的表达式类型一致,否则以函数的类型为准。对于数值型数据,系统自动地将 return 语句中表达式的值转换为函数的类型后返回。

下面给出的是一个 return 返回值类型与函数类型不一致的示例。

例 5-6　求两个整数中的大者。

```
/*源程序文件名: AL5_6.c */
# include < stdio. h>
int max(float x,float y)              /* 定义函数为整型 */
{  float z;                           /* 定义变量 z 为单精度型 */
   z = x > y? x :y;
   return(z);                         /* 将 z 值作为函数值返回 */
}
void main()
{  float a,b;
   int c;
   scanf(" % f, % f",&a,&b);
   c = max(a,b);
   printf("max is % d\n",c);
}
```

程序编译时可能会发出"警告":

'return': conversion from 'float' to 'int', possible loss of data.

意思是 return 语句要将一个 float 型数据转换成 int 型,可能会造成数据的丢失。如果用户不做修改,程序仍可运行,运行情况如下:

```
6.5, 8.5 ↙
max is 8
```

函数 max()定义为整型,而 return 语句中的 z 说明为实型,二者不一致,按上述规定,先将 z 的值 8.5 转换为整型,得到整数 8。这样,函数 max()将一个整数 8 返回主调函数 main()中。如果将函数 max()定义为实型,main()函数中的 c 定义为实型,用%f 格式符输出,将会输出 8.500000。

建议初学者编程时,应做到使函数类型与 return 返回值的类型相一致。

(3) 对于无返回值的函数,函数的类型最好说明为 void 型,它表示"无类型"或"空类型",这时在被调函数的函数体中可以没有 return 语句,也可以有不带返回值的 return 语句,而在主调函数中往往以函数调用语句方式调用无返回值函数。如果无返回值的函数省略 void,函数将返回一个不确定的值。

下面是无返回值的函数中使用 return 语句的示例。

例 5-7　打印多个"#"的函数。

```
/*源程序文件名: AL5_7.c */
void spc(int n)                或:        void spc(int n)
{ int i;                                  { int i;
  for(i = 0; i<n; i++)                       for(i = 0; i<n; i++)
    printf(" % c", '#');                        printf(" % c",'#');
  return;                                   }
}
```

说明：

上例右面函数中不带 return，函数末尾的右花括号将流程返回调用函数。

（4）在 Turbo C 中，函数类型为整型时，int 可以省略，因此，凡不加类型说明的函数，Turbo C 系统都将自动按整型处理。Turbo C++ 和 Visual C++ 要求所有函数都必须指定函数类型，为提高程序的兼容性，建议在定义函数时对所有函数都指定函数类型。

5. 被调函数声明与函数原型

程序设计时，一般采用自顶向下、逐步求精的结构化程序设计方法编写各功能模块，即先编写主函数。后编写主函数中调用的子函数，如果被调函数又调用其他子函数，那么再编写那些函数。人们希望各函数按其被调用执行的先后顺序出现在程序中，这符合人们分析、解决问题的思维习惯。但是，与引用变量相类似，C 语言规定，调用函数一般要求函数定义在前、调用在后。若遵循此规定，则最先执行的主函数往往排放在各函数的后面，这样，不仅违背思维习惯，阅读程序也非常不方便。在 C 语言中，可以运用函数原型声明语句来解决这个问题。

函数原型声明语句有以下两种格式。

格式 1：

类型标识符 函数名(参数类型 1 参数名 1,参数类型 2 参数名 2,…,
参数类型 *n* 参数名 n);

格式 2：

类型标识符 函数名(参数类型 1,参数类型 2,…,参数类型 *n*);

格式 2 中不写参数名，显得精简，但格式 1 只须照抄函数首部再加一个分号就可以了，不易出错，而且用了有意义的参数名，有利于理解程序。

例如，对于以下语句：

```
void print(int mumber,char sex,float score);
```

大体上可猜出这是一个输出学号、性别和成绩的函数，而若写成

```
void print(int,float,char);
```

则无从知道参数的含义。

说明：

（1）若被调函数在主调函数之前定义，则可不必对被调函数加以声明。因为函数调用时 C 编译系统已先知道了被调函数的相关情况，会根据函数首部提供的信息对函数调用做正确性检查。本章前述各例中的程序均属于这种情况。

（2）若被调函数在主调函数的后面定义，则应该在主调函数中对被调函数作声明，声明的作用是把函数名、函数参数的个数和参数类型等信息通知编译系统，以便在遇到函数调用时，编译系统能正确识别函数并检查函数调用是否合法。

例 5-8　对被调函数的声明。

```
/*源程序文件名:AL5_8.c*/
#include<stdio.h>
```

```
void main()
{   float sub(float x, float y);          /* 对被调函数 sub()的声明 */
    float a, b,c;
    scanf("% f, % f", &a, &b);
    c = sub(a, b);
    printf("sub is % f\n", c);
}
float sub(float x, float y)               /* 函数首部 */
{   float z;                              /* 以下是函数体 */
    z = x － y;
    return(z);
}
```

程序运行情况如下：

```
3.6,6.5 ↙
sub is  － 2.900000
```

这是一个很简单的函数调用，函数 sub()的作用是求两个实数之差，得到的函数值也是实型。程序第 4 行为：

```
float sub(float x, float y);
```

这是对被调函数 sub()的声明。如果没有对 sub()函数的声明，当检查到程序第 7 行时，编译系统无法确定 sub 是不是函数名，也无法判断实参(a 和 b)的类型和个数是否正确，因而无法进行正确性的检查。如果不作检查，在运行时才发现实参与形参的类型或个数不一致，将出现运行错误。

（3）如果在文件的开头（在所有函数之前）已对本文件中要调用的所有函数进行了声明，则在各函数中不必对其所要调用的函数再作声明。例如：

```
# include < stdio. h >
char letterf (char,char);    /* 以下 3 行在所有函数之前，且在函数外部 */
float floatf (float,float);
int integerf(int,int);
void main()                  /* 在 main()函数中要调用 letterf()、floatf()和 integerf()函数 */
{
    …                        /* 不必对它所调用的这 3 个函数进行声明 */
}
                             /* 下面定义被 main()函数调用的 3 个函数 */
char letterf(char cl,char c2)/* 定义 letterf()函数 */
{
    …
}
float floatf (float,float)   /* 定义 floatf()函数 */
{
    …
}
int integerf(int,int)        /* 定义 integerf()函数 */
{
    …
}
```

需要注意区分函数声明和函数定义。函数定义是指对函数功能的确立,包括指定函数名、函数值类型、形参及其类型以及函数体等,它是一个完整的、独立的函数单位。而函数声明的作用则是把函数的名字、函数类型以及形参的类型、个数和顺序通知编译系统,以便在调用该函数时系统按此进行对照检查(例如,函数名是否正确,实参与形参的类型和个数是否一致),它不包含函数体。显然,对函数"声明"和对函数"定义"不是一回事。

5.3　函数调用中的参数传递

前面已经介绍,C 语言在实参与形参之间传递数据时采用的是单向的"值传递"方式,即在执行一个函数调用时,由实参传递值给形参,被调函数执行过程中,改变形参值不影响实参的值。

在 C 语言中,函数的参数可以是整型、字符型、浮点型,不仅可以是基本类型数据,还可以是指针类型和各种构造类型等数据。根据参数值类型的不同,"值传递"又分为"数值传递"和"地址传递"两种类型。

本节分别介绍用简单变量、数组作函数参数,实现数据传递的各种情况及方法。指针类型、其他构造类型数据用做函数参数的情况留待后面章节介绍。

5.3.1　简单变量作函数参数

当形参是简单变量时,实参与形参之间采用"数值传递"方式。

函数调用时,由实参传数值到简单变量形参,由于形参与实参分别占用不同的存储单元,被调函数对形参单元所做的改变不影响实参单元,因此,函数调用中数值传递只能实现实参单元向形参单元的单向传递。

例 5-9　编一程序,将一整数乘以 10 后显示出来。

```c
/* 源程序文件名: AL5_9.c */
# include < stdio.h >
int mult( int n)
{   n * = 10;                          /* 形参 n 的值被改变 */
    return(n);
}
void main()
{   int number;
    int  result;
    number = 668;
    result = mult(number);            /* 以实参 number 去调用 mult()函数 */
    printf("number = % d\n",number);  /* 实参 number 的值不会被改变 */
    printf("result =  % d\n",result);
}
```

程序运行情况如下:

```
number = 668
result = 6680
```

运行结果说明,尽管形参 n 的值在被调函数 mult()中被改变了,但由于实参 number 和形参 n 分别占用不同的存储单元,所以形参 n 的改变,并不影响与其对应的实参 number 的值。调用函数 mult()调用之前,number 的值是 668,调用之后,number 的值仍然是 668。

下面考察另一个例子。

例 5-10　输出 Fibonacci 数列的前 17 项。

请看以下程序是否能实现题目要求。

```c
/*源程序文件名:AL5_10.c*/
#include<stdio.h>
int fib(int a, int b)
{   int c;
    c = a + b;
    a = b;
    b = c;
    return c;
}
void main()
{   int i, first = 0, second = 1;
    printf("%3d%3d", first, second);
    for(i = 1; i <= 15; i++)
        printf("%3d", fib(first, second));
    printf("\n");
}
```

程序运行情况如下:

```
0  1  1  1  1  1  1  1  1  1  1  1  1  1  1  1  1
```

运行结果表明,程序没有达到预期目标。考察其原因,问题出在形参 a、b 都是简单变量。

在 main()函数内循环语句控制下,fib()函数被调用 15 次,每次调用,系统都给形参 a 和 b 分配存储单元,并将实参 first、second 的值传递给 a、b。虽然 a 和 b 的值在函数体中被重新赋值,但每次调用一结束,a 和 b 的存储单元立即被释放,所以形参 a、b 值的变化对实参 first、second 没有影响。因此,尽管 main()函数对 fib()函数连续调用 15 次,但每次 first 和 second 的值都是 0 和 1,都是将 0 和 1 分别传递给 a 和 b,所以调用函数 fib(first, second)返回的 c 值都是 0+1。

5.3.2　数组作函数参数

1. 数组元素作函数参数

同简单变量作函数参数的情形完全一样,单个数组元素也可以作函数参数,同样采用"数值传递"方式。

例 5-11　在主函数中输入 100 个数,并调用库函数求其中正数的算术平方根的和。

```c
/*源程序文件名:AL5_11.c*/
#include<stdio.h>
#include<math.h>
void main()
{   float a[100],sum = 0;
```

```
    int i;
    for(i = 0; i < 100; i++)
    { scanf(" % f",&a[i]);
      if(a[i] > 0)
        sum = sum + sqrt(a[i]);              /* 调用库函数,数组元素 a[i] 作函数参数 */
    }
    printf(" % sum = % f\n",sum);
}
```

例 5-12　有数组 a 和 b,各含有 10 个元素,将它们对应地逐个比较(即 a[0] 与 b[0] 比,a[1] 与 b[1] 比⋯⋯)。如果 a 数组中的元素大于 b 数组中的对应元素的数目多于 b 数组中元素大于 a 数组中对应元素的数目(例如,a[i]>b[i]6 次,b[i]>a[i]3 次,其中 i 每次为不同的值),则认为 a 数组大于 b 数组,并分别统计出两个数组对应元素大于、等于和小于的次数。

```
/* 源程序文件名: AL5_12.c */
# include < stdio.h >
void main()
{   int large(int x, int y);           /* 对 large() 函数的声明 */
    int a[10], b[10], i, n = 0, m = 0, k = 0;
    printf("enter array a: \n");        /* 提示输入 a 数组 */
    for(i = 0; i < 10; i++)             /* 输入 a 数组各元素 */
    scanf(" % d", &a[i]);
    printf("\n");
    printf("enter array b: \n");        /* 提示输入 b 数组 */
    for(i = 0; i < 10; i++)             /* 输入 b 数组各元素 */
    scanf(" % d", &b[i]);
    printf("\n");
    for(i = 0; i < 10; i++)
    {
      if(large(a[i], b[i]) == 1)        /* 如 a 数组元素大于 b 数组元素 */
          n++;                          /* 使 n 加 1 */
      else
          if(large(a[i], b[i]) == 0)    /* 如 a 数组元素等于 b 数组元素 */
              m++;                      /* 使 m 加 1 */
          else                          /* 如 a 数组元素小于 b 数组元素 */
              k = k + 1;                /* 使 k 加 1 */
    }
    printf("a[i]>b[i] % d times\na[i] = b[i] % d times\n
            a[i]<b[i] % d times\n", n, m, k);    /* 输出 n, m, k 的值 */
    if(n > k)
          printf("array a is larger than array b \n ");
    else if(n < k)
          printf("array a is smaller than array b\n");
    else
              printf("array a is equal to array b \n ");
}
large(int x, int y)
{ int flag;
    if(x > y) flag = 1;                /* a 数组元素大于 b 数组元素, 使 flag 等于 1 */
```

```
    else if(x < y)flag =  -1;              /* a数组元素小于b数组元素,使flag等于-1 */
    else flag = 0;                         /* a数组元素等于b数组元素,使flag等于0 */
    return(flag);                          /* 将1或-1或0返回主函数 */
}
```

说明：该例程序中,主函数首先为数组 a 和 b 分别输入 10 个整数,然后,以数组 a、b 的对应元素作实参循环调用 large() 函数。函数 large() 以整型变量 x、y 作形参,对由实参传递来的相应数组元素的值进行比较,并将比较结果由标志变量 flag 返回给主函数。主函数通过整型变量 n、m、k 累计 a 数组元素大于、等于、小于 b 数组对应元素的次数,并由主函数输出题目所要求的结果。

2. 数组名作函数参数

数组名代表数组的首元素的地址,也就是数组的地址。数组名作为函数参数时,实参与形参之间采用“地址传递”方式,也就是说在函数调用时,把内容为数组地址的实参传递给对应的形参(形参是数组名或指针变量),这样形参数组和实参数组实际上占用同一存储区域,对形参数组中某一元素的存取,也就是存取相应实参数组中的对应元素,换句话说,对形参数组中某一元素所做的改变,就是对与其对应的实参数组中的元素的改变。

(1) 一维数组名作为函数参数

以下 4 种情形是等效的:

① 实参和形参都是数组名;

② 实参为指向数组的指针变量,形参为数组名;

③ 实参为数组名,形参为指向数组的指针变量;

④ 实参和形参都是指向数组的指针变量。

实参数组名代表一个已分配存储单元的数组的地址,实质上是一个指针常量,可定义一个指针变量指向实参数组,因此,无论用数组名还是用指向数组的指针变量作为实参,向形参传递的均是数组的地址。

形参是接收从实参传递过来的数组地址的,因此,形参应该是一个指针变量。实际上,C 编译就是把形参数组名作为指针变量来处理的,所以,无论用指针变量还是数组名作为形参,均是等效的。

由于形参数组实质上是一个指针变量,指定其大小是不起任何作用的,因此,通常形参数组采用不指定大小的方法,如 a[]。但为了方便被调函数的编程,通常另设一参数用于传递需要处理的数组元素的个数,如下面例子中的形参 n。

注：有关“指针”的内容将在第 6 章介绍,指针作参数的示例见第 6 章。

例 5-13　一维数组名作为函数参数(实参和形参都是数组名)的情形。

```
/* 源程序文件名: AL5_13.c */
# include < stdio.h >
# define   N 9
void output(int a[], int n)
{   int i;
    for(i = 0;i < n; i++)
        printf(" %5d",a[i]);
    printf("\n");
}
```

```
void main()
{   int x[N],i;
    for(i = 0;i < N;i++)
        x[i] = 2 * i;
    output(x,N);
}
```

例 5-14　编写函数统计一个一维数组(10 个元素)中非 0 元素的个数。

```
/* 源程序文件名: AL5_14.c */
# include < stdio. h >
int   solve(int b[], int n)        /* 一维数组名 b 作形参, n 为 b 的大小 */
{   int sum = 0, i;
    for(i = 0; i < n; i++)
        if(b[i]!= 0)
            sum++;
    return(sum);
}
void main()
{   int a[10], num, i;
    for(i = 0; i < 10; i++)
        scanf(" % d", &a[i]);
    num = solve(a,10);            /* 一维数组名 a 作实参 */
    printf("num =  % d\n",num);
}
```

该程序中,主函数通过调用 solve() 函数,利用形参数组 b 实现统计一维数组 a 中非 0
元素的个数。数组 a 的值并未被改变,可以分别在子函数和主函数中输出数组 b 和数组 a
的值来验证。

例 5-15　编一函数实现数组逆置。数组逆置是将数组的第一个元素值放到最后一个
位置,第二个元素值放到倒数第二个位置……直到最后一个元素值放到第一个位置。

```
/* 源程序文件名: AL5_15.c */
# include < stdio. h >
#define   N   9
void main()
{   void fun(int a[N]);            /* 函数声明 */
    int a[N];
    int   i;
    printf("\n Please input the array: \n ");
    for(i = 0; i < N; i++)
        scanf(" % d",&a[i]);
    printf("\n");
    fun(a);
    printf("\n Now the array is :\n ");
    for(i = 0; i < N; i++)
        printf(" % 3d",a[i]);
}
void fun(int x[N])                /* 一维数组名 x 作形参 */
{   int a0,an;
```

```
    int temp;
    a0 = 0;
    an = N - 1;
    while(a0 < an)
    {   temp = x[a0];
        x[a0] = x[an];
        x[an] = temp;
        a0++;
        an -- ;
    }
    return;
}
```

（2）多维数组名作为函数参数

多维数组元素可以作函数参数，这点与用一维数组元素作函数参数的情况类似。

多维数组名作函数参数时，在被调函数中对形参数组的定义中，可以指定每一维的长度，也可以不指定第一维的长度，但其余各维的长度都必须指定。如：

```
check(float a[][10], int n)
{
    ...
}
```

下面的参数说明都是不正确的：

```
float a[][];
float a[10][];
```

例 5-16 从键盘为一个 5×5 整型数组输入数据，找出并显示主对角线上元素的最小值。

```
/* 源程序文件名: AL5_16.c */
# include < stdio. h >
int small(int a[5][5])                 /* 二维数组名 a 作形参 */
{   int   i, vm;
    vm = a[0][0];
    for(i = 1; i < 5; i++)
    if(vm > a[i][i])
        vm = a[i][i];
    return(vm);
}
void main()
{   int   i, j, vmin;
    int   array[5][5];
    for(i = 0; i < 5; i++)
    for(j = 0; j < 5; j++)
        scanf(" % d", &array[i][j]);
    vmin = small(array);                        /* 二维数组名 array 作实参 */
    printf("vmin = % d\n", vmin);
}
```

例 5-17　有一个 3×4 的矩阵,设计函数求出该矩阵所有元素中的最大值。

此题解法是:先使变量 max 的初值为矩阵中第一个元素的值,然后将矩阵中各个元素的值与 max 相比,每次比较后都把"大者"存放在 max 中,全部元素比较完后,max 的值就是所有元素中的最大值。

```c
/* 源程序文件名: AL5_17.c */
# include < stdio. h>
void main()
{    int max_value(int array[][4]);                /* 函数声明 */
     int a[3][4] = {{1,3,5,7},{2,4,6,8},{15,17,34,12}};
     printf("max value is % d\n",max_value(a));  /* 函数调用,实参为 a */
}
int max_value(int array[][4])                     /* 函数定义,形参为矩阵 array */
{    int i,j,max;
     max = array[0][0];
     for(i = 0;i < 3;i++)
       for(j = 0;j < 4;j++)
         if(array[i][j] > max)
            max = array[i][j];
     return(max);
}
```

程序运行情况如下:

```
max value is 34
```

有关数组名作函数参数的进一步说明如下。

① 用数组名作函数参数,应该在主调函数和被调函数中分别定义数组,例 5-16 中 a 是形参数组名,array 是实参数组名,要分别在其所在函数中定义。

② 实参数组与形参数组类型应一致,如不一致,结果将出错。

③ 在被调函数如 max_value()中说明形参数组的大小(注意:应符合数组说明的有关规定),但实际上,指定其大小是不起任何作用的,因为 C 语言编译对形参数组大小不做检查,只是将实参数组的首元素的地址传给形参数组。

(3) 字符数组作函数参数

字符数组作参数时,传递的也是数组的地址,即字符串的首地址,于是形参字符串和实参字符串占用同一存储区域,在被调函数中对形参字符串所做的操作,就是对主调函数中实参字符串的操作,这一点与数值型数组作为函数参数的情形是一样的。同样,也可以用指向字符串首元素的指针变量作函数参数。

定义形参数组时仍然可以省略其大小的说明,它的大小同样是在调用该函数时,由相应的实参字符串来确定,这样的形参字符串称为"可变长字符串"。同理,可变长字符串只能在被调函数中作形参,不能在主函数中,不能作为实参。

例 5-18　编一字符串连接函数,将任意的两个字符串连接成一个字符串。

分析:定义两个字符数组 str1 和 str2 存储两个字符串,将它们顺序连接后的结果保存在 str1 中;首先找到 str1 的串结束标志\0 所在的位置,从该位置开始将 str2 字符串逐个字符(包括串结束标志\0)连接在其后面。

```
/* 源程序文件名：AL5_18.c */
# include < stdio.h >
void connect_str(char s1[50],char s2[20])     /* 定义连接两个字符串函数 */
{ int i = 0,j = 0;
  while(s1[i] != '\0')                          /* 找出第一个字符串的结束标志位 */
  i++;
  printf("\n i = %d\n",i);                      /* 输出第一个字符串的长度 */
  while((s1[i++] = s2[j++]) != '\0');           /* 将第二字符串连接在第一字符串后 */
}
void main()
{ char str1[50],str2[20];
  int i,j;
  printf("Enter string NO.1: \n");
  scanf("%s",str1);                             /* 输入第一个字符串 */
  printf("\n Enter string NO.2: \n");
  scanf("%s",str2);                             /* 输入第二个字符串 */
  connect_str(str1,str2);                       /* 调用函数进行字符串连接 */
  printf("\n %s",str1);                         /* 输出连接后的结果 */
}
```

程序运行情况如下：

```
Enter string NO.1:
1234567 ↙
Enter string NO.2:
89ABCDEF ↙
i = 7
123456789ABCDEF
```

说明：该例程序中，实参和形参均为字符数组。函数 connect_str(str1,str2)将数组 str1、str2 的首地址（即字符串 1、字符串 2 的首地址）传递给形参数组 s1、s2，于是形参数组和实参数组占用同一存储区域。函数 connect_str 中，第一个 while 语句找出字符串 1 的结束位置，第二个 while 语句则从该位置开始将字符串 2 逐个字符（包括串结束标志\0）地连接在后面。

例 5-19 编写一个求字符串长度函数，并调用该函数，验证其正确性。

```
/* 源程序文件名：AL5_19.c */
# include < stdio.h >
# include < string.h >
int stringlen(char s[])
{ int i = 0,len = 0;
  while(s[i] != '\0')
  { len++;
    i++;
  }
  return len;
}
void main()
{ char str[] = "I love China! ";
  int stringlenth;
```

```
        stringlenth = stringlen(str);
        printf("\n The string lenth is % 4d\n",stringlenth);
}
```

说明：该例程序中,形参 s 是字符数组,可存放"可变长字符串"。函数调用时,它将获得已知字符串(由主函数中通过赋值,使 str 得到的字符串)起始地址,通过判断 s[i]是否为\0 即可知字符串是否结束。若字符串没结束,则字符串长 len 加 1,字符数组下标 i 加 1,重复上述操作便可求得字符串长度,由 len 将长度值返回主函数。

5.4　函数的嵌套调用和递归调用

5.4.1　函数的嵌套调用

C 语言中的函数定义是相互独立的,函数与函数之间没有从属关系。C 语言规定,在一个函数内部不能定义另外一个函数,即不允许函数嵌套定义。但是 C 语言允许函数嵌套调用,即允许在调用一个函数的过程中,又调用另一个函数。

例 5-20　求三个数中最大数和最小数的差值。

分析：这个问题最终是求差值。首先在主函数 main()中调用求差值的函数,求两个数的差。这两个数不是输入的数,而是三个数中的最大数和最小数,因此,还应提供两个函数,一个是求最小值函数,一个是求最大值函数,在求差值函数中再调用这两个函数。

```
/ * 源程序文件名: AL5_20.c * /
# include < stdio. h>
int dif( int x, int y, int z);            / * 自定义函数的声明 * /
int max( int x, int y, int z);
int min( int x, int y, int z);
void main()
{   int a, b, c, d;
    printf("Input Data: ");
    scanf(" % d % d % d",&a,&b,&c);        / * 输入三个数 * /
    d = dif(a, b, c);                      / * 调用求差值函数 * /
    printf("Max − Min = % d\n",d);         / * 输出差值 * /
}
int dif( int x, int y,int z)              / * 定义 dif()函数求三数的差值 * /
{   int m1,m2;
    m1 = max(x, y, z);                     / * 调用求最大值函数 * /
    m2 = min(x, y, z);                     / * 调用求最小值函数 * /
    return (m1 − m2);                      / * 返回最大值与最小值的差 * /
}
int max( int x, int y, int z)            / * 定义 max()函数求三数的最大值 * /
{   int r1,r2;
    r1 = (x > y) ? x: y;                  / * 求两个数的最大值 * /
    r2 = (r1 > z) ? r1: z;                / * 两个数的最大值再与第三个数比较得到最大值 * /
    return(r2);                            / * 返回三个数的最大值 * /
}
int min( int x, int y, int z)            / * 定义 min()函数求三数的最小值 * /
{   int r;
```

```
    r = (x < y) ? x: y;                      /* 求最小值 */
    return(r < z ? r: z);
}
```

程序运行情况如下：

```
Input Data: 15  20  12↙
Max － Min = 8
```

5.4.2　函数的递归调用

函数的递归调用是指在调用一个函数的过程中，又出现直接或间接地调用该函数本身的情形。直接调用函数本身的称为直接递归调用；间接地调用函数本身的称为间接递归调用。允许函数的递归调用是 C 语言的特点之一。

1. 直接递归调用示意

```
float func(int n)
{  int m;
   float  f;
   ⋮
   f = func(m);
   …
}
```

在调用函数 func() 的过程中，又要调用 func() 函数，这种调用是直接递归调用。

2. 间接递归调用示意

```
func1(int n)                    func2(int x)
{  int  y;                      {  int  m;
   ⋮                               ⋮
   func2(y);                       func1(m);
   …                               …
}                               }
```

在调用 func1() 函数的过程中，要调用 func2() 函数，而在执行函数 func2() 过程中又要调用 func1() 函数，这样形成的就是间接递归调用。

函数可递归调用是 C 语言的重要特点之一。具有递归特性的问题，采用递归方法处理，会使求解简单化。递归的特别之处在于递归分解的子问题与原问题具有相同性质和相同的表现形式，但是子问题比原问题规模小了，变得简单了。采用递归方法处理问题的关键，一是要找出求解的递归公式，二是要确定递归结束条件。

例 5-21　用递归方法求 $n!$（n 为非负整数）。

分析：假设 $n = 5$，则

```
5! = 5 * 4!
4! = 4 * 3!
3! = 3 * 2!
2! = 2 * 1!
1! = 1
0! = 1
```

可用如下递归公式表述：

$$fac(n) = \begin{cases} 1 & (n=1,1) \\ n*fac(n-1) & (n>1) \end{cases}$$

递归函数 fac() 定义如下：

```c
/* 源程序文件名: AL5_21.c */
# include < stdio.h>
float  fac(int n)
{ float  f;
  if(n == 0 || n == 1)            /* 递归结束条件 */
    f = 1;
  else
    f = n * fac(n-1);            /* 递归调用 */
  return(f);
}
/* 用主函数调用 fac() 函数, 求 n! */
void main()
{ int  n;
  float y;
  printf("input an integer number: ");
  scanf("% d",&n);
  if(n<0)
    printf("n<0, data  error! ");
  else
  {  y = fac(n);                 /* 以函数表达式调用子函数 fac() */
    printf(" % d! = % 15.0f\n",n,y);
  }
}
```

程序运行情况如下：

```
input an integer number: 10 ↙
10! =      3628800
```

在递归调用过程中，必须保证一步比一步更简单，最后是有终结的，而不能无限递归下去。上例中，当 $n=0$ 或 $n=1$ 时，$f=1$，它不再用递归来定义，因而结束递归调用过程。

例 5-22　有 5 个人坐在一起，问第 5 个人多少岁？他说比第 4 个人大 2 岁；问第 4 个人岁数，他说比第 3 个人大 2 岁；问第 3 个人，又说比第 2 个人大 2 岁；问第 2 个人，说比第 1 个人大 2 岁；最后问第 1 个人，他说他 10 岁。请问第 5 个人是多少岁？

分析：每一个人的年龄都比其前一个人的年龄大 2 岁，显然这是一个递归问题。即：

age(5)＝age(4)＋2

age(4)＝age(3)＋2

age(3)＝age(2)＋2

age(2)＝age(1)＋2

age(1)＝10

可用如下递归公式表述：

$$age(n) = \begin{cases} 10 & (n=1) \\ age(n-1)+2 & (n>1) \end{cases}$$

递归函数 age() 和主函数的代码如下：

```
/* 源程序文件名：AL5_22.c */
# include < stdio. h>
int age(int n)               /* 求年龄的递归函数 */
{ int  c;                    /* C用做存放函数的返回值的变量 */
  if (n == 1)
     c = 10;
  else
     c = age(n - 1) + 2;
  return(c);
}
void main()
{  printf(" % d \n",age(5));}
```

程序运行情况如下：

18

main() 函数中只有一个语句。整个问题的求解全靠一个 age(5) 函数调用来解决。函数调用过程如图 5-1 所示。

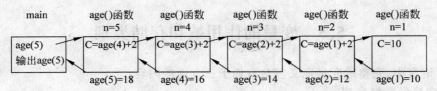

图 5-1　递归函数 age() 的调用过程

从上图可以看到：age() 函数共被调用 5 次，即 age(5)、age(4)、age(3)、age(2)、age(1)。其中 age(5) 是 main() 函数调用的,其余 4 次是在 age() 函数中调用的,即递归调用 4 次。

例 5-23 用递归方法求解斐波纳契（Fibonacci）数列。

我们知道,0,1,1,2,3,5,8,13,21,34,…为斐波纳契数列。从中可以看出,斐波纳契数列第 n 项的值是其前两项的和,这就是递归公式；而当 n=0 和 1 时,斐波纳契数列项就是 n 值本身,这就是递归结束条件。可用如下递归公式表述：

$$fib(n) \begin{cases} 1 & (n=1 \text{ 或 } n=2) \\ fib(n-1) \cdot fib(n-2) & (n>2) \end{cases}$$

```
/* 源程序文件名：AL5_23.c */
# include < stdio. h>
void main()
{  int fib(int n);                    /* 函数声明 */
   int i;
   for (i = 0; i < 20; i++)           /* 求斐波纳契数列前 20 项 */
   {  if (i % 5 == 0) printf("\n");
```

```
            printf(" % 12d",fib(i));           /* 输出斐波纳契数列第 i 项的值 */
        }
        printf("\n");
    }
    int fib(int n)                             /* 定义求斐波那契数列第 n 项值的函数 */
    {   if(n == 0 || n == 1)                   /* 递归结束条件 */
            return  n;
        else
            return fib(n - 2) + fib(n - 1);    /* 递归调用 */
    }
```

程序运行情况如下：

0	1	1	2	3
5	8	13	21	34
55	89	144	233	377
610	987	1597	2584	4181

需要说明的是：求 Fibonacci 数列第 n 项需递归调用的次数，随 n 的增大而呈指数级数的增长。每次递归调用 fib()函数时，都要调用该函数两次，即计算 Fibonacci 数列第 n 项的值，递归调用的次数为 2 的 n 次方。计算第 20 项数需要递归调用的次数为 2 的 20 次方（大约 100 万次），计算第 4 项则只需要 16 次。这种现象称为指数复杂度。虽然程序的算法简单，但计算的复杂度会随着 n 的增大而呈指数级增长。

5.5　变量的作用域和存储类别

在 C 语言中，完整的变量定义应含有如下三方面的内容：
(1) 变量的数据类型；
(2) 变量的作用域；
(3) 变量的存储类别。

变量的数据类型在前面的章节中已经介绍并使用，本节将介绍变量的作用域和存储类别。

所谓变量的作用域，是指变量在程序中的有效范围。如果一个程序只由一个 main()函数组成，其变量的作用域情况比较简单，显然其变量只在 main()函数中有效。但是一般一个 C 程序都包含多个函数，那么定义在 A 函数中的变量可否在 B 函数中使用？这涉及变量的作用域问题。从作用域角度，变量分为局部变量和全局变量。

所谓变量的存储类别，是指变量在内存中的存储方法。通常 C 语言程序在计算机内占用的存储空间可分为 3 部分，分别被称为程序区、静态存储区、动态存储区。其中，程序区中存放的是可执行程序的机器指令，静态存储区中存放的是需要占用固定存储单元的变量，动态存储区中存放的是不需要占用固定存储单元的变量。不同的存储方法将影响变量值的存在时间（即生存期）。从存储类别角度，变量有动态存储和静态存储两种类型。

5.5.1　局部变量及其存储类型

在函数内部定义的变量称为局部变量，局部变量的作用域仅仅局限于定义它的函数。

例如：

```
char func1(int a, char s1, char s2)            /* 函数 func1() */
{   int b,c;                                    /* a、s1、s2、b、c 有效 */
     ⋮
}
float func2(float m,float n,int a )             /* 函数 func2() */
{    float x, y, z;                             /* m、n、a、x、y、z 有效 */
     int b, c;                                  /* b、c 有效 */
      ⋮
}
void main()                                     /* 主函数 */
{    float   x, y, z;                           /* x, y, z 有效 */
      ⋮
}
```

说明：

（1）主函数 main()中定义的变量 x、y 和 z 只在主函数中有效，并不因为它们在主函数中定义，就在整个程序或整个文件中有效。主函数也不能使用其他函数中定义的变量。

（2）不同函数中可以使用相同名字的变量，它们代表不同的对象，互不干扰。例如，在主函数 main()中定义的变量 x、y、z 与在 func2()函数中定义的变量 x、y、z 同名，在 func1()函数中定义的变量 b、c 与在 func2()函数中定义的变量 b、c 同名，但是，它们在内存中占用不同的存储单元，互不混淆，互不干扰。

（3）形参也是局部变量。例如，func1()函数中的形参 a，只在 func1()函数中有效；在func2()函数中的形参 a，只在 func2()函数中有效，它们是不同的两个形参。

（4）在一个函数内部，可以在复合语句中定义变量，这些变量只在本复合语句中有效，例如：

```
double func( float x, float y)
{   float x1, x2;
   ⋮
   {   float z;
     ⋮
      z = (x1 + x2)/(x + y);
     ⋮
   }
   …
}
```

变量 z 只在内层复合语句中有效，离开该复合语句，其占用的存储单元被释放，变量 z就无效了。

局部变量有 3 种存储类型：自动类（auto）、静态类（smtie）和寄存器类（register）。

1. 自动类变量

在函数内定义的变量，如果不显式地指定其存储类型，系统会将其默认为自动类变量。在定义自动类变量时，应该在定义变量的类型标识符前面使用 auto 关键字，如：

```
auto float f;
```

auto 是 C 语言编译系统默认的存储类型,所以关键字 auto 可以省略。

自动类变量是在动态存储区内分配单元的(因而也称其为动态变量),函数返回时,编译系统将释放这些存储单元,即当函数调用结束时,自动类变量不复存在。

例 5-24 编一程序,每调用一次函数,显示一次自动变量中的内容,然后给其值加 1。

```
/* 源程序文件名: AL5_24.c */
# include < stdio.h >
void test_auto()
{ int v = 0;
   printf(" v = % d\n",v);
   ++v;
}
void main()
{ int  i;
   for(i = 0;i < 4;i++)
   test_auto();
}
```

程序运行情况如下:

```
v = 0
v = 0
v = 0
v = 0
```

程序运行结果分析:v 是自动类变量,每调用一次 test_auto()函数,v 都被赋一次初值 0,因此显示的结果总是 0。

2. 静态类变量

如果希望在函数调用结束后,仍然保留函数中定义的局部变量的值,则可以将该局部变量定义为静态局部变量。在定义静态局部变量时,应该在定义变量的类型标识符前面使用 static 关键字,例如:

```
static   int   x;
```

静态局部变量在静态存储区中分配存储单元,在整个程序运行期间都不释放,因此,每次函数调用结束后,它的值并不消失,而且能够保持连续性。

静态局部变量是在编译阶段赋初值的,且只赋一次初值,以后调用函数时不再赋初值,而是保留上一次函数调用时的结果。

例 5-25 编一程序,每调用一次函数,显示一次静态局部变量中的内容,然后给其值加 1。

```
/* 源程序文件名: AL5_25.c */
# include < stdio.h >
void test_static()
{   static   int v = 0;
   printf(" v = % d\n",v);
   ++v;
}
void main()
{   int i;
```

```
      for(i = 0;i < 4;i++)
      test_static();
}
```

程序运行情况如下：

```
v = 0
v = 1
v = 2
v = 3
```

观察例 5-24 与例 5-25 两个程序，除了变量 v 的存储类型定义不一样外，结构、内容几乎都一样，但却得到完全不一样的运行结果。其原因就在于例 5-24 中的 v 是自动变量，而例 5-25 中的 v 是静态变量。每次调用函数时，自动变量 v 都重新分配存储单元、被赋初值一次、调用结束时其存储单元被释放，而静态变量 v 只被赋初值一次，每次调用结束时其存储单元不被释放，其值被保留。

为了进一步区分自动变量与静态变量，下面再举一个例子。

例 5-26　使用自动存储变量和静态存储变量。

```c
/* 源程序文件名:AL5_26.c */
#include< stdio. h>
int myfun();              /* 对函数 myfun()的声明 */
void main()
{ int i = 0,a = 0;
   for(i = 1; i <= 2; i++)
   {  a = myfun();
      printf(" % 4d",a);
   }
}
int myfun()
{    auto int x = 1;
     static int y = 1;
     x = x + 2;
     y = y + 2;
     return (x + y);
}
```

程序运行情况如下：

```
6    8
```

说明：

(1) 主函数中的变量 i 和 a 均是自动变量，当流程进入主函数时系统为它们开辟存储单元，在主函数内被赋值，主函数执行结束时它们占用的存储单元被释放。myfun()函数中的 x 是自动变量，在流程进入 myfun()函数时系统为其开辟存储单元，在 myfun()函数内被赋值，退出 myfun()函数时其占用的存储单元被释放。

注意：① 在主函数调用 myfun()函数期间，主函数的变量 i 和 a 在 myfun()函数内不可见，但是存在的。

② 在两次的调用 myfun()函数中，x 占有不同的存储单元。

(2) myfun()函数中的 y 是静态变量,在进行编译时系统为其开辟存储单元,同时为其赋初值 1。y 在执行主函数和调用 myfun()函数期间都占用同一个存储单元,整个程序执行结束时才被释放。因此,每次调用 myfun()时,y 的值应是前一次调用结束时的值。

注意:① 静态变量在编译阶段被赋初值,若未赋值,系统会自动赋初值 0(对数值型变量)或空字符(对字符变量);自动变量则在运行时被赋值,若未赋值,自动变量将有一个不确定的值。

② 如果函数被多次调用,其中的静态变量将保留前一次调用结束时的值,自动变量因存储单元被释放而不能保留前次的值。

为了提高计算机内存空间使用效率,C 程序中通常将大多数变量定义为自动存储变量,只在必要的情况下才定义静态存储变量。

3. 寄存器变量

一般情况下,变量(包括静态存储方式和动态存储方式)的值是存放在内存中的。当程序中用到一个变量的值时,由控制器发出指令将内存中该变量值送到运算器中。经过运算器进行运算,如果需要存数,再从运算器将数据送到内存存放。如果有某些变量使用频繁,则存取这些变量的值要花不少时间。为提高执行效率,C 语言允许将局部变量的值放在运算器里的寄存器中,需要用时直接从寄存器取出参加运算,不必再到内存中去存取,这样就可以提高执行效率。这种变量属于寄存器类变量,一般称为寄存器变量。在定义寄存器变量时,应该在定义变量的类型标识符前面使用 register 关键字。

例 5-27 编写一个用 register 说明变量的程序。

```
/* 源程序文件名:AL5_27.c */
# include < stdio. h >
void myprint(register int n)        /* 形参 n 作为寄存器变量 */
{   while(n >= 1)
    {   printf(" * ");
        n -- ;
    }
    printf("\n");
}
void main()
{   int a = 1000;
    myprint(a);
}
```

运行程序时输出 1000 个" * "。

说明:

(1) 在 myprint()函数的形参表中,用 register 说明了整型变量 n 为寄存器类变量,形参 n 将被分配占用寄存器。

(2) 由于寄存器变量的值保留在 CPU 的寄存器中,其访问速度比普通变量快,因此,对频繁使用的变量(如本例中的 n),可用 register 进行说明。

关于寄存器变量的进一步说明如下。

(1) 只有局部自动变量和形参可以定义为寄存器变量,其他变量如全局变量、局部静态变量,均不允许。

（2）不能定义任意多个寄存器变量。由于一个计算机系统中的寄存器数量有限，系统不一定把用户申请的所有寄存器变量都保留在寄存器中，当 CPU 中没有足够的寄存器时，编译程序将认为不适合存放在寄存器中的变量自动按 auto 变量来处理。

（3）寄存器变量没有地址。若 n 为寄存器变量，以 &n 引用 n 是错误的表示形式。

5.5.2　全局变量及其存储类型

C 语言中，程序的编译单位是源程序文件，一个源文件可以包含一个或若干个函数。

在函数内定义的变量是局部变量，局部变量的作用域被局限在定义它的函数内。在函数外定义的变量称为外部变量，又叫全局变量（也称全程变量），它的作用域是从变量的定义处开始，到本源程序文件结束。在此作用域内，全局变量可以为程序中各函数所引用。

例如：

```
float x, y;                    /* 定义全局变量 */
float func1(float  z)          /* 定义函数 func1() */
{ float  x1, x2;
  …
}
int   m = 100, n = 50;         /* 定义全局变量 */
char func2(char c1, char c2)   /* 定义函数 func2() */
{  char  str1,str2;
  …
}
void  main()                   /* 主函数 */
{  int  a, b, c;
  float  max,min;
  …
}
```

x、y、m、n 都是全局变量，但它们的作用范围不同，在 main() 函数和 func2() 函数中可以使用全局变量 x、y、m、n，但在函数 func1() 中只能使用全局变量 x 和 y，而不能使用 m 和 n。

在一个函数中既可以使用本函数中的局部变量，又可以使用有效的全局变量。

说明：

（1）C 语言中设置全局变量是为了增加函数间数据联系的渠道。由于同一源程序文件中的所有函数都能引用全局变量，因此如果在一个函数中改变了全局变量的值，就能影响到其他函数，这使得各函数间有了直接的传递通道。由于调用函数只能带回一个返回值，因此有时可以利用全局变量，从函数调用中得到一个以上的"返回值"。

（2）为了便于区别全局变量和局部变量，在 C 程序设计人员中有一个不成文的约定，将全局变量名的第一个字母用大写表示。

例 5-28　用数组存放 10 个学生成绩，编制一个函数，求出平均分、最高分和最低分。

```
/* 源程序文件名：AL5_28.c */
# include < stdio.h >
float Max = 0,Min = 0;                /* 定义全局变量并赋初值 */
float average(float array[], int n)   /* 函数定义 */
{  int i;
```

```
        float aver,sum = array[0];
        Max = Min = array[0];              /* 全局变量初值被改变 */
        for(i = 1;i < n;i++)
        {   if(array[i] > Max)
                Max = array[i];            /* 全局变量值被改变 */
            else
                if(array[i]< Min)
                    Min = array[i];        /* 全局变量值被改变 */
            sum = sum + array[i];
        }
        aver = sum / n;
        return(aver);
    }
    void main()
    {   float ave,score[10];
        int i;
        for(i = 0;i < 10;i++)
            scanf("% f",&score[i]);
        ave = average(score,10);            /* 函数调用 */
        printf("Max = % 6.2f\nMin = % 6.2f\nAverage = % 6.2f\n",Max,Min,ave);
                                            /* 输出全局变量值 */
    }
```

程序运行情况如下：

```
99 45 78 97 100 67.5 89 92 66 43 ↙
Max = 100.00
Min = 43.00
Average = 77.65
```

可以看出：形参 array 和 n 的值由 main()函数传递而来,函数 average()中 aver 的值通过 return 语句带回 main()函数。Max 和 Min 是全局变量,可以供各函数使用,在 average()函数中它们的值被改变,在 main()函数中使用这个已改变的值。由此可见,可以利用全局变量减少函数的参数个数,从而减少传递数据的时间消耗。

关于全局变量的进一步说明如下。

(1) 建议只在必要时才使用全局变量,有以下三方面的原因。

① 全局变量在程序整个执行期间都占用存储单元,而不是像自动变量那样仅在需要时才分配存储单元。

② 全局变量降低了函数的通用性和程序的可靠性。结构化程序设计要求程序模块的内聚性强,与其他模块的耦合性要弱,而用全局变量是不符合这个原则的。设计 C 语言程序时,一般要求将函数编制成一个封闭体,除了可以通过"实参—形参"的渠道与外界发生联系外,尽量避免其他联系,这样设计出的程序可读性好、可靠性强,容易移植。

③ 全局变量使用过多会降低程序的清晰性。在各函数执行时都可能改变外部变量的值,往往难以判断清楚每个瞬时各个外部变量的值。若程序内容复杂、规模庞大,过多使用全局变量,将更难以把握,容易出错。

(2) 允许在同一个源程序文件中,全局变量与局部变量同名。这种情况下,在局部变量的作用范围内,全局变量被"屏蔽",即它不起作用。请考察下面的例子。

例 5-29　全局变量与局部变量同名。

```
/*源程序文件名: AL5_29.c*/
#include<stdio.h>
int a = 3, b = 5;                    /* a,b 为全局变量 */
max(int a, int b)                    /* 形参 a、b 为局部变量 */
{  int c;
   c = a > b ? a : b;               形参 a、b 的作用范围
   return (c);
}
void main()
{  int a = 8;        /* a 为局部变量 */
   printf("%d",max(a, b));          局部变量 a、全局变量 b 的作用范围
}
```

（3）从存储类别角度,所有全局变量均是静态存储的,因为在编译时系统在静态存储区为全局变量分配存储单元,默认的初值为 0(对数值型变量)或空字符(对字符变量),在程序运行的整个期间全局变量都存在。

本 章 小 结

本章内容是 C 语言的重点和难点。学习本章应弄清 C 语言源程序的一般结构、实参和形参的一致性、函数调用中的数据传递、函数(嵌套、递归)调用的执行过程以及变量的作用域和存储类别等;重点掌握如何定义、调用一个函数,如何作函数声明;掌握数据在函数间传递的方式及常见数据结构作为函数参数时,实参与形参的对应关系;掌握如何正确定义和使用不同作用域、不同存储类别的变量等。

学习完本章后,对结构化程序设计思想的理解会更加深入,对数组和指针概念的理解及对它们的使用应会更进一步。

习 题

一、选择题

1. 下列关于函数定义的描述中,错误的是(　　　)。

　A. 定义函数时函数的存储类型可以省略

　B. 定义函数时函数名和函数类型必须指明

　C. 定义函数时必须有函数体

　D. 定义函数时必须指明函数参数

2. 下列关于函数(原型)声明的描述中,错误的是(　　　)。

　A. 函数声明可放在函数体内,也可放在函数体外

　B. 函数声明既要给出函数名和类型,又要指出函数参数

　C. 函数调用前必须给出被调函数的函数声明,否则出错

　D. 被调函数的定义在主调函数前面时,可以不用函数声明

3. 以下正确的定义函数首部的形式是(　　　)。

    A. float func(int n；float x)　　　　　　B. float func(int n,float x)；

    C. float func(int n；float x)；　　　　　　D. float func(int n,floatx)

4. 下列关于函数参数的描述中,错误的是(　　　)。

    A. 定义函数时可以有参数,也可以没有参数

    B. 在传值调用时,实参只能是变量名,不可以是表达式

    C. 函数的形参在该函数被调用前是没有确定值的

    D. 要求函数的形参和对应的实参个数应相等、类型应赋值兼容

5. 下列说法中,不正确的是(　　　)。

    A. 实参可以为任意类型　　　　　　B. 形参与对应实参的类型要赋值兼容

    C. 形参可以是常量、变量或表达式　　D. 实参可以是常量、变量或表达式

6. 下面函数调用语句中,实参的个数是(　　　)。

```
func(n1,n2 + n3,func(n4,n5,n6));
```

    A. 6　　　　　　　　B. 5　　　　　　　　C. 4　　　　　　　　D. 3

7. 设有下面函数调用语句,则其所调函数 fun()中形参的个数是(　　　)。

```
fun(f(n1,n2),n3,n4 + n5);
```

    A. 5　　　　　　　　B. 4　　　　　　　　C. 3　　　　　　　　D. 2

8. 下面说法中正确的是(　　　)。

    A. 实参占用存储单元,形参不占用存储单元

    B. 相对应的实参与形参共用同一存储单元

    C. 相对应的实参与形参同名时,它们共用同一存储单元

    D. 相对应的实参与形参占用不同的存储单元

9. 实参为简单变量,其与对应形参之间的数据传递方式为(　　　)。

    A. 由用户另外指定传递方式　　　　B. 双向值传递

    C. 单向值传递　　　　　　　　　　D. 地址传递

10. 实参用数组名,则传递给对应形参的是(　　　)。

    A. 数组的地址　　　　　　　　　　B. 数组的长度

    C. 数组中每一个元素的地址　　　　D. 数组中每一个元素的值

11. 下列关于函数调用的描述中,错误的是(　　　)。

    A. 在函数调用中,形参是变量名,实参可以是变量、常量和表达式

    B. 在函数调用中,形参是数组时,实参必须是地址值

    C. 在传址调用方式中,可以在被调用函数中改变调用函数的参数值

    D. 在传值调用方式中,可以在被调用函数中改变调用函数的参数值

12. 下列关于函数返回值的论述中,错误的是(　　　)。

    A. 函数返回值能够实现函数间的数据传递

    B. 函数返回值是由 return<表达式>实现的

    C. 函数返回的值和值的类型是由返回语句中表达式的值和类型决定的

    D. 一个函数可有多条返回语句,但只可有一个返回值

13. 函数返回值的类型由( )。
   A. 调用该函数的函数类型决定　　　B. return 语句中表达式的类型决定
   C. 主函数决定　　　　　　　　　　D. 该函数的函数类型决定

14. 下列关于函数的论述中正确的是( )。
   A. 不允许函数嵌套定义,但允许函数嵌套调用
   B. 不允许函数嵌套调用,但允许函数嵌套定义
   C. 函数的定义和调用都允许嵌套
   D. 函数的定义和调用都不允许嵌套

15. 下列关于函数调用的论述中不正确的是( )。
   A. 函数间允许嵌套调用　　　　　　B. 函数间允许间接递归调用
   C. 函数间允许直接递归调用　　　　D. 函数间不允许直接递归调用

16. 以下说法不正确的是( )。
   A. 所有的形式参数都是局部变量
   B. 不同函数中允许说明并使用相同名字的变量
   C. 函数内定义的变量其有效范围不超出该函数
   D. 函数内的复合语句中说明的变量在该函数范围内有效

17. 在本程序中能被所有函数使用的变量,其存储类别是( )。
   A. auto(自动)　　　　　　　　　　B. static(静态)
   C. register(寄存器)　　　　　　　D. exern(外部)

18. 在函数中未说明存储类别的局部变量,其隐含的存储类别是( )。
   A. auto(自动)　　　　　　　　　　B. static(静态)
   C. register(寄存器)　　　　　　　D. exern(外部)

19. 下列关于变量的论述中,不正确的是( )。
   A. 外部变量定义与外部变量声明,两者的含义不同
   B. 外部变量与静态外部变量的存储类型不同(即它们被分配的存储区不同)
   C. 在同一函数中,既可使用本函数中的局部变量又可使用与局部变量不同名的全
      局变量
   D. 在同一程序中,外部变量与局部变量同名时,则在局部变量作用范围内,外部变
      量不起作用

20. 运行以下程序,输出结果是( )。

```
void swap28( int n0, int n1)        void  main()
{   int temp;                       {
    temp = n0;                          int a[2] = {2,8},b[2] = {1,4};
    n0 = n1;                            swap28(a[0], a[1]);
    n1 = temp;                          swapl4(b);
}                                       printf(" %d %d %d %d\n",a[0],a[1],b[0],b[1]);
void swapl4( int n[])               }
{   int   temp;
    temp = n[0];
    n[0] = n[1];
    n[1] = temp;
}
```

  A. 2 8 4 1   B. 8 2 4 1

  C. 2 8 1 4   D. 8 2 1 4

二、填空题

1. 若自定义函数要求返回一个值,则在该函数体中应有一条_____语句;若自定义函数要求不返回值,则在该函数说明时加一类型说明符_____。

2. 函数调用时的实参与对应的形参若都是数组时,则参数传递方式为_____;若都是普通变量时,则参数传递方式为_____。

3. 静态局部变量的作用域是_____。

4. 函数形参的作用域是_____。全局的外部变量与函数体内定义的局部变量同名时,在函数体内,_____变量起作用。

5. 下列函数 sub() 的功能是求两个参数的差,并将差值返回调用函数。该函数中错误的部分是_____,改正后应为_____。

```
void  sub(double  x, double  y)
{  double  z;
   z = x - y;
   return  z;
}
```

6. 为了使下面程序能够正确运行,程序的第 2 行应填写的内容是_____,当输入的数值为 66 和 99 时,该程序输出的结果是_____。

```
# include < stdio. h >
_____
void main()
{ double x1,x2;
  scan(" % lf, % lf",&x1,&x2);
  printf(" % lf\n",max(x2,x1));
  getch();
}
double max(double y1, double y2)
{ return(y1 > y2 ? y1 - y2 : y2 - y1);}
```

7. 下面的程序在函数 sum() 中求 $(m + n)/3 + (m - n)/3$ 的值,在主函数中将 m、n 分别赋值为 10、7,并输出计算结果,请填空。

```
# include < stdio. h >                 int sum(int i, int j)
void main()                           {  int k;
{  int m, n;                             k = _____;
   _____                              return k;
   printf("Please input  m,n: ");     }
   scanf(" % d, % d", _____    );
   printf("The sum = % d\n",sum(m,n));
}
```

8. 下面程序的功能是求两个浮点数的和，请填空。

```
# include < stdio. h >
double   add(double x, double y, double p)
{
   p = x + y;
   _____
}
```

```
void main()
{ double a = 55.44,  b = 44.55;
   double k;
   add(a, b, _____);
   printf(" % .2lf\n",k);
}
```

9. 下面程序的运行结果是_____。

```
# include < stdio. h >
void func( int br[ ] )
{  int i = 1;
   while(br[i]< = 10)
   {  printf(" % 5d", br[i]);
       i++;   }
}
```

```
void main()
{ int ar[ ] = {2,4,8,10,8,4,11,9,7};
   func(ar + 1);
   printf("\n");
   getch();
}
```

10. 函数 acopyb()将整型数组 aarra 的内容逆序复制到整型数组 barra 中(－32768 作为数组元素值的结束标志)，请填空。

```
# include < stdio. h >
void acopyb( int aa , int ba )
{  int  i = 0,j = 0;
   while(aa[j]!=－32768)   j++;
   ba[j] = aa[j];   j－－;
   while(aa[i]!=－32768)
   {  _____
       j－－;
       i++;
   }
}
```

```
void main()
{  static int aarra[ ] = {1,3,5,7,9,
                          2,4,6,8,10,－32768};
   int  barra[20];
   int  i = 0;
   acopyb(_____);
       while(barra[i]!=－32768)
          printf(" % 3d",_____);
   printf("\n");
}
```

11. 填写适当的内容，使下面程序的输出结果为 264。

```
# include < stdio. h >
int func( int m, int n)
{
   return (m * n);
}
```

```
void  main()
{ int a = 3,b = 11,c = 8,d;
   printf(" % d\n", func(func(_____),c) );
}
```

12. 函数 small()从 5×5 矩阵(即从 5 行、5 列二维数组)中，找出主对角线上元素的最小值。在主函数中为数组输入数据。请填写适当内容。

```
# include < stdio. h >
int small(int a[5][5])
{  int  i,vm;
   vm = a[0][0];
   for(i = 1;i < 5;i++)
     if(vm > a[i][i])
        vm = _____
   return(vm);
}
```

```
void main()
{  int  i,j,vmin, array[5][5];
   for(i = 0;i < 5;i++)
     for(j = 0;j < 5;j++)
        scanf(" % d", _____);
   vmin = small(array);
   printf("vmin = % d\n", vmin);
}
```

13. 函数 max_value()求 3×4 矩阵所有元素中的最大值。请在下面程序中_____处填写适当内容。

```c
# include < stdio. h>
void main()
{
    int max_value(int array[][4]);
    int a[3][4] = ({1,3,5,7},{2,4,6,8},
                   {15,17,34,12});
    printf("max value is % d\n",_____);
}
```

```c
int max_value(int array[][4])
{   int i,j,max;
    for(i = 0;i < 3;i++)
      for(j = 0;j < 4;j++)
        if(array[i][j] > max)
          _____ = array[i][j];
    return(max);
}
```

14. 下面程序的功能是调用选择排序法函数 select()，对数组中的整数按从小到大的顺序排列，请填写适当内容。

```c
# include < stdio. h>
void  main()
{   void select(int a[],int n);
    int b[10],i;
    printf("Input 10 numbers: ");
    for(i = 0;i < 10;i++)
      scanf("% d",_____);
    printf("\n");
    select(_____,10);
    for(i = 0;i < 10;i++)
      printf(" % d",b[i]);
}
```

```c
void select(int a[],int n)
{   int   i,j,k,temp;
    for(i = 0;i < n - 1;i++)
    {   k = i;
        for(j = i + 1;j < n;j++)
          if(a[j] < a[k])
            k = j;
        if(k ____ i)
        {   temp = a[k]; a[k] = _____;
            a[i] = temp; }
    }
}
```

15. 下面程序的运行结果是_____，函数 sort()采用的算法是_____。

```c
# include < stdio. h>
#define M  5
#define N  6
void sort(int a[],int n)
{   int i, j,temp;
    for(i = 0;i < n-1;i++)
    {   for (j = i + 1;j < n;j++)
        if(a[i] < a[j])
        {   temp = a[i];
            a[i] = a[j];
            a[j] = temp;
        }
    }
    for(i = 0;i < n;i++)
      printf(" % 5d",a[i]);
    printf("\n");
}
```

```c
void main()
{   int i;
    int x[] = {7,3,9,5,1};
    int y[] = {46,55,91,64,82,73};
    sort(x,M);
    sort(y,N);
    for(i = 0;i < M;i++)
        printf(" % 5d",x[i]);
    printf("\n");
    for(i = 0;i < N;i++)
        printf(" % 5d",p[i]);
    printf("\n");
}
```

16. 下面程序的功能是利用函数的递归调用求 1!＋2!＋3!＋…＋9!,请填写适当内容。

```
# include < stdio. h>
long int fracsum(int n)
{
  if(n == 1)
     return ( 1 );
  else
     return (n * _____ );
}
```

```
void  main()
{  int i = 1;    long int sum;
   sum = _____
   while(i < = 9)
   {  sum + =  _____; i++;}
      printf(" % ld\n",sum );
}
```

17. 下面程序的功能是_____,程序运行的结果是_____。

```
# include < stdio. h>
void main()
{ int fib(int n);
  int i;
  for(i = 0;i < 10;i++)
  { if(i % 5 == 0) printf("\n")  ;
    printf(" % 10d",fib(i)); }
}
```

```
int fib(int n)
{  if(n == 0 || n == 1)
       return n;
   else
       return fib(n - 2) + fib(n - 1);
}
```

18. 运行下面程序,函数 func( )中输出的结果是_____,main( )函数中输出的结果是_____。

```
# include < stdio. h>
int  n = 10;
int func(int p)
{  n + = p;
   p + = n;
   printf(" % d, % d\n",p,n);
   return (n);
}
```

```
void  main()
{  int m = 6, pand = 8;
   pand = func( m);
   printf("\n % d, % d, % d\n",m,pand,n);
   getch();
}
```

19. 运行下面程序,输出的结果是_____。

```
# include < stdio. h>
int  m, n;
int fun()
{  m = 88;
   n = 99;
   return (n);
}
```

```
void  main()
{  int m = 55, n = 66;
   printf("\n % d, % d, % d, % d\n",m,fun(),m, n);
   getch();
}
```

20. 运行下面程序,输出的结果是_____。

```
# include < stdio. h>
int m = 9;
int func(int a, int b )
{ int m = 1;
  printf("\n % d\n",++m);
  return (a * b - m);
}
```

```
void  main()
{  int x = 2, y = 35;
   printf("\n % d\n",func(x,y)/m);
   getch();
}
```

21. 运行下面程序,函数 fun( )中输出的结果是_____,主函数中输出的结果是_____。

```
# include < stdio.h>
void fun(int s[ ])
{   static int i = 0;int j;
    do
    { s[i] + = s[i+1];
    } while( ++i<3 );
    for(int j = 0;j<5;j++)
    printf(" % d",s[j]);
}
```

```
void  main()
{   int i,a[10] = {0,1,2,3,4};
    for(i = 1;i<3;i++)  fun(a);
    for(i = 0;i<5;i++)  printf(" % d",a[i]);
    printf("\n");
    getch();
}
```

22. 运行下面程序,输出的结果是_____。

```
# include < stdio.h>
int  n = 98;
int  fun()
{ static  int  n = 1;
  n + = 2;
  return (n);
}
```

```
void  main()
{ n + = 2;
  printf("\n % d,  % d\n",++n,fun() );
  printf("\n % d,  % d\n",n++,fun() );
  getch();
}
```

三、程序设计题

1. 任意输入 3 个整数,利用函数的嵌套调用求出 3 个数中的最小值。

2. 由键盘输入两个整数,编写两个函数,分别求这两个整数的最大公约数和最小公倍数,用主函数调用这两个函数,并输出结果。

3. 编写一个函数,用阶乘倒数之和求 e 的近似值,即 $e = 1 + \dfrac{1}{2!} + \dfrac{1}{3!} + \cdots + \dfrac{1}{n!}$。

4. 求方程 $ax^2 + bx + c = 0$ 的根,用三个函数分别求当 $b^2 - 4ac$ 大于 0、等于 0 和小于 0 时的根并输出结果。从主函数输入 a、b、c 的值。

5. 编写程序,使能对分数进行加、减、乘、除四则运算的练习。即要求:对输入的两个分数可以进行加、减、乘、除运算的选择,并将运算结果以分数形式输出。

6. 写一个判断素数的函数,在主函数输入一个整数,输出是否素数的信息。

7. 编写程序输出所谓"万年历",即要求:当用户输入年份时能输出该年的日历,在日历上能够看出某天是星期几,可以显示任意一年任意一天,并能够知道是否是闰年等。

8. 编写一个函数,使给定的一个 4×4 的二维整型数组转置(即行列互换)。

9. 编写一个函数,使输入的一个字符串按反序存放,在主函数中输入和输出字符串。

10. 编写函数,将一个字符串中的元音字母复制到另一字符串,然后输出。

11. 编写一个函数,由实参传来一个字符串,统计此字符串中字母、数字、空格和其他字符的个数,在主函数中输入字符串以及输出上述的结果。

12. 编写一个函数,用"起泡法"对输入的 10 个字符按由小到大顺序排列。

13. 用递归法将一个整数 n 转换成字符串。例如,输入 586,应输出字符串"586"。n 的位数不确定,可以是任意位数的整数。

14. 输入 4 个整数,找出其中最大的数(用函数的递归调用来处理)。

15. 编写函数模拟汉诺塔游戏。古代印度有一种游戏,游戏的装置是一块铜板,上面有 3 根杆子(假定分别称 a、b、c 杆),在 a 杆上自下而上、由大到小顺序地串有 64 个金盘。游戏的目标是把 a 杆上的金盘全部移到 b 杆上。条件是一次只能移动一个盘,可以借助 a 杆与 c 杆;移动时不允许大盘在小盘的上面。

16. 输入 10 个学生 5 门课的成绩,分别用函数实现下列功能:

(1) 计算每个学生平均分;

(2) 计算每门课的平均分;

(3) 找出所有 50 个分数中最高的分数所对应的学生和课程。

17. 编写几个函数,要求分别实现下列功能:

(1) 输入 10 个职工的姓名和职工号;

(2) 按职工号由小到大顺序排序,姓名顺序也随之调整;

(3) 要求输入一个职工号,用折半查找法找出该职工的姓名,从主函数输入要查找的职工号,输出该职工姓名。

第6章　指　针

教学目标、要求

通过本章的学习，要求准确理解指针的概念、数组指针的概念、字符串及字符串指针的概念；熟练掌握指针变量的定义及初始化、指针的运算、指针变量作为函数参数、字符串指针变量作为函数参数、字符串处理函数的使用；了解和熟悉指针数组、指向指针的指针变量、void 指针类型及 main() 函数的参数。

教学用时、内容

本章教学共需 12 学时，其中理论教学 6 学时，实践教学 6 学时。教学主要内容如下：

指针和指针变量 { 指针的概念 / 指针变量的定义及初始化 / 指针的运算

数组与指针 { 指向一维数组的指针 / 指向二维数组的指针

字符串与指针 { 字符串概念 / 字符数组 / 指向字符串的指针 / 字符串输入/输出函数 / 字符串处理函数

指针数组

指向指针的指针变量

函数与指针 { 指针变量作为函数参数 / 函数指针变量与指针型函数 / main() 函数的参数

教学重点、难点

重点：(1) 指针和指针变量；

　　　(2) 数组与指针；

　　　(3) 字符串与指针；

　　　(4) 函数与指针。

难点：(1) 指向二维数组的指针；

　　　(2) 指针数组；

　　　(3) 指向指针的指针变量；

　　　(4) 函数指针变量与指针型函数。

6.1　引　例

指针是 C 语言中广泛使用的一种数据类型，它极大地丰富了 C 语言的功能。利用指针能很方便地使用数组和字符串表示各种数据结构，并能像使用汇编语言一样处理内存地址，从而编出精练而高效的程序。运用指针编程是 C 语言最主要的风格之一，不能用指针编写正确、有效、灵活的程序，可以认为没有学好 C 语言，能正确理解和使用指针是掌握 C 语言的一个标志。熟悉和运用指针是学习 C 语言中最为困难的任务，在学习中除了要正确理解基本概念，还必须多编程，多上机调试。

例 6-1　编写一个有两个整型参数的函数，它能实现两个整数的交换。

通过前面章节的学习，知道在函数调用中，参数可以进行值传递。如下为在主函数中调用 swap() 函数的源程序。

```
/* 源程序文件名: AL6_1(1).c */
# include < stdio. h>
void swap(int nL, int nR)
{
    int nTemp = nL;
    nL = nR;
    nR = nTemp;
}
void  main()
{   int nLeft = 100;
    int nRight = 50;
    swap(nLeft, nRight);
    printf("nLeft = % d,nRight = % d\n",nLeft,nRight);
}
```

程序运行情况如下：

```
nLeft = 100,nRight = 50
```

由程序运行结果发现，调用 swap() 函数，并没有交换主函数中 nLeft、nRight 的值。那么，怎样才能实现题目要求呢？其实，只要用指针就能轻松解决。修改后的源程序如下：

```
/* 源程序文件名: AL6_1(2).c */
# include < stdio. h>
void Swap(int * p_nL, int * p_nR)
{   int nTemp = * p_nL;
    * p_nL = * p_nR;
    * p_nR = nTemp;
}
void  main()
{   int nLeft = 100;
    int nRight = 50;
    int * p_nLeft = &nLeft;
    int * p_nRight = &nRight;
    Swap(p_nLeft, p_nRight);
```

```
    printf("nLeft = % d,nRight = % d\n",nLeft,nRight);
}
```

程序运行情况如下：

nLeft = 50,nRight = 100

程序经过修改，使用指针后，达到了预期的目标。

6.2　指针和指针变量

6.2.1　指针的概念

　　一个变量在计算机内占有一块存储区域，变量的值就存放在这块区域之中，在计算机内部，通过访问或修改这块区域的内容来访问或修改相应变量的值；一般把存储器中的一个字节作为一个内存单元，不同类型的数据所占用的内存单元数目不等，如在 Turbo C 2.0 中，整型数据占 2 个单元，字符型数据占 1 个单元等；为了能正确地访问这些不同类型的数据（所占用的内存单元），为每个内存单元都编上号，内存单元的编号也称作内存单元的地址。这些内容在第 2 章中已有详细介绍。

　　根据内存单元的编号（或地址）可以找到所需的内存单元，在 C 语言中，也把这个地址称为指针，即内存单元的地址就是内存单元的指针。显然，内存单元的指针和内存单元的内容是两个不同的概念。可以用一个通俗的例子来说明它们之间的联系与区别，如果把酒店内客房看成内存单元的话，那么每间客房的编号可以看成指针，客房内住宿的旅客可以看成内存单元的内容，记录有客房编号的卡片可以看成指针。对于一个内存单元来说，单元的地址即为指针，其中存放的数据才是该单元的内容。在 C 语言中，允许用一个变量来存放指针，这种变量称为指针变量。因此，一个指针变量的值就是某个内存单元的地址或称为某内存单元的指针。

　　设有字符变量 ch1，其内容为 'B'（ASCII 码为十进数 66），ch1 占用了 011A 号单元（地址用十六进数表示）。另有指针变量 p1，内容为 011A，这样，则称 p1 指向变量 ch1，或说 p1 是指向变量 ch1 的指针，如图 6-1 所示。

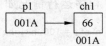

图 6-1　内存单元的指针

　　严格地说，一个指针是一个地址，是一个常量。而一个指针变量却可以被赋予不同的地址，是变量。但常把指针变量简称为指针。为了避免混淆，约定："指针"指的是地址；"指针变量"指的是取值为地址的变量。定义指针的目的是通过指针去访问内存单元。

　　指针变量的值是地址，这个地址不仅可以是变量的地址，也可以是其他数据结构的地址。当指针变量中存放了数组或函数的首地址时，通过访问指针变量即可获得数组或函数的首地址，也就找到了整个数组或函数，因为数组或函数的内容都是连续存放的。这样凡是出现数组、函数的地方，都可以用指针变量来表示，只要该指针变量中赋予数组或函数的首地址即可。运用"指针"比用"地址"能更好地描述一种数据类型或数据结构，表示得更为明确，概念也更为清楚，这是在 C 语言中引入"指针"概念的一个重要原因。

6.2.2　指针变量的定义及初始化

1. 指针变量的定义

定义指针变量的一般形式如下：

类型说明符　＊标识符；

其中，标识符前的"＊"表明该标识符是一个指针变量，类型说明符表示该指针变量所指向变量的数据类型。例如：

int ＊ p;

表示 p 是一个指针变量，它的值是某个整型变量的地址，或者说 p 可以指向一个整型变量，至于 p 究竟指向哪一个整型变量，应该由 p 被赋予的地址来决定。又如：

```
int * p1;                    /*p1 是指向整型变量的指针变量 */
char * charp;                /* charp 是指向字符型变量的指针变量 */
float * fp;                  /* fp 是指向浮点型变量的指针变量 */
double * dp;                 /* dp 是指向双精度型变量的指针变量 */
```

对于指针变量还需说明以下几点。

（1）指针变量与普通变量一样，也占用内存单元，而且各类指针变量占用内存单元的数目均相同，在 Turbo C 中，各类指针变量都占用 2 个字节（如以上定义的 p1、charp、fp、dp 都占用 2 个字节），用来存放它所指向变量的首地址。

（2）一个指针变量被定义之后，其所能指向变量的类型就确定了。如 charp 只能指向字符型的变量，不能时而指向一个字符型的变量，时而又指向一个浮点型的变量。

（3）一般来说，指针变量可以指向任何类型的对象，如普通变量、数组、函数，也可以指向后面章节将介绍的其他结构变量。因此，用指针可以表示复杂的数据结构。

2. 指针变量的初始化

指针变量同普通变量一样，使用之前不仅要定义，而且必须赋予具体的值。未经赋值的指针变量不能使用，否则将造成系统混乱，甚至死机。指针变量只能赋予地址，不可以赋予任何其他数据，否则将引起错误。在 C 语言中，变量的地址是由编译系统分配的，但用户可利用 C 语言中提供的地址运算符 & 来表示变量的地址。取变量地址的一般形式如下：

& 变量名

例如，&a 表示变量 a 的地址，&b 表示变量 b 的地址（当然，此前必须说明变量 a、b 的类型）。指针变量的初始化有以下两种方式。

（1）定义指针变量同时进行初始化。例如：

```
int a = 10000;
int * p = &a;
```

或

```
int a = 1000, * p = &a;
```

（2）定义指针变量后利用赋值语句进行初始化。例如：

```
int a = 10000;
```

```
int * p;
p = &a;
```

注意,不允许把一个数或变量赋予指针变量。下面的赋值是错误的:

```
int * p;
p = 2586;                        /* 错误! */
p = a;                           /* 错误! */
```

被赋值的指针变量前不能再加 * ,如写为 * p = &a 也是错误的。

例 6-2　定义 3 个不同类型的变量,赋初值,并定义三个指针变量指向它们。

```
/* 源程序文件名: AL6_2.c */
void main()
{ int i = 100;
  float f = 10.5;
  char c = 'A';
  int * pi;
  float * pf;
  char * pc;
  pi = &i;
  pf = &f;
  pc = &c;
  printf(" % d, %.2f, % c", * pi, * pf, * pc);
}
```

程序运行情况如下:

```
100,10.50,A
```

程序中分别定义了一个整型、浮点型和字符型的变量并赋初值,然后分别定义一个整型、浮点型和字符型的指针变量,并将这些指针变量分别赋初值为整型、浮点型和字符型的变量的地址。假设变量 i、f、c 所占用内存的起始地址分别为 1800、1802、1806,则图 6-2 表示了这 3 个指针变量与它们所指变量的联系。

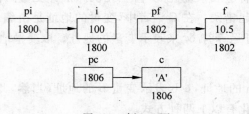

图 6-2　例 6-2 图

6.2.3　指针及指针变量的运算

指针变量只能进行赋值运算和部分算术运算及关系运算。

1. 指针运算

用于指针运算的有 & 和 * 两个运算符。

(1) & 运算符

& 运算符称为取地址运算符。其为单目运算符,结合性自右至左,其功能是取变量的地址。这在第 3 章的格式化输入函数 scanf()及本章的指针变量初始化中已详细介绍,在此不再赘述。

(2) * 运算符

* 运算符称为取内容运算符。其为单目运算符,结合性自右至左,用于表示指针变量所指向的变量。注意区分,在定义指针变量时,用符号 * 表示其后面的变量是指针类型。但是,作为取内容运算符,在表达式中出现时,其后跟的变量必须是已经定义的指针变量,它与指针变量合起来,表示该指针变量所指向的变量。此外,更常见的是,"*"作为乘号出现在表达式中。

例 6-3 使用取内容运算符 *,输出指针变量所指向变量的值。

```
/* 源程序文件名: AL6_3.c */
# include < stdio.h >
void main()
{    int i = 10, * pi = &i;        /* 指针变量 pi 存储的内容为变量 i 的地址 */
     printf("%d\n", * pi);         /* 通过取内容运算符 *,由 * pi 输出变量 i 的值 */
}
```

程序运行情况如下:

10

例 6-4 使用取内容运算符 *,对指针变量所指向的变量进行运算。

```
/* 源程序文件名: AL6_4.c */
# include < stdio.h >
void main()
{ int x = 5, y = 10, s, t, * px, * py;    /* px、py 为整型指针变量 */
  px = &x;                                /* 给 px 赋值,令其指向变量 x */
  py = &y;                                /* 给 py 赋值,令其指向变量 y */
  s = * px + * py;                        /* * px + * py,即为求 x、y 之和 */
  t = * px * * py;                        /* * px * * py,即为求 x、y 之积 */
  printf("x = %d, y = %d, x + y = %d, x * y = %d\n", x, y, x + y, x * y);
  printf("s = %d, t = %d", s, t);
}
```

程序运行情况如下:

x = 5, y = 10, x + y = 15, x * y = 50
s = 15, t = 50

2. 指针变量的运算

(1)赋值运算

指针变量定义时初始化和将普通变量的地址赋予指针变量,前节已介绍。此外,指针变量的赋值运算还有以下几种形式。

① 类型相同的指针变量间的赋值运算。例如:

```
int i, * pi, * pj;
pi = &i;
pj = pi;
```

把整型变量 i 的地址赋予整型指针变量 pi，又将 pi 赋给 pj，使得 pi、pj 都指向变量 i。

② 把数组首地址或数组的某个元素的地址赋予同类型的指针变量。例如：

```
int a[5], * pi, * pj;
pi = a;                           /* 数组名代表数组首地址,故可赋予指针变量 pi */
pj = &a[3];                       /* &a[3]表示取数组第 4 个元素的地址 */
```

注意：pi ＝ a 与 pi ＝ &a[0]等效,因为数组的首地址就是数组第一个元素的地址；也可以在定义的同时初始化：

```
int a[5], * pi = a;
```

③ 把字符串的首地址赋予指向字符类型的指针变量。例如：

```
char * pc;
pc = "C Language";
```

或用初始化赋值的方法写为：

```
char * pc = "C Language";
```

这里应说明的是并不是将整个字符串装入指针变量,而是将存放该字符串的内存单元的首地址赋予指针变量。

④ 把函数的入口地址赋予指向函数的指针变量。例如：

```
int ( * pf)();
pf = f;                           /* f 为函数名 */
```

（2）指针变量的算术运算

指针变量的算术运算包含指针变量与整型数之间的加减运算及指针变量之间的减法运算。

① 指针变量与整型数之间的加减运算

指针变量加上或减去一个整数 n,其作用是将指针变量从当前（某个元素）位置向前或向后移动 n 个（元素）位置。

例 6-5 指针变量与整型数之间的加减运算。

```
/* 源程序文件名: AL6_5.c */
# include < stdio. h >
void main()
{ int a[5] = {1,2,3,4,5}, * pi, * pj;
  pi = a;
  pj = pi + 3;
  printf(" % d", * pj);
}
```

程序运行情况如下：

```
4
```

赋值语句"pi＝a;"令指针变量 pi 取数组 a 的首地址,使 pi 指向数组 a 的首元素 a[0]；语句"pj＝pi＋ 3;"表示从当前位置向后移动 3 个元素位置（即移动到 a[3]的位置）,执行这个语句后,将该位置数组元素 a[3]的地址赋予 pj,这使得 pj 指向 a[3],而 pi 的值不变,仍指向 a[0],如图 6-3 所示。

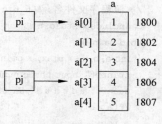

指针变量的自增(＋＋)或自减(——)运算表示指针变量指向的位置向后或向前移动 1 个位置。因此,如果指针变量 p 指向数组某个元素的地址,则 pi＋＋、pi ——、＋＋pi、—— pi 运算都合法且有实际意义。

注意:指针变量向前或向后移动 n 个位置,与将指针变量所指向的地址加上或减去 n 的意义是不相同的。pi＋3,相当于地址变化为 3 乘以每个元素所占的内存字节数,如果数组为整型(每个元素占 2 个字节),则表示在原地址(1800)基

图 6-3　例 6-5 图

础上加 6,结果新指向的地址为 1806。另外,指针变量与整型数之间的加减运算只适用于指向数组的指针变量,对指向其他类型的指针变量进行加减运算,虽然地址也会移动,但没有实际意义。

② 指针变量之间的减法运算

只有指向同一数组的两个指针变量才能进行减法运算,否则毫无意义。两个指针变量相减之差值是它们两个所指元素之间相差的数组元素个数。实际上是两个指针值(地址)相减之差再除以该数组单个元素的长度(字节数)。例如,在例 6-5 程序中最后一条语句之后加上语句:

```
prinf("pj - pi = % d",pj - pi);
```

程序经编译、连接、运行后。它会增加输出:pj－pi＝3 。实际运算相当于 pj 的内容减去 pi 的内容(1806－1800＝6),再除以每个数组元素占用的字节数(2),即 6 除以 2,结果 3 就是两个指针所指数组元素之间相差的数组元素个数。

注意:两个指针变量不能进行加法运算。如:pi＋pj 没有实际意义。

(3) 指针的关系运算

指向同一数组的两个指针变量可进行关系运算,表示它们所指数组元素之间的关系。例如:

① 关系式 pi＝＝pj 表示判断 pi 和 pj 是否指向同一数组元素;

② 关系式 pi＞pj 表示判断 pi 是否处于高地址位置;

③ 关系式 pi＜pj 表示判断 pi 是否处于低地址位置。

此外,指针变量还可以与 0 比较。设 p 为指针变量,则关系式 p＝＝0 表示 p 是否为空指针;关系式 p!＝0 表示 p 是否不是空指针。

注意:空指针不指向任何变量,空指针是由对指针变量赋予 0 值而得到的。对指针变量赋 0 值和不赋值是不同的:指针变量未赋值时,其指向是不确定的,在没赋值的情况下使用,可能会产生意想不到的结果;而赋 0 值后是可以使用的,表示不指向任何具体的变量。

例如:

```
int * pi, * pj;
pi = pj;                        /* 错误.pj 在没有赋值前,不可以使用 */
pi = pj = 0;                    /* 可以,表示 pi、pj 都不指向任具体的变量 */
```

3. 指针运算实例

例 6-6　比较三个整数的大小。

```
/* 源程序文件名：AL6_6.c */
# include < stdio.h>
void main()
{ int a,b,c,* pmax,* pmin;                    /* pmax,pmin 为整型指针变量 */
  printf("input three numbers:\n");           /* 输入提示 */
  scanf(" %d%d%d",&a,&b,&c);                   /* 输入三个数 */
  if(a>b){                                     /* 如果数 a 大于数 b */
    pmax = &a;                                 /* a 为大数,pmax 指向大数 */
    pmin = &b;}                                /* b 为小数,pmin 指向小数 */
  else{
    pmax = &b;                                 /* b 为大数,pmax 指向大数 */
    pmin = &a;}                                /* a 为小数,pmin 指向小数 */
  if(c> * pmax) pmax = &c;
  if(c< * pmin) pmin = &c;
  printf("max= %d\nmin= %d\n", * pmax, * pmin);  /* 输出三个数中的最大数和最小数 */
}
```

程序运行情况如下：

```
input three numbers:
5 9 7 ↙
max = 9
min = 5
```

例 6-7　交换两指针变量所指向变量的值。

```
/* 源程序文件名：AL6_7.c */
# include < stdio.h>
void main( )
{ int i = 6,j = 8,* pi = &i,* pj = &j,temp;
  temp =  * pi;                /* 将 pi 所指向变量 i 的值赋给变量 temp */
  * pi =  * pj;                /* 将 pj 所指向变量 j 的值赋给 pi 所指向的变量,即变量 i */
  * pj = temp;                /* 将 temp 的值赋给 pj 所指向的变量,即变量 j */
  printf("i= %d,j= %d\n",i,j);
  printf("* pi= %d,* pj= %d", * pi, * pj);
}
```

程序运行情况如下：

```
i = 8,j = 6
* pi = 8, * pj = 6
```

程序通过取内容运算符 * 和指针变量 pi、pj 之间的赋值运算,实现变量 i、j 值的互换。

例 6-8　将两个指针变量交换指向(如图 6-4 所示)。

```
/* 源程序文件名：AL6_8.c */
# include < stdio.h>
```

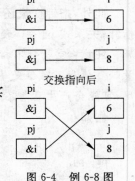

图 6-4　例 6-8 图

```
void main()
{ int i = 6,j = 8;
  int * pi, * pj, * pt;
  pi = &i;
  pj = &j;
  pt = pi;                        /* 将 pi 的值,即 i 的地址赋予 pt */
  pi = pj;                        /* 将 pj 的值,即 j 的地址赋予 pi */
  pj = pt;                        /* 将 pt 的值,即 i 的地址赋予 pj */
  printf("i = % d,j = % d\n",i,j);
  printf(" * pi = % d, * pj = % d", * pi, * pj);
}
```

程序运行情况如下:

```
i = 6,j = 8
 * pi = 8, * pj = 6
```

程序通过指针变量之间的赋值,将指针变量 pi、pj 所存储的内容(变量 i、j 的地址)进行互换,从而实现交换指向。

6.3　数组与指针

一个数组包含若干个数组元素,每个数组元素占用的内存单元个数由数组类型决定,一个数组的全部元素占用一片连续的内存单元。所谓数组的指针是指数组占用的内存单元的起始地址。

6.3.1　指向一维数组的指针

在讨论数组的指针变量定义和使用之前,先对数组及其元素地址做进一步说明。数组的数据类型不同,其数组元素占用的内存单元个数也不同,一个数组占用的内存空间是连续的,大小是其所有数组元素占用的内存单元之和。数组的地址就是这片连续内存单元的首地址,C 语言中规定数组名代表数组的地址;数组元素的地址是指该元素占用的内存单元的首地址。一个指针变量既可以指向数组的地址,也可以指向数组中任一数组元素的地址。

设有整型数组 a,它有 5 个元素,有一整型指针变量 pa 指向 a:

```
int a[10] = {1,3,5,7,9};
int * pa;                        /* 定义 pa 为整型指针变量 */
pa = a;                          /* 使指针变量 pa 指向数组 a */
```

从图 6-5 中,可以看出有以下关系:

pa、a、&a[0] 的值均为数组 a 的首地址,也是数组 a 第 1 个元素 a[0] 的地址,或者说它们三者均指向首元素 a[0]。而 pa+1、a+1、&a[1] 均指向数组 a 的第 2 个元素 a[1],依此类推,则 pa+i、a+i、&a[i](i 小于数组 a 的元素个数)指向第 i+1 个元素 a[i]。

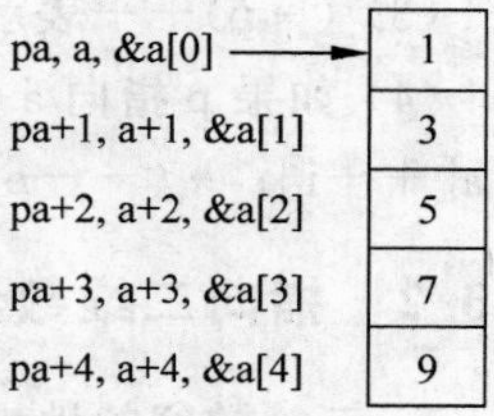

必需明确的是:

pa, a, &a[0] —→	1
pa+1, a+1, &a[1]	3
pa+2, a+2, &a[2]	5
pa+3, a+3, &a[3]	7
pa+4, a+4, &a[4]	9

图 6-5　一维数组的指针

(1) pa 是变量,而 a、&a[i]是常量,所以 pa 可使用++、--运算符,但 a、&a[i]不可以。如:使用 pa++是可以的,但 a++、&a[i]++是错误的。

(2) 用于指向数组的指针变量(如:pa),其类型必须与数组的类型(如:a 数组)的类型一致。

例 6-9 分别通过下标、地址和指针访问一维数组元素。

```c
/*源程序文件名:AL6_9.c*/
#include<stdio.h>
main()
{ int a[5],i,*pa=a;
  printf("使用下标访问:");              /*使用下标访问开始*/
  for(i=0;i<5;i++)
    a[i]=i;
  for(i=0;i<5;i++)
    printf("a[%d]=%d\t",i,a[i]);
  printf("\n");                         /*使用下标访问结束*/
  printf("使用地址访问:");              /*使用地址访问开始*/
  for(i=0;i<5;i++)
    printf("a[%d]=%d\t",i,*(a+i));
  printf("\n");                         /*使用地址访问结束*/
  printf("使用指针访问:");              /*使用指针访问开始*/
  for(i=0;i<5;)
    printf("a[%d]=%d\t",i++,*pa++);
  printf("\n");                         /*使用指针访问结束*/
}
```

程序运行情况如下:

```
使用下标访问:a[0]=0    a[1]=1    a[2]=2    a[3]=3    a[4]=4
使用地址访问:a[0]=0    a[1]=1    a[2]=2    a[3]=3    a[4]=4
使用指针访问:a[0]=0    a[1]=1    a[2]=2    a[3]=3    a[4]=4
```

由此可见,使用下标、地址和指针访问一维数组元素,效果一样。其中 a[i]、*(a+i)与*pa++是等效的。

说明:

(1) *p++与*(p++)等价。由于++和*同优先级,结合方向自右至左。

(2) *(p++)与*(++p)作用不同。若 p 的初值为 a,则*(p++)与 a[0]等价,而*(++p)与 a[1]等价。

(3) (*p)++表示 p 所指向的数组元素的值加 1。

(4) 如果 p 指向 a 数组中的第 i 个元素,则*(p--)相当于 a[i--];*(++p)相当于 a[++i];*(--p)相当于 a[--i]。

6.3.2　指向二维数组的指针

1. 二维数组的地址

设有定义:

```
int a[3][4]={{0,1,2,3},{4,5,6,7},{8,9,10,11}};
```

则整型二维数组 a 有 3 行 4 列,共 12 个元素。设数组 a 的
首地址为 1000,数组各元素的值及其首地址如图 6-6 所示。

a[3][4]

0	1	2	3
1000	1002	1004	1006
4	5	6	7
1008	1010	1012	1014
8	9	10	11
1016	1018	1020	1022

图 6-6 二维数组地址及示意图

二维数组 a 可以看成由元素 a[0]、a[1]、a[2]组成,而
这三个元素又都分别是一个一维数组,且每个一维数组都
由 4 个元素组成(第 5 章已经介绍二维数组可以当做一维
数组来处理)。例如:a[0]由 a[0][0]、a[0][1]、a[0][2]、
a[0][3]组成,如图 6-7 所示。

a[0]、a[1]、a[2]分别代表其所对应行的首地址:a[0]
代表第 0 行中第 0 列元素的地址(即 &a[0][0])(行号、列
号从 0 开始编号);a[1]代表第 1 行中第 0 列元素的地址(即 &a[1][0]);a[2]代表第 2 行
中第 0 列元素的地址(即 &a[2][0])。表示二维数组元素 a[i][j]的地址不仅可用取地址运
算符,还可以用 a[i]+j 方式表示,如:a[1][2]的地址可以表示为 &a[1][2],也可以表示为
a[1]+2。

由于二维数组 a 可以看成是由 a[0]、a[1]、a[2]三个元素组成,这三个元素的首地址,可
以分别表示成 a、a+1、a+2,如图 6-8 所示。从图中可以看出,a 是二维数组名,a 代表整个
二维数组的首地址,也是二维数组第 0 行的首地址,为 1000。a+1 代表第 1 行的首地址,为
1008。a+2 代表第 2 行的首地址,为 1016。

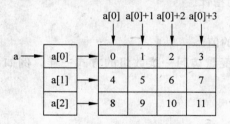

图 6-7 用一维数组表示二维数组元素地址

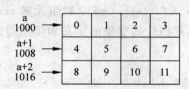

图 6-8 用二维数组表示各行首地址

关于二维数组地址的表示方法总结如下。

(1) a[i]表示第 i 行的首地址,a[i]+j 表示第 i 行第 j 个元素的地址。如 a[2]+3 表示
第 2 行第 3 列对应元素的地址,即 &a[2][3]。

(2) 对于二维数组,a+i 表示第 i 行首元素的地址。如:a+2 表示二维数组的第 2 行首
元素的地址,而每一行又由 4 个元素组成。

(3) a[i]与 *(a+i)等价;a[i]+j 与 *(a+i)+j 等价,即表示 &a[i][j];a[i][j]、
(a[i]+j)、(*(a+i)+j)三者等价,都表示第 i 行第 j 列的元素。

例 6-10 二维数组地址表示方法的检验。

```
/* 源程序文件名:AL6_10.c */
# include < stdio. h >
void main()
{ int a[3][4]={0,1,2,3,4,5,6,7,8,9,10,11};
  printf("a:%x,*a:%x,a[0]:%x,&a[0]:%x,&a[0][0]:%x\n",
        a,*a,a[0],&a[0],&a[0][0]);
```

```
    printf("a + 1: % x, * (a + 1): % x,a[1]: % x,&a[1]: % x,&a[1][0]: % x\n",
        a + 1, * (a + 1),a[1],&a[1], &a[1][0]);
    printf("a + 2: % x, * (a + 2): % x,a[2]: % x,&a[2]: % x,&a[2][0]: % x\n",
        a + 2, * (a + 2),a[2],&a[2],&a[2][0]);
    printf("a[1] + 1: % x, * (a + 1) + 1: % x\n ",a[1] + 1, * (a + 1) + 1);
    printf(" * (a[1] + 1): % d, * ( * (a + 1) + 1): % d\n", * (a[1] + 1), * ( * (a + 1) + 1));
}
```

程序运行情况如下（不同环境下，运行结果会存在差异）：

```
a:ffc8, * a:ffc8,a[0]:ffc8, &a[0]:ffc8,&a[0][0]:ffc8
a + 1:ffd0, * (a + 1):ffd0,a[1]:ffd0,&a[1]:ffd0,&a[1][0]:ffd0
a + 2:ffd8, * (a + 2):ffd8,a[2]:ffd8,&a[2]:ffd8,&a[2][0]:ffd8
a[1] + 1:ffd2, * (a + 1) + 1:ffd2
 * (a[1] + 1):5, * ( * (a + 1) + 1):5
```

仔细比照输出的数据，进一步理解二维数组元素与其地址之间的关系。

2. 二维数组的指针及其指针变量

（1）元素指针（列指针）

如例 6-10 所述，二维数组名 a 与其第一维下标的每一个值，共同构成一组新的一维数组名 a[0]、a[1]、a[2]，而它们每一个均由 4 个数组元素组成。

C 语言规定数组名代表数组的地址，所以 a[i]是第 i 行一维数组的地址，它指向该行的第 0 列元素，是以数组元素为单位进行控制的列指针。

① array[i]＋j：指向数组元素 array[i][j]。

② * (array[i]＋j)：数组元素 array[i][j]的值。

元素指针的变量的定义和使用与通过指针变量访问一维数组的方式一样。例如，如果有定义：

```
int a[3][4], * pointer = a[0];
```

则 pointer＋1 指向下一个元素。

若用 pointer 作指针访问数组元素 a[i][j]，其格式为：

```
 * (pointer + (i * 每行列数 + j))
```

例 6-11　通过元素指针（列指针）输出二维数组的全部元素。

```
/ * 源程序文件名：AL6_11.c * /
# include < stdio. h >
void main()
{ int a[3][4] = {0,1,2,3,4,5,6,7,8,9,10,11};
  int * pointer, row, col;                    / * 定义一个(列)指针变量 pointer * /
  pointer = a[0];                             / * 给(列)指针变量 pointer 赋值 * /
  for(row = 0;row < 3;row++)                   / * 使用元素指针访问二维数组元素 * /
  {   for(col = 0;col < 4;col ++ )
          printf(" % 2d\t", * (pointer + (row * 4 + col)));
      printf("\n");
  }
}
```

程序运行情况如下：

```
0    1    2    3
4    5    6    7
8    9    10   11
```

（2）行指针

行指针变量是一个以行为单位进行控制的指针变量。指向由 n 个元素组成的一维数组的指针变量定义的形式：

数据类型　（＊指针变量)[n]；

注意："＊指针变量"外的圆括号不能缺少，否则成了指针数组（指针数组在下一节介绍），意义就完全不同了。

行指针的赋值格式：

行指针变量　＝　二维数组名；

二维数组名就是一个行指针变量。如果有：

```
int a[3][4];
int (＊pointer)[4];
pointer = a;
```

则 p＋i 指向第 i 行。

使用行指针访问数组元素 a[i][j] 的格式如下：

＊（＊(pointer + i) + j)

例 6-12　通过行指针输出二维数组的全部元素。

```
/＊源程序文件名：AL6_12.c ＊/
# include < stdio.h >
void main()
{ int a[3][4] = {0,1,2,3,4,5,6,7,8,9,10,11};
  int (＊pointer)[4], row, col;              /＊定义一个行指针变量 pointer ＊/
  pointer = a;                               /＊给行指针变量 pointer 赋值 ＊/
  for(row = 0;row < 3;row ++ )               /＊使用行指针访问二维数组元素 ＊/
  {  for(col = 0;col < 4;col ++ )
         printf(" % 2d\t", ＊(＊(pointer + row) + col));
     printf("\n");
  }
}
```

程序运行情况如下：

```
0    1    2    3
4    5    6    7
8    9    10   11
```

6.4　字符串与指针

6.4.1　字符串的概念

所谓字符串,是指由若干有效字符组成的序列。用一对双引号括起来的字符序列称为字符串常量。C 语言中的字符串,可以包括字母、数字、转义字符等。例如,"Hello!"、"I love China!"、"123abc"、"♯ok\t\n"都是字符串常量。C 语言规定:以转义字符\0 作为字符串结束标志(\0 是个不可显示的空字符,其 ASCII 码值为 0)。例如,字符串"Hello!"在计算机内存中的存放形式如图 6-9 所示。

| H | e | l | l | o | ! | \0 |

图 6-9　字符串"Hello!"在计算机内存中的储存形式

注意:系统存储字符串常量时,会在串尾自动加上一个结束标志\0,无须人为添加。

6.4.2　字符数组

从前面的学习已知,C 语言中有字符常量、字符变量及字符串常量,但却没有字符串变量。C 语言允许用数组存放字符串,将字符串的各个字符存放到数组的各个元素中,存放字符串的数组称为字符数组。与数值一样,字符数组的数组名代表字符数组的地址,这为字符串的处理提供了方便。C 语言中用一维字符数组存放单个字符串,用二维字符数组存放多个字符串。

1. 字符数组的定义

一维字符数组用于存储和处理单个字符串,其每个元素都是一个字符型变量。其定义格式与一维数值数组的类似。例如:

```
char str[5];
```

定义了一个一维字符数组 str,它有 str[0]、str[1]、str[2]、str[3]、str[4]共 5 个元素。

二维字符数组用于同时存储和处理多个字符串,二维字符数组的每一行用来存放 1 个字符串。其定义格式与二维数值数组的类似。例如:

```
char str1[5][10];
```

定义了一个 5 行 10 列的二维字符数组 str1,它有 str1[0]、str1[1] 、str1[2] 、str1[3] 、str1[4]共 5 行,每行各有 10 个元素。

注意:由于字符串结束标志在字符数组中也要占用一个元素的存储空间,因此在说明字符数组长度时应予以考虑。

2. 字符数组的初始化

字符数组的初始化可以通过为每个数组元素指定初值字符来实现,也可以采取整体赋初值方式来实现。例如:

```
char str[7] = { 'H ','e ','l ','l ','o ','! '};
```

表示定义一个有 7 个元素的一维字符数组 str,并对各元素赋值以初始化。又如:

```
char str1[15] = {"The C Progarm!"};
```

表示定义一个有 15 个元素的一维字符数组 str1,并对其进行整体赋值以初始化。再如:

```
char name[5][9] = {"张三山","李四季","王五魁","刘六顺","赵七巧"};
```

表示定义一个有 5 行,每行有 9 个元素的二维字符数组 name,并对每行进行整体赋值以初始化。

3. 字符数组的引用

字符数组的引用是指对字符数组元素的输入、输出操作。可对字符数组逐个元素进行操作,也可以对字符数组进行整体操作。

（1）字符数组的逐个字符操作

字符数组的输入,除了可以通过定义时初始化使字符数组各元素得到初值外,还可以通过调用 getchar()函数或 scanf()函数实现字符输入。字符数组的输出,可以通过调用 putchar()函数或 printf()函数实现。

例 6-13　一维字符数组的输入及输出(逐个元素引用)。

```
/* 源程序文件名: AL6_13.c */
# include < stdio.h >
# include < string.h >
void main()
{   char str[10];
    int i;
    printf("输入长度小于 10 的字符串,以按 Enter 键结束!\n");
    for(i = 0; i < 10; i++)
    {   scanf("%c", &str[i]);          /* 此行也可换成: str[i] = getchar(); */
        if(str[i] == '\n')             /* 若遇到回车符则结束 */
            break;
    }
    str[i] = '\0';                     /* 将回车符换成字符串结束符 */
    printf("你输入的字符串是: \n");
    for(i = 0; i < 10; i++)
    {   if(str[i] == '\0')             /* 判断元素的值是否为字符串结束符 */
            break;                     /* 若是则结束输出 */
        printf("%c", str[i]);          /* 此行也可换成: putchar(str[i]); */
    }
}
```

程序运行情况如下:

输入长度小于 10 的字符串,以按 Enter 键结束!
Language ↙
你输入的字符串是:
Language

注意:

① 调用 scanf()函数、printf()函数,需要配合使用格式说明符%c 实现逐个字符的输

入、输出(若调用的是 getchar()函数、putchar()函数时,则不必使用％c)。

　　② 对二维字符数组,也是采用循环语句进行控制,调用上述函数实现逐个字符的输入、输出。

　　(2) 字符数组的整体操作

　　字符数组中字符串的输入,除了可以通过初始化使字符数组各元素得到初值外,还可以调用 scanf()函数输入字符串。调用 printf()函数,不仅可以逐个输出字符数组元素,还可以整体输出存放在字符数组中的字符串。

　　例 6-14　一维字符数组的整体操作。

```
/* 源程序文件名: AL6_14.c */
# include < stdio.h >
# include < string.h >
void main()
{ char str[10];
  printf("输入长度小于 10 的字符串,以按 Enter 键结束!\n");
  scanf(" % s", str);                    /* 此行也可换成: gets(str); */
  printf("你输入的字符串是: \n");
  printf(" % s", str);                    /* 此行也可换成: puts(str); */
}
```

程序运行情况如下:

输入长度小于 10 的字符串,以按 Enter 键结束!
Program ↙
你输入的字符串是:
Program

　　例 6-15　二维字符数组的整体输入与输出。

```
/* 源程序文件名: AL6_15.c */
# include < stdio.h >
void main()
{ int i;
  char name[5][9] = {"张三山", "李四季", "王五魁", "刘六顺", "赵七巧"};
  for(i = 0; i < 5; i++)
    printf(" % s\n", name[i]);            /* name[i]代表 i 行数组元素的首地址 */
}
```

程序运行情况如下:

张三山
李四季
王五魁
刘六顺
赵七巧

　　程序中定义 5 行 9 列的二维字符数组 name,并给每行赋予一个字符串,然后用循环语句控制输出字符数组每行的值。

　　应该指出:调用 scanf()函数、printf()函数输入、输出字符串,必需配合使用"％s"格式说明符,而调用 gets()函数和 puts()函数输入、输出字符串时,则不必使用"％s"。

6.4.3 指向字符串的指针

定义指向字符串的指针变量,与定义指向字符变量的指针变量都使用 char 类型说明符,并且定义格式也一样,只是在使用它们时有所不同。例如:

```
char c = 'A', * p = &c;
```

定义一个字符指针变量 p,其指向字符变量 c。

而:

```
char * ps = "The C program!";
```

定义一个字符指针变量 ps,并把字符串的首地址赋给它,使其指向该字符串。

例 6-16 使用指向字符串的指针变量输出字符串。

```
/ * 源程序文件名: AL6_16.c * /
# include < stdio. h >
void main()
{ char * ps;                         / * 定义一个字符指针变量 ps * /
  ps = "The C program!";            / * 将一字符串的首地址赋给 ps * /
  printf("% s",ps);                  / * 将字符指针变量 ps 所指字符串整体输出 * /
}
```

程序运行情况如下:

The C program!

例 6-17 使用字符串指针变量,输出字符串中第 n 个字符以后的所有字符。

```
/ * 源程序文件名: AL6_17.c * /
# include < stdio. h >
void main()
{ int n;
  char * ps;
  ps = "The C Programming Language";
  printf("请输入整数 n 的值: \n");
  scanf("% d",&n);
  printf("% s 第 % d 个字符以后的字符: ",ps,n);
  ps = ps + n;
  printf("% s",ps);
}
```

程序运行情况如下:

请输入整数 n 的值:
18 ↙
The C Programming Language 第 18 个字符以后的字符: Language

例 6-18 统计输入的字符串中,字母 a 的个数。

```
/ * 源程序文件名: AL6_18.c * /
# include < stdio. h >
```

```
void main()
{   char str[30], * ps;
    int i,count = 0;                       /* 定义 count 用于计 a 的个数 */
    printf("请输入 1 个字符串:\n");
    ps = str;                              /* 用指针变量 ps 指向字符数组 str 的首地址 */
    scanf(" % s",ps);                      /* 通过指针变量 ps 给字符数组 str 赋值 */
    for(i = 0;ps[i]!= '\0';i++)
    {   if(ps[i] == 'a')
            count++;
    }
    printf("字符串包含有 % d 个 a",count);
}
```

程序运行情况如下：

请输入 1 个字符串：
Language ↙
字符串包含有 2 个 a

6.4.4 字符数组与字符指针变量的对比

用字符数组和字符指针变量都可以实现对字符串的存储和运算，但两者是有区别的。在使用时应注意以下问题。

(1) 存储内容不同。字符串存放在内存中要占用一片连续的存储空间，并以\0 作为串的结束标志。字符数组由若干个数组元素组成，每个数组元素中可存放一个字符，它能存放包括\0 在内的整个字符串，可以通过数组名（或各数组元素）访问和处理整个字符串（或各个字符）。而任何一个字符指针变量，其本身是一个变量，仅用于存放字符串的首地址而不能存放任何一个字符，它只能通过地址来间接访问和处理字符串。

(2) 初始化和赋值的方式、意义有所不同。虽然字符数组和字符指针变量在定义时都可以初始化，但是有所区别。对字符数组作初始化赋值，必须采用外部类型或静态类型，例如：

static char st[] = {"I love China"};

而对字符串指针变量则无此限制，例如：

char * ps = "I love China";

此外，对字符指针变量，可采用下面的赋值语句赋值：

char * pointer;
pointer = "this is an example" ;

而字符数组虽然可以在定义时初始化，但不能用赋值语句整体赋值，下面的用法是非法的：

char char_array[20];
char_array = "this is an example" ;   /* 非法 */

(3) 字符数组名代表地址，是常量，其值不能改变，而指针变量的值可以改变。如程序段：

```
char * ps = "I love China!" ;
ps = ps + 7;
printf(" % s",ps);
```

将会输出"China!"，因为语句"ps＝ps＋7;"使指针变量 ps 从指向字符串的初始位置向后移 7 个位置，指向了字符"C"。

而字符数组名的值却不能改变。如程序段：

```
char str[] = "I love China" ;
str = str + 7;                          /* 非法 */
```

其中，语句"str＝str＋7;"将会出错，因为 str 是常量，其值不能被改变。

6.4.5　字符串输入/输出函数

1. 字符串输入/输出函数

C 语言中提供了 gets() 和 puts() 函数，分别用于字符串的输入和输出。

(1) gets() 函数

gets() 函数的调用格式为：

gets(字符数组名);

说明：gets() 函数用于输入字符串。其从输入流中读取字符，一直读到换行符\n 为止，然后用\0 代替换行符，并将字符串存入"字符数组名"为代表首地址的存储区中。例如：

```
char   str[20];
gets(str);
```

执行上面的语句，如果输入"How are you! ＜CR＞"，则将读入的 12 个字符依次存入到从 str[0]开始的存储区中，并将＜CR＞自动代换为字符串结束标志\0(＜CR＞表示换行符)。

使用 gets() 函数时，如果字符串的长度超过字符数组的容量，C 语言系统不会自动停止读取字符。因此，应确保读取的字符串所需空间不超过字符数组的容量，否则数组越界会带来意想不到的错误。

(2) puts() 函数

puts() 函数的调用格式为：

puts(字符数组名);

说明：puts() 函数用于输出字符串。其将从字符数组起始地址开始的一个字符串(将字符串结束标志\0 转换成\n)输出到终端，并自动输出一个换行符。另外，在 puts() 函数中允许使用转义字符。例如：

```
char str[ ] = "How\nare\nyou!";
puts(str);
```

将输出结果：

How
are
you!

puts()函数的功能完全可以由 printf()函数取代,当需要按一定格式输出时,通常使用printf()函数。

例 6-19　用 gets()函数读取字符串并用 puts()函数输出第 4 个字符以后的字符。

```c
/* 源程序文件名: AL6_19.c */
# include < stdio. h >
# include < string. h >
void main()
{   char str[20];
    printf("输入字符串: ");
    gets(str);                          /* 读取字符串 */
    puts("第 4 个字符以后的字符串是");
    puts(str + 4);                      /* 或者用 puts(&str[4]) */
}
```

程序运行情况如下:

输入字符串: How are you!↙
第 4 个字符以后的字符串是
are you!

2. 字符串格式化输入、输出函数

C 语言中,可使用 scanf()函数和 printf()函数实现字符串的格式化输入、输出。为了实现字符串的格式化输入、输出,在 scanf()函数和 printf()函数中一般都要使用格式字符串。

(1) 字符串格式化输出用格式字符串的一般形式:

%[标志][宽度].[精度]s

说明:

① 标志:可为减号或缺省,减号表示输出结果右对齐,左边补空格,若缺省则表示输出结果左对齐,右边补空格。

② 宽度:用十进制整数来表示输出的最小宽度。若实际字符位数多于定义的宽度,则按实际位数输出,若实际字符数少于定义的宽度则补以空格。

③ 精度:以“.”开头,后跟十进制整数。其表示要求输出的字符的个数,若实际字符数多于所定义的精度数,则截去超过的部分。例如:

```c
printf(" % s, % 5s, % - 10s","Internet","Internet","Internet");
printf(" % 10.5s, % - 10.5s, % 4.5s\n","Internet","Internet","Internet");
```

输出的结果(□表示输出 1 个空格)如下:

Internet, Internet, Internet□□,□□□□□Inter, Inter□□□□□,Inter

(2) 字符串格式化输入用格式字符串的一般形式如下:

%[宽度]s

说明：宽度为十进制整数，表示读取输入字符串的字符个数。

例 6-20 使用 scanf() 函数读入字符串，并输出。

```
/* 源程序文件名：AL6_20(1).c */
#include <stdio.h>
#include <string.h>
void main()
{   char str[20];
    printf("请输入字符串：");
    scanf("%s",str);
    printf("%s\n",str);
}
```

程序运行情况如下：

请输入字符串：I love China!✓
I

本例中由于定义数组长度为 20，因此输入的字符串长度必须小于 20，以留出一个字节用于存放字符串结束标志\0。应注意：对于字符数组，如果不作初始化赋值，则必须说明数组长度；当用 scanf() 函数输入字符串时，字符串中不能含有空格，否则将以空格作为串的结束符。

从输出结果可以看出，输入串中第一个空格以后的字符都未能输出。为了避免这种情况，可多设几个字符数组以分段存放含空格的串。

例 6-20 程序可改写如下。

```
/* 源程序文件名：AL6_20(2).c */
#include <stdio.h>
#include <string.h>
void main()
{   char str1[6],str2[6],str3[6];
    printf("请输入字符串：");
    scanf("%s%s%s",str1,str2,str3);
    printf("%s %s %s\n",str1,str2,str3);
}
```

程序运行情况如下：

请输入字符串：I love China! ✓
I love China!

若输入格式化字符串包含宽度时，scanf() 函数则会根据宽度来读入字符串，例如有语句：

```
char str[10];
scanf("%3s",str);
puts(str);
```

当输入"china ✓"时，输出结果为"chi"，scanf() 函数只会根据宽度读取前 3 个字符存储到数组 str 中。

6.4.6　字符串处理函数

C 语言库函数中,除了上面介绍的字符串输入/输出函数外,关于字符串还提供一些常用的函数。这些函数在 string.h 头文件中说明,使用它们时必须在程序的开始部分包含:

```
# include < string.h >
```

1. strlen() 函数

调用格式:

```
strlen(string)
```

说明:测字符串 string 的长度(不含字符串结束标志\0)并作为函数返回值。string 表示首地址,其形式可以是字符数组名、字符指针,或是字符串常量。

例 6-21　strlen() 函数的使用。

```c
/* 源程序文件名:AL6_21.c */
# include < stdio.h >
# include < string.h >
void main()
{ int len1,len2;
  static char str1[] = "C language";
  static char str2[] = "C语言";                /* 1 个汉字占 2 个字节 */
  len1 = strlen(str1);
  len2 = strlen(str2);
  printf("len1 = % d\nlen2 = % d\n",len1,len2);
}
```

程序运行情况如下:

```
len1 = 10
len2 = 5
```

2. strcat() 函数

调用格式:

```
strcat(string1,string2)
```

说明:将字符串 string2 连接到 string1 的末端,并返回指针 string1。

例 6-22　strcat() 函数的使用。

```c
/* 源程序文件名: AL6_22.c */
# include < stdio.h >
# include < string.h >
void main()
{   static char str1[30] = "My name is  ";     /* is 后面有一个空格字符 */
    char str2[10];
    printf("Input your name:\n");
    gets(str2);
    strcat(str1,str2);                          /* 将 str2 连接到 str1 后 */
    puts(str1);
}
```

程序运行情况如下：

```
Input your name:
kate↙
My name is kate
```

说明：本程序把初始化赋值的字符数组与动态赋值的字符串连接起来。要注意的是，字符数组 1 应定义足够的长度，否则不能全部装入被连接的字符串。

3. strcpy()函数

调用格式：

```
strcpy(string1,string2)
```

说明：把 string2 中的字符串复制到 string1 中（串结束标志\0 也一同复制）。本函数要求 string1 应有足够的长度，否则不能全部装入要复制的字符串 string2。string2 也可以是一个字符串常量，这相当于把一个字符串赋予一个字符数组。

例 6-23　strcpy()函数的使用。

```
/* 源程序文件名：AL6_23.c */
# include < stdio.h >
# include < string.h >
void main()
{   char str1[15] = "C Pragram";
    char str2[15] = "C Language";
    strcpy(str1,str2);
    puts(str1);
}
```

程序运行情况如下：

```
C Language
```

4. strcmp()函数

调用格式：

```
strcmp(string1,string2)
```

说明：用于比较 string1 与 string2 中两个字符串的大小。对于两个字符串中顺序对应的字符，按照它们的 ASCII 码值比较大小（string1 和 string2 可以是字符数组，也可以是字符串常量），并将比较结果值返回调用函数。

当字符串 1 ＝ 字符串 2，返回值＝0；

当字符串 2 ＞ 字符串 2，返回值为一个正整数；

当字符串 1 ＜ 字符串 2，返回值为一个负整数。

例 6-24　strcmp()函数的使用。

```
/* 源程序文件名：AL6_24.c */
# include < stdio.h >
# include < string.h >
void main()
```

```
{    int k;
     static char str1[15],str2[] = "Foxbase";
     printf("请输 1 个字符串：\n");
     gets(str1);
     k = strcmp(str1,str2);
     if(k == 0) printf("% s 等于 % s\n",str1,str2);
     if(k > 0) printf("% s 大于 % s\n",str1,str2);
     if(k < 0) printf("% s 小于 % s\n",str1,str2);
}
```

程序运行情况如下：

请输 1 个字符串：
Foxpro ↙
Foxpro 大于 Foxbase

说明：本程序中把输入的字符串和数组 str2 中的串比较，比较结果返回到 k 中，根据 k 值再输出结果提示串。当输入为"Foxpro"时，由 ASCII 码可知"Foxpro"大于"Foxbase"，故 k>0，输出结果为"Foxpro 大于 Foxbase"。

5. strlwr()函数

调用格式：

strlwr(string)

说明：将字符串中的大写字母转换成小写，其他字符（包括小写字母和非字母字符）不转换。

6. strupr()函数

调用格式：

strupr(string)

说明：将字符串中小写字母转换成大写，其他字符（包括大写字母和非字母字符）不转换。

6.4.7 字符串应用举例

例 6-25 简单密码检测程序。

如下程序预设初始密码为 password，提供用户输入 3 次密码的机会。当输入的字符串不是 password 时，会提示输入密码错误，并可按任意键继续，但错误的次数最多 3 次，否则将退出程序。如果密码正确，则会提示输入的密码正确。

```
/* 源程序文件名：AL6_25.C */
/* 功能：简单密码检测程序 */
# include < stdio. h >
# include < string. h >
void main()
{    char pass_str[80];                    /*定义字符数组 pass_str */
     int i = 1;
     printf("请输入密码:\n");
```

```
    while(1)
    {   gets(pass_str);                        /＊输入密码＊/
        if(strcmp(pass_str, "password")!= 0)   /＊口令错＊/
        {   if(i==3)
            {   printf("密码错误,超过三次,程序中止退出\n");
                        exit(0);               /＊输入三次错误的密码,退出程序＊/
            }
            else
            {   printf("口令错误,请重新输入:\n");
                i++;
            }
        }
        else
            break;                             /＊输入正确的密码,中止循环＊/
    }
    printf("恭喜你,输入密码正确。");            /＊输入正确密码所进入的程序段＊/
}
```

程序运行情况如下：

请输入密码：
mima↙
口令错误,请重新输入：
password↙
恭喜你,输入密码正确。

例 6-26 输入五个国家的英文名称,并按字母顺序排列输出。

本题编程思路：五个国家名应存放在一个二维字符数组,然而 C 语言规定可以把一个二维数组当成多个一维数组处理。因此本题设五个一维数组,每一个一维数组存放一个国家名字符串。用字符串比较函数比较各一维数组的大小,并排序后输出。程序如下：

```
/＊源程序文件名：AL6_26.c＊/
/＊功能：输入五个国家的名称按字母顺序排列输出＊/
# include < stdio.h >
# include < string.h >
void main()
{   char str[20],cs[5][20];
    int i,j,p;
    printf("依次输入五个国家名称(输一个按一次 Enter 键): \n");
    for(i=0;i<5;i++)
        gets(cs[i]);
    printf("\n 五个国家名称经过排序后为: \n");
    for(i=0;i<5;i++)
    {   p=i;
        strcpy(str,cs[i]);
        for(j=i+1;j<5;j++)
            if(strcmp(cs[j],str)< 0)
            {   p=j;
                strcpy(str,cs[j]);
            }
        if(p!=i)
```

```
        {   strcpy(str,cs[i]);
            strcpy(cs[i],cs[p]);
            strcpy(cs[p],str);
        }
        puts(cs[i]);
    }
    printf("\n");
}
```

程序运行情况如下：

依次输入五个国家名称(输一个按一次 Enter 键)：
China ↙
Japan ↙
America ↙
England ↙
Korean ↙
五个国家名称经过排序后为：
America
China
England
Japan
Korean

C 语言允许把一个二维数组按多个一维数组处理，本程序说明 cs[5][20]为二维字符数组，可分为五个一维数组 cs[0]、cs[1]、cs[2]、cs[3]、cs[4]。所以本程序的第一个 for 语句中，用 gets()函数输入五个国家名字符串。在第二个 for 语句中又嵌套了一个 for 语句组成双重循环。这个双重循环完成按字母顺序排序的工作。在外层循环中把字符数组 cs[i]中的国家名字符串复制到数组 str 中，并把下标 i 赋予 p。进入内层循环后，把 str 与 cs[i]以后的各字符串作比较，若有比 str 小者则把该字符串复制到 str 中，并把其下标赋予 p。内循环完成后如 p 不等于 i 说明有比 cs[i]更小的字符串出现，因此交换 cs[i]和 str 的内容。至此已确定了数组 cs 的第 i 号元素的排序值，然后输出该字符串。在外循环全部完成之后即完成全部排序和输出。

6.5　指　针　数　组

指针数组是由具有同一存储类型且指向相同类型数据的指针变量所构成的数组。即指针数组中的每一个数组元素都是指针变量，它们所指向的数据对象的类型都一致。

1. 指针数组的定义格式

数据类型　＊数组名[元素个数]；

例如：

int ＊pi[5];

定义一个有五个数组元素的指针数组 pi，其每个数组元素都是一个指向整型变量的指针变量。请注意区别指针数组定义与行指针变量定义：

```
int ( * p)[5];
```

定义了一个指向列数为 5 的二维数组的指针变量。

2. 指针数组的应用

指针数组主要用于处理多个字符串和二维数组。

(1) 通常可用一个指针数组指向一个二维数组。指针数组中的每个元素被赋予二维数组每一行的首地址。

例 6-27 通过指针数组引用所指向的二维数组。

```
/* 源程序文件名: AL6_27.c */
# include < stdio.h >
# include < string.h >
void main()
{   int a[3][3] = {1,2,3,4,5,6,7,8,9};
    int * pa[3];
    int i;
    for(i = 0;i < 3;i++)
    {   pa[i] = a[i];
        printf(" % d, % d, % d\n", * pa[i], * (pa[i] + 1), * (pa[i] + 2));
    }
}
```

程序运行情况如下:

```
1,2,3
4,5,6
7,8,9
```

本例程序中,pa 是一个指针数组,通过循环语句将二维数组各行的首地址分别赋给三个元素,使其分别指向二维数组 a 的各行,然后依次输出数组各行元素的值。其中 a[i]表示第 i 行的首地址,而 pa[i]的值为 a[i],即表示指向第 i 行;pi[i]+j 表示第 i 行 j 列元素的地址,*(pi[i]+j)则表示第 i 行 j 列元素的值。请仔细阅读程序,领会通过指针数组引用二维数组的应用。

(2) 用指针数组表示一组字符串

将指针数组的每个元素赋予一个字符串的首地址,从而用指针数组表示一组字符串。例如:

```
char * name[] = {"Illagal day",
                 "Monday",
                 "Tuesday",
                 "Wednesday",
                 "Thursday",
                 "Friday",
                 "Saturday",
                 "Sunday"};
```

定义一个字符型指针数组 name,其每个数组元素都是一个指向字符串的指针变量。定义的同时完成初始化赋值,使得 name[0]指向字符串"Illegal day",name[1]指向"Monday",…,name[6]指向"Sunday"。

例 6-28 将 5 个国家英文名按字母表顺序排列后输出。

```c
/* 源程序文件名: AL6_28.c */
# include < stdio. h >
# include < string. h >
void main()
{   char * ps;
    char * cs[] = {"China","Japan","America","England","Korean"};
    int i,j,p;
    printf("五个国家名称经过排序后为: \n");
    for(i = 0;i < 5;i++)
    {   p = i;
        ps = cs[i];
        for(j = i + 1;j < 5;j++)
            if(strcmp(cs[j],ps)< 0)
            {   p = j;
                ps = cs[j];
            }
        if(p!= i)
        {   ps = cs[i];
            cs[i] = cs[p];
            cs[p] = ps;
        }
        puts(cs[i]);
    }
}
```

程序运行情况如下:

五个国家名称经过排序后为:
America
China
England
Japan
Korean

将本程序与例 6-26 的程序进行比较,领会指向字符串的指针数组的应用。

6.6　指向指针的指针变量

如果一个指针变量存放的是另一个指针变量的地址,则称这个指针变量为指向指针的指针变量。如图 6-10 所示,指针变量 pa 存储的内容为变量 a 的地址,而指针变量 ppa 存储的内容为 pa 的地址。因为 ppa 指向的是指针变量,所以称 ppa 为指向指针变量的指针变量。

图 6-10　指向指针变量的指针变量

1. 指向指针的指针变量定义

格式：

数据类型 **指针变量名；

例如：

int **p;

p 前面有两个 * 号，相当于 * (* p)。显然 * p 是指针变量的定义形式，如果没有最前面的 * ，那就是定义了一个指向整型数据的指针变量。现在它前面又有一个 * 号，表示 p 是指向一个整指针型变量的指针变量。

在前面已经介绍，通过指针访问变量称为间接访问。指针变量直接指向一般变量的访问，称为"一级间址访问"，该指针变量称为一级指针变量，通过指向指针的指针变量来访问变量，称为"二级间址访问"，则称指向指针的指针变量为二级指针变量。如图 6-10 所示，pa 为一级指针变量，它对变量 a 的访问称为一级间址访问，而 ppa 则为二级指针变量，其对变量 a 的访问是二级间址访问。二级以上的指针统称为多级指针。

2. 指向指针的指针变量的应用

指向指针的指针变量，即二级指针变量主要用于二维数组、指针数组、多字符串处理和函数参数传递等场合。

例 6-29 一个指针数组的元素指向数据的简单例子。

```c
/* 源程序文件名：AL6_29.c */
/* 功能：通过指向指针的指针输出一组数据 */
# include < stdio. h >
# include < string. h >
void main()
{ static int a[5] = {1,5,10,15,20};
  int * num[5] = {&a[0],&a[1],&a[2],&a[3],&a[4]};
  int ** p,i;
  p = num;
  for(i = 0;i < 5;i++)
  {  printf(" % d\t", ** p);
     p++ ;
  }
}
```

程序运行情况如下：

1　　5　　　10　　　15　　　20

本程序中，指针数组 num 的元素分别存储了整型数组 a 各元素的地址，而指针变量 p 则初始存储了指针数组 num 第 1 个元素的起始地址，如图 6-11 所示。通过对 p 进行两次指针运算(** p)，来访问数组 a 元素的值。由于 p 是变量，所以可进行自增运算。p++使 p 指向指针数组 num 的下一个元素。

注意：程序中的数组 a、指针数组 num 以及指向指针的指针变量 p 应是同一数据类型。

例 6-30 使用指向指针的指针处理一组字符串。

```c
/* 源程序文件名：AL6_30.c */
/* 功能：通过指向指针的指针输出一组字符串 */
# include < stdio. h>
# include < string. h>
void main()
{   char * name[] = {"Foxpro","BASIC","BOARD","FORTRAN","Computer" };
    char ** p;
    int i;
    for(i = 0;i < 5;i++)
    {   p = name + i;
        puts( * p);
    }
}
```

程序运行情况如下：

```
Foxpro
BASIC
BOARD
FORTRAN
Computer
```

本程序首先定义了字符型指针数组，并为其赋初值。这样 name 包含的 5 个元素都是指针型数据，使其各元素分别存储各行字符串的首地址，name[0]存储字符串"Foxpro"的首地址，name[1]存储字符串"BASIC"的首地址等，如图 6-12 所示。

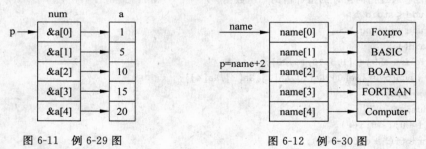

图 6-11　例 6-29 图　　　　　图 6-12　例 6-30 图

然后，定义了指向指针的指针变量 p，给 p 的赋值是 name＋i。name＋i 相当于指针数组 name[i]的地址，而 name[i]本身又是指向第 i 行字符串的指针变量，故 p 为指向指针的指针变量，而 * p 则表示 p 所指向的指针变量，即 name[i]。程序运用 for 循环语句，借助指向指针的指针变量 p，依次控制输出字符指针数组元素所指向的字符串。

6.7　函数与指针

6.7.1　指针变量作为函数参数

函数参数的类型不仅可以是整型、实型、字符型等，还可以是指针类型。指针作函数参数的作用是将变量的地址传送到函数中。

1. 数值型指针变量作为函数参数

例 6-31　通过指针变量作为函数的参数,实现对输入的两个整数按由大到小顺序输出。

```c
/* 源程序文件名: AL6_31.C */
/* 功能: 通过指针变量作为函数的参数实现输入两个数按大小顺序输出 */
# include < stdio.h>
void swap( int * p1, int * p2)
{   int temp;
    temp = * p1;
    * p1 = * p2;
    * p2 = temp;
}
void main()
{ int x,y;
    int * px, * py;
    printf("请输入 2 个整数(用逗号隔开): \n");
    scanf(" % d, % d",&x,&y);
    px = &x;
    py = &y;
    if(x < y) swap(px,py);
    printf("按大小顺序输出为: ");
    printf("\n % d, % d\n",x,y);
}
```

程序运行情况如下：

```
请输入 2 个整数(用逗号隔开):
3,5↙
按大小顺序输出为:
5,3
```

用户定义的函数 swap()作用是交换两个变量(x 和 y)的值。swap()函数的形参 p1、p2 是指针变量。程序运行时,先执行 main()函数,输入 x 和 y 的值(3 和 5),然后将 x 和 y 的地址分别赋给指针变量 px 和 py,使 px 指向 x,py 指向 y,如图 6-13(a)所示。

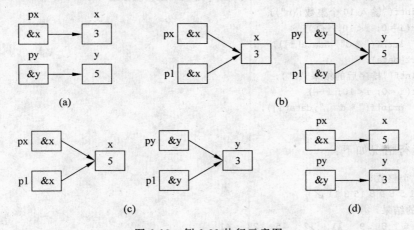

图 6-13　例 6-31 执行示意图

接着执行 if 语句,由于 a<b,因此调用 swap()函数。由于实参 px 和 py 是指针变量,在函数调用时,将实参变量的值传递给形参变量,采取的依然是"值传递"方式。因此经过传递后形参 p1 的值为 &x,p2 的值为 &y。这时 p1 和 px 指向变量 x,p2 和 py 指向变量 y,如图 6-13(b)所示。

接着执行 swap()函数的函数体,使 * p1 和 * p2 的值互换,也就是使 x 和 y 的值互换,如图 6-13(c)所示。

函数调用结束后,p1 和 p2 不复存在(已释放),如图 6-13(d)所示。最后在 main()函数中输出的 x 和 y 的值是已经过交换的值。

读懂此程序后,例 6-31 就能理解了。

2. 数组名作为函数参数

数组名代表数组的首地址,是一个指针,它作函数参数的作用是将整个数组的起始地址传送到函数中。

例 6-32 从键盘输入任意 10 个整数后,通过调用 sort()函数实现对 10 个整数按从小到大排序,返回主调函数后输出排序结果。

```c
/* 源程序文件名: AL6_32.C */
/* 功能: 通过调用 sort()函数对 10 个整数进行排序 */
# include "stdio. h"
void sort(int data[])                /* 使用冒泡法排序 */
{ int i,j,temp;                      /* 定义循环变量和临时变量 */
  for(i = 0; i < 9; i++)             /* 外循环: 控制比较趟数 */
    for(j = 9; j > i; j-- )          /* 内循环: 进行每趟比较 */
      if(data[j]< data[j-1])         /* 如果 data[j]大于 data[j-1],交换两数的位置 */
      { temp = data[j];
        data[j] = data[j-1];
        data[j-1] = temp;
      };
}
void main()
{   int i,data[10];                  /* 定义一维整型数组 data */
    printf("输入 10 个整数:\n");
    for(i = 0; i < 10; i++)
        scanf(" % d", &data[i]);
    sort(data);
    printf("排序后的结果:\n");
    for(i = 0; i < 10; i++)
        printf(" % d    ",data[i]);
}
```

程序运行情况如下:

```
输入 10 个整数:
12 23 41 5 6 9 8 15 3 11 ↙
排序后的结果:
3   5   6   8   9   11   12   15   23   41
```

函数 sort()采用冒泡排序法,对数组进行排序,该函数的参数接收主函数的 data 数组首地址,排序过程中进行的数据交换,实际上是对主函数 data 中数据的交换。

3. 字符串指针变量作函数参数

例 6-33　用函数调用方式,实现字符串的复制。

```
/* 源程序文件名: AL6_33.C */
/* 功能: 通过函数调用实现复制一个字符串 */
 # include < stdio. h>
 # include < string. h>
 void string_copy(char * str_from, char * str_to)
{ int i = 0;
  for(;( * (str_to + i) = * (str_from + i))!= '\0';i++)  ;   /* 循环体为空语句 */
}
void main()
{   char * ps = "I am a student. ";
    char str[20];
    string_copy(ps, str);                /* 指针变量及数组名作为实参 */
    puts(str);
}
```

程序运行情况如下:

I am a student.

说明:

字符串指针 ps 和 str 作为实参,将字符串及字符数组的首地址分别传递给形参 str_from 和 str_to。在 string_copy 函数中执行语句:

```
for(;( * (str_to + i) = * (str_from + i))!= '\0';i++);
```

该语句的执行过程为:首先将源串中的当前字符复制到目标串中,然后判断该字符(即赋值表达式的值)是否为结束标志。如果不是,则将相对位置变量 i 的值增 1,以便复制下一个字符;如果是结束标志,则结束循环(其特点是先复制、后判断,循环结束前,结束标志已经复制)。最后在主函数输出字符数组 str 的内容为"I am a student. "。

4. 指针数组作函数的参数

例 6-34　将 5 个国家英文名按字母表顺序排序后输出。

```
/* 源程序文件名: AL6_34.c */
/* 功能: 将 5 个国家英文名按字母表顺序排序后输出 */
# include < stdio. h>
# include < string. h>
void main()
{ void sort(char * name[], int n);
  void print(char * name[], int n);
  static char * name[] = { "CHINA","AMERICA","AUSTRALIA","FRANCE","GERMAN" };
  int n = 5;
  sort(name,n);
  printf("五个国家名经过排序后为: \n");
  print(name,n);
}
void sort(char * name[], int n)
```

```
{ char * pt;
  int i,j,k;
  for(i = 0;i < n−1;i++)
  { k = i;
    for(j = i + 1;j < n;j++)
        if(strcmp(name[k],name[j])> 0)
              k = j;
        if(k!= i)
        { pt = name[i];
          name[i] = name[k];
          name[k] = pt;
        }
    }
}
void print(char * name[],int n)
{ int i;
  for(i = 0;i < n;i++)
      printf(" % s\n",name[i]);
}
```

程序运行情况如下：

```
五个国家名经过排序后为：
AMERICAN
AUSTRALIA
CHINA
FRANCE
GERMAN
```

说明：

在例 6-28 中采用了普通的排序方法,逐个比较之后交换字符串的位置。交换字符串的物理位置是通过字符串复制函数完成的。反复的交换将使程序执行的速度很慢,同时由于各字符串(国家名)的长度不同,又增加了存储管理的负担。用指针数组能很好地解决这些问题。把所有的字符串存放在一个数组中,把这些字符数组的首地址放在一个指针数组中,当需要交换两个字符串时,只须交换指针数组相应两元素的内容(地址)即可,而不必交换字符串本身。

本程序定义了两个函数,一个名为 sort 完成排序,其形参为指针数组 name,即为待排序的各字符串数组的指针,形参 n 为字符串的个数。另一个函数名为 print,用于排序后字符串的输出,其形参与 sort 的形参相同。主函数 main()中,定义了指针数组 name,并作了初始化赋值。然后分别调用 sort()函数和 print()函数完成排序和输出。值得说明的是,在 sort()函数中,对两个字符串比较,采用了 strcmp()函数,strcmp()函数允许参与比较的字符串以指针方式出现。name[k]和 name[j]均为指针,因此是合法的。字符串比较后需要交换时,只交换指针数组元素的值,而不交换具体的字符串,这样将大大减少时间,提高运行效率。

5. 行指针变量作为函数的参数

例 6-35　行指针变量作为函数的参数,完成 3 行 4 列二维数组的输入和输出。

/ * 源程序文件名：AL6_35.c * /

```
# include < stdio. h >
void main()
{    void input(int ( * name)[4]);
     void output(int ( * name)[4]);
     int a[3][4];
     int ( * pointer)[4];                    /* 定义一个行指针变量 pointer */
     pointer = a;                            /* 给行指针变量 pointer 赋值 */
     input(pointer);                         /* 调用 input()函数实现二维数组元素值输入 */
     output(pointer);                        /* 调用 output()函数实现二维数组元素值输出 */
}
void input(int ( * pointer)[4])
{   int row,col;
    printf("请依次输入 12 个整型数: \n");
    for(row = 0;row < 3;row++)               /* 使用行指针访问二维数组元素 */
        for(col = 0;col < 4;col++)
            scanf(" % d", * (pointer + row) + col);
}
void output(int ( * pointer)[4])
{ int row,col;
  for(row = 0;row < 3;row++)                 /* 使用行指针访问二维数组元素 */
  { for(col = 0;col < 4;col++)
    printf(" % - 6d", * ( * (pointer + row) + col));
    printf("\n");
  }
}
```

程序运行情况如下:

请依次输入 12 个整型数:
0 1 2 3 4 5 6 7 8 9 10 11 ↙
0   1   2   3
4   5   6   7
8   9   10   11

6.7.2 函数指针变量与指针型函数

1. 函数指针变量

C 语言规定,程序在运行过程中,一个函数总是占用一段连续的内存区,而函数名就是该函数所占内存区的首地址。可以把函数的这个首地址(或称入口地址)赋予一个指针变量,使该指针变量指向该函数。然后通过指针变量就可以找到并调用这个函数。将这种指向函数的指针变量称为"函数指针变量"。

函数指针变量定义的一般形式为:

类型说明符 (* 指针变量名)();

其中"类型说明符"表示被指函数的返回值的类型。"(* 指针变量名)"表示" * "后面的变量是定义的指针变量。最后的括号表示指针变量所指的是一个函数。" * 指针变量名"外的括号不能缺,否则成了返回指针值的函数。例如:

```
int ( * pf)();
```

定义 pf 是一个指向函数入口的指针变量,该函数的返回值为整型。

例 6-36　用函数指针变量实现对函数调用的方法,求两个数中的较大数。

```
/*源程序文件名: AL6_36.c */
#include < stdio.h >
#include < string.h >
int max(int x, int y){
    if(x > y)   return x;
    else    return y;
}
void main()
{ int ( * pmax)();                    /*定义函数指针变量 */
    int a,b,c;
    pmax = max;                       /*把被调用函数的入口地址赋予函数指针变量 */
    printf("请输入两整数:\n");
    scanf(" % d, % d",&a,&b);
    c = ( * pmax)(a,b);               /*通过函数指针变量,调用 max()函数求较大数的值 */
    printf("较大数为 % d",c);
}
```

程序运行情况如下:

请输入两整数:
7,9↙
较大数为 9

说明:

(1) 先定义函数指针变量,如程序 AL6_36.c 中第 9 行"int (* pmax)();",定义 pmax 为函数指针变量。

(2) 程序第 11 行"pmax = max;"把被调函数的入口地址(函数名)赋予该函数指针变量。

(3) 用函数指针变量形式调用函数,如"c = (* pmax)(a,b);"。通过函数指针变量调用函数的一般形式如下:

(* 指针变量名)(实参表)

使用函数指针变量还应注意以下两点。

(1) 函数指针变量不能进行算术运算,这是与数组指针变量不同的。数组指针变量加减一个整数可使指针移动指向后面或前面的数组元素,而函数指针的移动是毫无意义的。

(2) 函数调用中"(* 指针变量名)"两边的括号不可少,其中的 * 不应该理解为求值运算,在此处它只是一种表示符号。

2. 指针型函数

一个函数的返回值可以为 int 型、float 型、char 型,也可以为指针类型,这种返回值为指针类型的函数称为指针型函数。指针型函数的定义格式如下:

函数类型　　 * 函数名([形参表]){函数体语句组}

其中函数名之前的 * 号表明这是一个指针型函数,其返回值是一个指针。类型说明符表示了返回的指针值所指向的数据类型。如:

```
int * fp(int x,int y)
{
    …            /* 函数体 */
}
```

表示 fp 是一个返回指针值的指针型函数,它返回的指针指向一个整型变量。

例 6-37 通过指针函数,输入一个 1～7 之间的整数,输出对应的星期名。

```
/* 源程序文件名: AL6_37.c */
# include < stdio. h >
# include < string. h >
void main()
{ int i;
  char * day_name(int n);
  printf("请输入一个 1～7 之间的整数:\n");
  scanf(" % d",&i);
  if(i < 0)
    exit(1);                    /* 如输入为负数(i < 0)则中止程序运行退出程序 */
  printf("数字 % d 对应的是 % s\n",i,day_name(i));
}
char * day_name(int n){
  static char * name[] = { "非法数据",
                           "星期一",
                           "星期二",
                           "星期三",
                           "星期四",
                           "星期五",
                           "星期六",
                           "星期日"};
  return((n < 1||n > 7) ? name[0] : name[n]);
}
```

程序运行情况如下:

请输入一个 1～7 之间的整数:
5 ✓
数字 5 对应的是星期五

说明:

程序定义了一个指针型函数 day_name(),它的返回值是一个字符串首地址,即指向字符串的指针。该函数中定义了一个静态指针数组 name。name 数组初始化赋值为 8 个字符串,分别表示各个星期名及出错提示。形参 n 表示与星期名所对应的整数。

在主函数中,把输入的整数 i 作为实参,在 printf 语句中调用 day_name() 函数并把 i 值传送给形参 n。day_name() 函数中的 return 语句包含一个条件表达式,n 值若大于 7 或小于 1 则把 name[0] 指针返回主函数,输出出错提示字符串"非法数据";否则返回主函数输出对应的星期名。

　　主函数中的第 7 行是个条件语句,其语义是,如输入为负数(i<0)则中止程序运行退出程序。exit()是库函数,exit(1)表示发生错误后退出程序,exit(0)表示正常退出。

　　应该特别注意的是,函数指针变量和指针型函数在写法和意义上的区别。如 int(* p)() 和 int * p()是两个完全不同的量。

　　(1) int(* p)()是一个变量说明,说明 p 是一个指向函数入口的指针变量,该函数的返回值是整型量,(* p)的两边的括号不能少。

　　(2) int * p()则不是变量说明而是函数说明,说明 p 是一个指针型函数,其返回值是一个指向整型量的指针, * p 两边没有括号。作为函数说明,在括号内最好写入形式参数,这样便于与变量说明区别;对于指针型函数定义,int * p()只是函数头部分,一般还应该有函数体部分。

6.7.3　main()函数的参数

　　在前面章节介绍的内容中,出现的 main()函数都不带参数(main 后面的括号里为空)。实际上,main()函数可以带参数,这个参数可以认为是 main()函数的形式参数。C 语言规定 main()函数的参数只能有两个,习惯上将这两个参数写为 argc 和 argv,并规定第一个形参 argc 必须是整型变量,第二个形参 argv 必须是指向字符串的指针数组。

　　带参数的 main()函数的一般格式如下:

```
main (int argc,char * argv[])
{
  …
}
```

main()函数的参数赋值方式如下:

　　C 语言规定,main()函数是程序执行的入口,main()函数不能被其他函数调用,因此不可能在程序内部使 main()的形参获取值。那么,该如何把实参值赋予 main 函数的形参呢?实际上,main()函数的参数值是从操作系统命令行上获得的。当要运行一个可执行文件时,在 DOS 提示符下输入文件名,再输入实际参数即可把这些实参传送到 main()的形参。

　　DOS 提示符下命令行的一般形式为:

C:\>可执行文件名　　参数　　参数……;

说明:

　　(1) 形参 argc 是命令行中参数的个数(可执行文件名本身也算一个)。

　　(2) 形参 argv 是一个字符指针数组,即形参 argv 首先是一个数组(元素个数为形参 argc 的值),其元素值都是指向实参字符串的指针。

　　例 6-38　main()函数的参数应用(显示命令行中输入的参数)。

```
/ * 源程序文件名: AL6_38.c * /
/ * 功能:显示命令行中输入的参数 * /
# include < stdio. h >
void main(int argc,char * argv[])
{ printf("命令行输入的参数有: \n");
  while(argc -- > 1)
```

```
        printf("%s\n", *++argv);
}
```

本例显示命令行中输入的参数。如果可执行文件名为 AL6_38.exe,存放在 C 驱动器的盘内。因而输入的命令行可以为:

```
C:\> d:AL6_38 BASIC FOXPRO FORTRAN PASCA ↙
```

则屏幕显示运行结果为:

```
C:\> d:AL6_38 BASIC FOXPRO FORTRAN PASCA
命令行中输入的参数有:
BASIC
FOXPRO
FORTRAN
PASCA
```

程序说明:

由于文件名 AL6_38 本身也算一个参数,所以共有 5 个参数,因此 argc 取得的值为 5。如图 6-14 所示,argv 参数是字符串指针数组,argv 的 5 个元素分别为 5 个字符串的首地址。执行 while 语句,每循环一次 argv 值减 1,当 argv 等于 1 时停止循环,共循环三次,因此共可输出三个参数。在 printf() 函数中,由于打印项 *++argv 是先加 1 再打印,故第一次打印的是 argv[1] 所指的字符串 BASIC,第二、第三次循环分别打印后两个字符串。而参数 AL6_38 是文件名,不必输出。

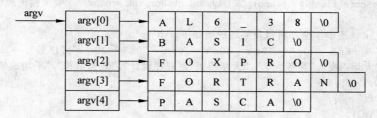

图 6-14 例 6-38 图

例 6-39 根据 main() 函数的形参求阶乘。

```
/* 源程序文件名: AL6_39.c */
/* 功能: 根据 main() 函数的形参(假设为 n),求 n!,并输出 */
# include"stdlib.h"
void main(int argc, char * argv[])
{   int i = 1, n;
    long S = 1;
    argv ++ ;                    /* 将 argv 指向第二个参数 */
    n = atoi( * argv);           /* 将字符串转化为整型 */
    if(n < 1)
        printf("参数输入有误.");
    else
    do{ S *= i;}
    while( ++ i <= n) ;
    printf("%d!= %ld ", n, S);
}
```

如果可执行文件名为 AL7_39.exe,存放在 C 驱动器的盘内。若输入的命令行为:

```
C:\> AL7_39 5
```

则屏幕显示运行结果为:

```
5!= 120
```

程序说明:

本程序求 n 的阶乘。假设在命令行下输入的第二个参数为 5,则在程序中 argv 的值为字符串"5",然后用函数 atoi()把它转换为整型数值 5,作为 do…while 语句中的循环控制变量,再求得 5 的阶乘。

6.8　指针应用实例

例 6-40　已知某班学生 5 门课程的成绩,求每名学生的平均成绩并输出。

设有 10 名学生,大学语文、高等数学、大学英语、程序设计、数据结构 5 门课程的考试成绩均已公布,现要求每名学生的平均成绩,并按一定格式输出。

```c
/*源程序文件名:AL6_40.c */
#include<stdio.h>
#define SN 10
#define CN 5
void OutputScore(float (*p_sco)[CN+1],int stuNum,int scoNum)    /*输出成绩*/
{ int i,j;
  printf("\n 该班学生全部科目及平均成绩如下: \n");
  printf("%-6s%-10s%-10s%-10s%-10s%-10s-10s\n","序号",
        "大学语文","高等数学","大学英语","程序设计","数据结构","平均成绩");
  for(i=0;i<65;i++)
      printf("-");
  printf("\n");
  for(i=0; i<stuNum; i++)
  { printf("  %-4d",i+1);
    for(j=0; j<scoNum+1; j++)
        printf("  %-10.1f", *(*(p_sco+i)+j));
    printf("\n");
  }
}
void SetAverage(float (*p_sco)[CN+1],int stuNum,int scoNum)    /*求平均成绩*/
{ float sum=0;
  int i,j;
  for(i=0; i<stuNum; i++)
  { for(j=0; j<scoNum; j++)
    sum += *(*(p_sco+i)+j);
    *(*(p_sco+i)+scoNum) = sum/scoNum ;
    sum = 0;
  }
}
void InputScore(float (*p_sco)[CN+1],int stuNum,int scoNum)    /*录入各科成绩*/
```

```
{   int i,j;
    printf("请按大学语文、高等数学、大学英语、程序设计、数据结构顺序录入成绩,
            各科成绩之间用空格隔开: \n ");
  for(i = 0; i < stuNum; i++)
  { printf("请输入第 % d 位同学成绩: \n ",i + 1);
    for(j = 0; j < scoNum; j++)
        scanf(" % f",&p_sco[i][j]);
  }
}
void main()
{   float sco[SN][CN + 1],av;
    int stuNum = SN, scoNum = CN;
    float ( * p_sco)[CN + 1] = sco;
    printf("请按要求逐个输入学生各科成绩:\n");
    InputScore(p_sco , stuNum , scoNum);
    SetAverage(p_sco , stuNum , scoNum);
    OutputScore(p_sco , stuNum , scoNum);
}
```

假设 10 名学生成绩如表 6-1 所示。

表 6-1　某班学生成绩表

序号	大学语文	高等数学	大学英语	程序设计	数据结构
1	68	65	56	69	68
2	71	65	49	60	71
3	60	77	71	73	60
4	64	65	25	66	64
5	68	74	65	73	68
6	71	78	84	75	71
7	75	77	83	81	75
8	61	78	83	87	61
9	63	67	80	79	63
10	74	76	70	76	74

编译、连接、运行程序,依次输入表 6-1 中学生成绩数据,运行结果如下:

```
该班学生全部科目及平均成绩如下:
序号 大学语文   高等数学   大学英语   程序设计   数据结构   平均成绩
-------------------------------------------------------------
1      68.0      65.0      56.0      69.0      68.0      65.2
2      71.0      65.0      49.0      60.0      71.0      63.2
3      60.0      77.0      71.0      73.0      60.0      68.2
4      64.0      65.0      25.0      66.0      64.0      56.8
5      68.0      74.0      65.0      73.0      68.0      69.6
6      71.0      78.0      84.0      75.0      71.0      75.8
7      75.0      77.0      83.0      81.0      75.0      78.2
8      61.0      78.0      83.0      87.0      61.0      74.0
9      63.0      67.0      80.0      79.0      63.0      70.4
10     74.0      76.0      70.0      76.0      74.0      74.0
```

本 章 小 结

1. 有关指针的数据类型

作为 C 语言的重要组成部分,指针的内容相当丰富,指针可以指向各种数据类型(包括后续章节将学习的结构类型),甚至可以定义指向函数的指针,且其各种定义方式很接近,初学者应注意加以区分:

```
int * p                /*p为指向整型数据的指针变量*/
int a[n];              /*定义整型数组a,它有 n 个元素*/
int * p[n];            /*定义指针数组p,它由 n 个指向整型数据的指针元素组成*/
int ( * p)[n];         /*p为指向含 n 个元素的一维数组的指针变量*/
int f();               /*f为带回整型函数值的函数*/
int * p();             /*p为带回一个指针的函数,该指针指向整型数据*/
int ( * p)();          /*p为指向函数的指针,该函数返回一个整型值*/
int ** p;              /*p是一个指针变量,它指向一个指向整型数据的指针变量*/
```

2. 有关指针运算

(1) 取地址运算符 &:求变量的地址。

(2) 取内容运算符 *:表示指针所指向的变量。

(3) 赋值运算:

① 将变量地址赋予指针变量。

② 同类型指针变量相互赋值。

③ 将数组、字符串的首地址赋予指针变量。

④ 将函数的入口地址赋予指针变量。

(4) 指针的算术运算:

① 指针变量与整型数之间的加减运算。对于指向数组的指针变量,可以加上或减去一个整数 n。设 pi 指向数组 a 的某个元素的地址,则 pi++,++pi,pi--,-- pi 运算都是合法的,并且有实际的意义。指针变量加上或减去一个整数 n,表示将指针变量的指向从当前位置(某个元素)向前或向后移动 n 个位置。

② 指针变量之间的减法运算。只有指向同一数组的两个指针变量才能进行运算,否则毫无意义。两个指针变量相减之差是两个数组元素之间相差的元素个数。

(5) 指针的关系运算:

指向同一数组的两指针变量进行关系运算(大于、小于、等于)可表示它们所指数组元素之间的关系。指针变量还可以与 0 比较,设 p 为指针变量,则 p==0 表明 p 是空指针,它不指向任何变量。

3. void 指针类型

ANSI C 新标准增加了一种 void 指针类型,即可以定义一个指针变量,但不指定它是指向哪一种类型数据。此外,在声明函数时,也经常用到 void,它表示该函数为空类型,即函数返回值为空类型。

习 题

一、选择题

1. 设已经有定义"float x;",则下列对指针变量 p 进行定义且赋初值的语句中正确的是( )。

    A. float * p = 1024;　　　　　　　　　B. int * p = (float)x;

    C. float p = & x;　　　　　　　　　　D. float * p = & x;

2. 若有定义"int x[10], * pt＝x;",则对 x 组元素的正确引用是( )。

    A. * & x[10]　　　　B. * (x＋3)　　　　C. * (pt＋10)　　　　D. pt＋3

3. 如下程序试图通过指针 p 为变量 n 读入数据并输出,但程序有多处错误,下列语句正确的是( )。

```
# include < stdio. h >
void main()
{ int n, * p = NULL;
  * p = &n;
  printf("Input n:");
  scanf(" % d",&p);
  printf("output n:");
  printf(" % d",p);
}
```

    A. int n, * p＝NULL;　　　　　　　　B. * p = & n;

    C. scanf(" %d",& p);　　　　　　　　D. printf(" %d",p);

4. 如下程序运行后的输出结果是( )。

```
# include < stdio. h >
void main(   )
{   char ch[ ] = "uvwxyz", * pc;
    pc = ch; printf(" % c\n", * (pc + 5));
}
```

    A. z　　　　　　　　　　　　　　　　B. 0

    C. 元素 ch[5]的地址　　　　　　　　　D. 字符 y 的地址

5. 如下程序的运行结果是( )。

```
# include < stdio. h >
void main( )
{ int a[ ] = {1,2,3,4},y, * p = &a[3];
  -- p; y = * p; printf("y= % d\n",y);
}
```

    A. y＝0　　　　　　B. y＝1　　　　　　C. y＝2　　　　　　D. y＝3

6. 如下程序的运行结果是( )。

```
# include < stdio. h >
```

```
void fun(char ** p)
{ ++p; printf(" % s\n", * p); }
void main( )
{ char * a[ ] = {"Morning","Afternoon","Evening","Night"};
  fun(a);
}
```

  A. Morning   B. Afternoon   C. Evening   D. Night

7. 若有定义语句"int a[2][3], * p[3];",则下语句中正确的是(　　)。

  A. p＝a;   B. p[0]＝a;

  C. p[0]＝&a[1][2];   D. p[1]＝&a;

8. 如下程序的运行结果是(　　)。

```
# include < stdio. h >
void fun(int * a, int n)   /* fun()函数的功能是将 a 所指数组元素从大到小排序 */
{ int t,i,j;
  for(i = 0;i < n - 1;i++)
    for(j = i + 1;j < n;j++)
      if(a[i]< a[j])   {t = a[i]; a[i] = a[j]; a[j] = t; }
}
void main( )
{ int c[10] = {1,2,3,4,5,6,7,8,9,10},i;
  fun(c + 4,6);
  for(i = 0;i < 10;i++)  printf(" % d,",c[i]);
  printf("\n");
}
```

  A. 1,2,3,4,5,6,7,8,9,10   B. 10,9,8,7,6,5,1,2,3,4

  C. 10,9,8,7,6,5,4,3,2,1   D. 1,2,3,4,10,9,8,7,6,5

9. 如下程序的运行结果是(　　)。

```
# include < stdio. h >
int fun(char s[])
{ int n = 0;
  while( * s < = '9'&& * s > = '0')   {n = 10 * n + * s - '0'; s++;}
  return(n);
}
void main( )
{ char s[10] = {'6','1','*','4','*','9','*','0','*'};
  printf(" % d\n",fun(s));
}
```

  A. 9   B. 61490   C. 61   D. 5

10. 如下程序的运行结果是(　　)。

```
# include < stdio. h >
int fun(char * t, char * s)
{ while( * t!= 0) t++;
    while(( * t++ = * s++)!= 0);
}
```

```
void main( )
{ char ss[10] = "acc", aa[10] = "bbxxyy";
  fun(ss,aa); printf("% s, % s\n",ss,aa);
}
```

    A. accxyy,bbxxyy　　　　　　　　　　B. acc,bbxxyy

    C. accxxyy,bbxxyy　　　　　　　　　　D. accbbxxyy,bbxxyy

11. 如下程序的运行结果是(　　)。

```
# include < stdio. h>
void fun(int n, int * p)
{ int f1,f2;
  if(n == 1||n == 2)
    * p = 1;
  else
  { fun(n - 1,&f1);
    fun(n - 2,&f2);
    * p = f1 + f2;
  }
}
void main( )
{ int s;
  fun(3,&s);
  printf("% d\n",s);
}
```

    A. 2　　　　　　　　B. 3　　　　　　　　C. 4　　　　　　　　D. 5

12. 有定义语句"char s[10];",若要从终端给 s 输入 5 个字符,错误的输入语句是(　　)。

    A. gets(& s[0]);　　　　　　　　　　B. scanf("%s",s+1);

    C. gets(s);　　　　　　　　　　　　D. scanf("%s",s[1]);

13. 有如下程序在执行"p＝s;"语句后,叙述正确的是(　　)。

```
# include < stdio. h>
void main( )
{ char s[20] = "Beijing", * p;
  p = s;
}
```

    A. 可以用 * p 表示 s[0]

    B. s 数组中元素的个数和 p 所指字符串长度相等

    C. s 和 p 都是指针变量

    D. 数组 s 中的内容和指针变量 p 中的内容相同

14. 如下程序的运行结果是(　　)。

```
# include < stdio. h>
void fun(char * a, char * b)
{ while( * a == ' * ')
    a++;
  while( * b = * a)
```

```
    {    b++; a++;}
    }
    void main( )
    { char * s = "***** a * b ****",t[80];
      fun(s,t);
      puts(t);
    }
```

　　A. ***** a * b　　　　B. a * b　　　　　　C. a * b ****　　　　　D. ab

15. 若有定义语句"char s[10] = "1234567\0\0";",则 strlen(s)的值是(　　　)。

　　A. 7　　　　　　　　B. 8　　　　　　C. 9　　　　　　D. 10

16. 以下选项中正确的语句组是(　　　)。

　　A. char s[];　s = "BOOK! ";　　　　　B. char * s;　s = {"BOOK! "};

　　C. char s[10];　s = "BOOK! ";　　　　D. char * s;　s = "BOOK! ";

17. 如下程序运行后的输出结果是(　　　)。

```
# include < stdio. h >
void main( )
{ char * a[ ] = {"abcd","ef","gh","ijk"};
  int i;
  for(i = 0;i < 4;i++)   printf("% c", * a[i]);
}
```

　　A. aegi　　　　　　B. dfhk　　　　　C. abcd　　　　　　D. abcdefghijk

18. 如下程序运行后的输出结果是(　　　)。

```
# include < stdio. h >
void f( int * p,int * q);
void main( )
{ int m = 1,n = 2, * r = &m;
  f(r,&n);
  printf(" % d, % d",m,n);
}
void f( int * p, int * q)
{   p = p + 1;
    * q = * q + 1;}
```

　　A. 1,4　　　　　　B. 2,3　　　　　C. 1,3　　　　　D. 2,4

19. 如下程序的运行结果是(　　　)。

```
int * f(int * x,int * y)
{ if( * x < * y)
    return x;
  else
    return y;
}
void main()
{ int   a = 7,b = 8, * p, * q, * r;
  p = &a;
  q = &b;
```

```
    r = f(p,q);
    printf("%d,%d,%d", *p, *q, *r);
  }
```

    A. 7,8,8   B. 7,8,7   C. 8,7,7   D. 8,7,8

20. 以下程序段在执行了"c=&b;b=&a;"语句后,表达式 **c 的值是( )。

```
    #include < stdio. h>
    void main()
    { int a = 5, *b, **c;
      c = &b;
      b = &a;
    }
```

    A. 变量 a 的地址   B. 变量 b 中的值
    C. 变量 a 中的值   D. 变量 b 的地址

二、填空题

1. 以下程序的输出结果是_____。

```
#include < stdio. h>
void main( )
{ int a[5] = {2,4,5,8,10}, * p;
  p = a; p++;
  printf("%d   %d\n", * p, * a);
}
```

2. 以下程序的输出结果是_____。

```
#include < stdio. h>
void swap( int * a, int * b)
{ int * t;
  t = a;a = b;b = t;
}
void main( )
{ int i = 3, j = 5, * p = &i, * q = &j;
  swap(p,q);
  printf("%d   %d\n", * p, * q);
}
```

3. 以下程序的输出结果是_____。

```
#include < stdio. h>
void main( )
{ int j,a[ ] = {1,3,5,7,9,11,13,15}, * p = a + 5;
  for(j = 3; j; j-- )
  { switch(j)
    { case 1:
      case 2: printf("%d", * p++);   break;
      case 3: printf("%d", * ( -- p));
    }
  }
}
```

4. 以下程序执行后的输出结果是_____。

```
# include < stdio. h >
void fun(int * a)
{ a[0] = a[1]; }
void main( )
{ int a[10] = {10,9,8,7,6,5,4,3,2,1},i;
   for(i = 2; i > = 0; i -- )
      fun(&a[i]);
   for(i = 0; i < 10; i++)
      printf(" % d",a[i]);
   printf("\n");
}
```

5. 执行以下程序,输入"15   16 ↙",则输出结果是_____。

```
# include < stdio. h >
int max( int a, int b);
void main( )
{ int x,y,( * p)( );
   scanf(" % d % d",&x, &y);
   p = max;
   printf(" % d\n",( * p)(x,y));
}
int max( int a, int b)
{ return(a > b?a:b); }
```

6. 下列程序的功能是利用指针指向 3 个整型变量,并通过指针运算找出 3 个数中的最大值,输出到屏上。请填空。

```
# include < stdio. h >
void main( )
{ int x,y,z,max, * px, * py, * pz, * pmax;
   scanf(" % d % d % d",&x,&y,&z);
   px = &x; py = &y; pz = &z; pmax = &max;
   _____;
   if( * pmax < * py)    * pmax = * py;
   if( * pmax < * pz)    * pmax = * pz;
   printf("max =  % d\n ",max);
}
```

7. 以下程序的输出结果是_____。

```
int fun(int * x, int n)
{ if(n == 0)
      return x[0];
   else
      return x[0] + fun(x + 1,n - 1);
}
void main( )
{ int a[ ] = {1,2,3,4,5,6,7};
   printf(" % d\n",fun(a,3));
}
```

8. 以下程序的输出结果是_____。

```c
# include < stdio.h >
# include < string.h >
char * fun(char * t)
{ char * p = t;
  return(p + strlen(t)/2);
}
void main( )
{ char * str = "abcdefgh";
  str = fun(str);
  puts(str);
}
```

9. 以下程序中的函数 strcpy2( )实现字符串两次复制,即将 t 所指字符串复制两次到 s 所指内存空间中,合并形成一个新字符串。例如,若 t 所指字符串为 efgh,调用 strcpy2( ) 后,所指字符串为:efghefgh。请填空。

```c
# include < stdio.h >
# include < string.h >
void strcpy2(char * s, char * t)
{ char * p = t;
  while( * s++ = * t++);
  s = _____;
  while(_____ = * p++);
}
void main( )
{ char str1[100] = "abcd",str2[ ] = "efgh";
  strcpy2(str1,str2);  printf("% s\n",str1);
}
```

10. 函数 fun( )的功能是返回 str 所指字符串中以形参 c 中字符开头的后续字符串的首地址,例如,str 所指字符串为"Hello!",c 中的字符为'e',则函数返回字符串为"ello!"的首地址;若 str 所指字符串为空串或不包含 c 中的字符,则函数返回 NULL。请填空。

```c
char * fun(char * str, char c)
{ int n = 0; char * p = str;
  if(p!= NULL)
     while(p[n]!= c&&p[n]!= '\0')  n++;
  if(p[n] == '\0')  return NULL;
  return(_____);
}
```

三、程序设计题

1. 编写一程序,定义浮点型变量 f、浮点型指针变量 fPointer,并让 fPointer 指向 f。然后,通过 fPointer 来给 f 赋值为 3.14,最后通过 fPointer 输出 f 的值。

2. 完成 output( )函数,使其实现:输出字符串左起奇数位上的字符。

```c
# include < stdio.h >
void output(char * s)
```

```
{    / * 请补充完整函数 * /
}
void main( )
{   char * s;
    gets(s);
    output(s);
}
```

3. 编写 Input()函数实现输入 10 个整数，函数 Process()实现将 10 个整数中的最大数和最小数交换，函数 Output()实现输出结果。

```
# include < stdio. h>
void Input(int a[ ], int n)
{/ * 请补充完整函数 * /   }
void Process(int a[ ], int n)
{/ * 请补充完整函数 * /   }
void Output(int a[ ], int n)
{/ * 请补充完整函数 * /   }
void main( )
{   int num[10], n = 10;
    Input(num, n);
    Process (num, n);
    Output(num, n);
}
```

4. 用指针编写程序，把输入的字符串按逆顺序输出。

5. 输入一个字符串，内有数字和非数字字符，如"a123x45_6789? xyz87lm"。将其中连续的数作为一个整数，依次存放到一个数组 a 中。例如，123 存放在 a[0]，45 放在 a[1]。统计共有多少个整数，并输出这些整数。

6. 输入一行文字，找出其中大写字母、小写字母、空格、数字及其他字符各有多少。

7. 有 n 个人围成一圈，顺序排号。从第 1 个人开始报数（从 1～3 报数），凡报到 3 的人退出圈子，问最后留下的是原来第几号的那位。

8. 将一个 5×5 的矩阵中最大的元素放在中心，4 个角分别放 4 个最小的元素（从左到右，从上到下依次从小到大存放），写一函数实现。用 main()函数调用。

9. 编写程序，输出 1～12 月份对应的英文月份名称，要求使用指针数组进行处理。

10. 编写一个程序，输入月份号，输出该月的英文月名。例如，输入 3，则输出 March，要求用指针数组处理。

11. 编写程序，给二维数组所有元素赋初值并输出，要求使用指针数组进行处理。

12. 某班有 4 个学生，5 门课。①求第一门课的平均分；②找出有 2 门以上课程不及格的学生，输出他们的学号、全部课程成绩和平均分；③找出平均成绩在 90 分以上或全部课程在 85 分以上的学生。分别编写 3 个函数实现以上 3 个要求。

第7章　编译预处理

教学目标、要求

通过本章的学习，要求了解编译预处理的功能，文件包含两种格式的区别；熟悉宏定义、文件包含、条件编译的三种格式等；掌握宏定义的替换方式及应用技巧、条件编译的简单应用。

教学用时、内容

本章教学共需 4 学时，其中理论教学 2 学时，实践教学 2 学时。教学主要内容如下：

$$
\begin{cases}
宏定义 \begin{cases} 无参宏 \\ 带参宏 \end{cases} \\
文件包含 \\
条件编译
\end{cases}
$$

教学重点、难点

重点：(1) 无参宏；
　　　　(2) 带参宏；
　　　　(3) 条件编译。

难点：条件编译。

7.1　预处理引例

在前面的章节中，已多次使用过以 # 开头的预处理命令，如文件包含命令 # include，宏定义命令 # define。它们是 C 编译系统提供的一套"预处理"命令，其目的是扩充 C 语言的功能。ANSI C 标准定义的预处理程序包括 12 条预处理命令，它们不是 C 语言本身的组成部分，不能直接对它们进行编译。而必须在对程序进行编译（包括词法和语法分析、代码生成、优化等）之前，先对程序中以 # 开头的特殊命令进行预处理，再由编译程序对预处理后的源程序进行编译处理，最后得到可执行的目标代码。当对一个源文件进行编译时，系统将自动引用预处理程序对源程序中的预处理部分作处理，处理完毕自动进入对源程序的编译。

在学习编译预处理相关理论之前，先看一个预处理的例子。

例 7-1　使用带参宏，实现求三个数中的最大数并输出。

```
/* 源文件名：AL7_1.c */
# include < stdio.h >
# define MAX(a,b) (a>b)?a:b
void main()
{ float num1,num2,num3,max;
  printf("请输入三个数,数之间用空格隔开: \n");
```

```
    scanf("%f%f%f",&num1,&num2,&num3);
    max = MAX(num1,num2);
    max = MAX(max,num3);
    printf("最大数为：%f",max);
}
```

程序运行情况如下：

请输入三个数,数之间用空格隔开：
5.2　4.8　7.9✓
最大数为：7.900000

这个例子是编译预处理的一个简单运用,编译预处理章节内容较少,但要掌握其内容,除了要认真学习教材的实例外,还要多上机操作练习。

7.2　宏　定　义

C 语言提供了多种预处理功能,如宏定义、文件包含、条件编译等。合理地使用预处理功能会使编写的程序更便于阅读、修改、移植和调试,也有利于模块化程序设计。本章介绍常用的几种预处理功能。

7.2.1　无参宏定义和宏替换

1. 无参宏定义

无参宏定义的格式：

＃define　标识符　字符串

C 语言中,以 ＃ 开头表示这是一条预处理命令。define 为宏定义命令。"标识符"为所定义的宏名。"字符串"可以是常数、表达式、格式串等。

例 7-2　无参宏定义示例。

```
/*源文件名：AL7_2.c*/
#include <stdio.h>
#define PI 3.1416
#define R 2.0
#define S PI*R*R
#define PRN printf
#define BEGIN main(){
#define END }
BEGIN
  PRN("PI = %f\tR = %f\tS = %f\n", PI,R,S);
END
```

在第 2 章介绍的符号常量的定义就是一种简单的无参宏定义。此外,建议对程序中反复使用的同一表达式也采用宏定义方式。

2. 使用宏定义的优点

(1) 可提高源程序的可维护性；

（2）可提高源程序的可移植性；

（3）减少源程序中重复书写字符串的工作量。

3. 宏替换

编译预处理时，在宏定义命令之后出现的所有宏名，均被替换成代替字符串。这一过程称为"宏替换"，又叫做"宏展开"。例 7-2 进行宏替换后为：

```
# include < stdio. h>
void main()
{
    printf("PI = % f\tR = % f\tS = % f\n", 3.1416,2.0,3.1416 * 2.0 * 2.0);
}
```

该程序经过编译、连接、运行后，屏幕显示如下：

```
PI = 3.1416    R = 2.0    S = 12.5664
```

4. 有关宏定义的说明

（1）宏名一般用大写字母表示，以示与变量名区别，但这并非是规定。

（2）宏定义不是语句，所以不能在行尾加分号；否则，宏替换时，会将分号作为字符串的 1 个字符，用于替换宏名。

（3）在宏替换时，预处理程序仅按宏定义简单替换宏名，而不作任何检查。如果有错误，只能由编译程序在编译宏替换后的源程序时发现。

（4）宏定义必须写在函数之外，其作用域为宏定义命令起到源程序结束。如要终止其作用域可使用 # undef 命令。例如：

```
#define PI 3.14159
void main()
{
    …
}
# undef PI
f1()
{
    …
}
```

表示 PI 只在 main()函数中有效，在函数 f1()中无效。

（5）对双引号括起来的字符串内的字符，即使与宏名同名，也不进行宏替换。

例 7-3　宏名替换规则示例。

```
/ * 源文件名: AL7_3.c * /
# include < stdio. h>
# define NUM 100
void main()
{ printf("NUM"); }
```

该程序经过编译、连接、运行后，屏幕显示：

```
NUM
```

从例 7-3 的运行结果可以看出，程序并未对 printf()语句中被双引号括起来的 NUM 进行宏替换，而是将其当做字符串处理。

（6）宏定义允许嵌套，在宏定义的字符串中可以使用已经定义的宏名。在宏替换时由预处理程序层层代换。例如，有以下宏定义：

```
# define PI 3.1415926
# define S PI * r * r          /* PI 是已定义的宏名    */
```

则对语句

```
printf(" % f",S);
```

进行宏替换后变为：

```
printf(" % f",3.1415926 * r * r);
```

（7）可用宏定义表示数据类型，使书写方便，但在使用时要格外小心。例如，有以下宏定义：

```
# define PIN int *
```

则对语句

```
PIN x,y;
```

进行宏替换后变为：

```
int * x,y;
```

表示 x 为整型的指针变量，y 为一般的整型变量，而并非两个都为指针变量。由这个例子可见，宏定义虽然也可表示数据类型，但毕竟是作字符代换。在使用时要分外小心，以免出错。

（8）对"输出格式"作宏定义，可以减少书写麻烦。

例 7-4　对"输出格式"作宏定义。

```
/ * 源文件名: AL7_4.c * /
# include < stdio. h >
# define P printf
# define D " % d\t"
# define F " %.2f\n"
void main(){
    int a = 5, c = 8, e = 11;
    float b = 3.8, d = 9.7, f = 21.08;
    P(D F,a,b);
    P(D F,c,d);
    P(D F,e,f);
}
```

对上述程序进行宏替换后，其 main()函数相当于：

```
void main()
{ int a = 5, c = 8, e = 11;
    float b = 3.8, d = 9.7, f = 21.08;
```

```
    printf("%d\t %.2f\n",a,b);
    printf("%d\t %.2f\n",c,d);
    printf("%d\t %.2f\n",e,f);
}
```

程序运行情况如下：

```
5      3.80
8      9.70
11     21.08
```

7.2.2　带参数的宏定义

C语言允许宏带有参数。在宏定义中的参数称为形式参数，在宏调用中的参数称为实际参数。对带参数的宏，在调用中不仅要宏替换，而且要用实参去代换形参。

带参数的宏定义的一般形式为：

#define　宏名(参数1,参数2,…)　包含参数的字符串

带参宏调用的一般形式为：

宏名(实参表);

例 7-5　运用带参宏求圆的面积。

```
/*源文件名：AL7_5.c*/
#include<stdio.h>
#define PI 3.1415926
#define S(r) PI*r*r          /* 带参数的宏定义 */
void main()
{   float x,area;
    scanf("%f",&x);
    area = S(x);
    printf("R=%.2f\tAREA=%.2f\n",x,area);
}
```

程序运行情况如下：

```
4.5 ↙
R=4.50     AREA=63.62
```

带参宏的替换方式为，用语句中出现的带参数的宏中的实参(可以是变量、常量或表达式)，代替宏定义字符串中的形参，字符串中的其余字符保留。例如，用 S(x)中的 x 代替宏定义字符串中的 r，并将字符 * 保留，宏定义字符串即变为 PI*x*x。然后，再将 PI 替换为 3.1415926，即语句 area＝S(x)经过预处理后变为：

```
area = 3.1415926*x*x;
```

对带参宏的几点说明如下。

(1) 定义有参宏时，宏名与左圆括号之间不能留有空格。否则，C 编译系统将空格以后的所有字符均作为替代字符串，而将该宏视为无参宏。

例如把例 7-5：

　　#define S(r) PI＊r＊r

写为：

　　#define S (r) PI＊r＊r

将被认为是无参宏定义，宏名 S 代表(r) PI＊r＊r。宏替换时，宏调用语句：

　　area = S(x);

将变为：

　　area = (r) PI＊r＊r(x)

这显然是错误的。

　　（2）有参宏的展开，只是将实参作为字符串，简单地置换形参字符串，而不做任何语法检查。在定义有参宏时，字符串内的形参通常要用括号括起来以避免出错。

　　例如，在例 7-5 的源程序主函数中有如下语句：

area2 = S(a＋b);

　　这时，用实参代替 PI＊r＊r 中的 r，替换后的宏成为：

area2 = PI＊a＋b＊a＋b;

显然，这与程序设计的原意不符。为避免这种错误的产生，经常采用的办法是将形参用括号括起来。若在宏定义对字符串形参添加括号，即：

　　#define S(r) PI＊(r)＊(r)

则进行替换后得到 area2 ＝ PI＊(a＋b)＊(a＋b)，这样才能实现程序设计所要达到的目的。

　　（3）使用有参函数，无论调用多少次，都不会使目标程序变长，但每次调用都要占用系统时间进行调用现场保护和现场恢复；而使用有参宏，由于宏展开是在编译时进行的，所以不占运行时间，但是每引用 1 次，都会使目标程序增大 1 次。

　　（4）在带参宏定义中，形式参数不分配内存单元，因此不必作类型定义。而宏调用中的实参有具体的值，要用它们去代换形参，因此必须作类型说明。这是与函数中的情况不同的。在函数中，形参和实参是两个不同的量，各有自己的作用域，调用时要进行"值传递"。而在带参宏调用中，只是符号代换，不存在值传递的问题。

　　（5）带参的宏和带参函数很相似，但有本质上的不同，除上面已谈到的几点外，将同一表达式分别用函数与用宏来处理，其结果可能不同。请参看例 7-6 和例 7-7 的程序及运行结果。

　　例 7-6　求平方数，用函数处理。

```
/＊源文件名：AL7_6.c＊/
#include<stdio.h>
void main( )
{ int SQ(int y);
  int i = 1;
```

```
   while(i<=5)
     printf("%d\t",SQ(i++));
}
int   SQ(int y)
{
   return(y*y);
}
```

程序运行情况如下：

```
1    4    9    16    25
```

例 7-7　求平方数，用宏处理。

```
/*源文件名:AL7_7.c*/
#include<stdio.h>
#define SQ(y) (y*y)
void main()
{ int i=1;
   while(i<=5)
     printf("%d   ",SQ(i++*i++));
}
```

程序运行情况如下：

```
2    12    30
```

对比例 7-6 与例 7-7 的源程序，发现二者基本相同，但是输出的结果却大相径庭。为什么会产生这样的结果？分析如下：

在例 7-6 中，函数调用是把实参 i 值传给形参 y 后自增 1，然后输出函数 SQ 返回值。一共要循环 5 次，依次输出 1～5 的平方值。而在例 7-7 中宏调用时，只作宏替换，SQ(i++) 被代换为(i++*i++)。在第一次循环时，由于 i 等于 1，其计算过程为表达式第 1 个 i 先参与运算(i 为 1)，然后再自增；表达式中的第 2 个 i 因为第 1 个 i 自增 1 后为 2，故第 2 个 i 的值为 2，参加表达式运算，然后再自增，所以表达式的值为 1*2 等于 2，在第一次循环结束时 i 的值自增为 3。在第二次循环时，i 值为 3，所以表达式的值为 3*4 等于 12，在第二次循环结束时 i 的值自增为 5。进入第三次循环，i 值为 5，所以表达式的值为 5*6 等于 30，在第三次循环结束时 i 的值自增为 7。此时，不再满足循环条件，停止循环。

从以上分析可以看出函数调用和宏调用二者在形式上相似，在本质上是完全不同的。

7.3　文件包含

文件包含是指一个源文件可以将另一个源文件的全部内容包含进来。前面用此命令曾多次包含过库函数的头文件。例如：

```
#include  <stdio.h>
#include  "math.h"
```

1. 文件包含命令的两种格式

```
# include  "包含文件名"
# include  <包含文件名>
```

文件包含命令的作用是将指定的文件包含到本文件中该命令行所在的位置,用被包含源文件中的全部内容代替该命令行。该命令两种格式的区别如下。

(1) 双引号格式:系统首先到当前目录下查找被包含文件,如果没找到,再到系统指定的"包含文件目录"(由用户在配置环境时设置)去查找。

(2) 尖括号格式:直接到系统指定的"包含文件目录"去查找。

一般来说,使用双引号比较保险。

2. 使用文件包含的优点

通常情况下,一个大程序需要分为多个模块,并由多个程序员分别负责完成。在文件包含处理功能的帮助下,可以将多个模块共用的数据(如符号常量和数据结构)或函数,集中到一个单独的文件中。这样,凡是要使用其中数据或调用其中函数的程序员,只要使用文件包含处理功能,将所需文件包含进来即可,不必在各自文件中重复定义它们,从而减少重复劳动。

3. 说明

(1) 常用在文件头部的被包含文件,称为"标题文件"或"头部文件",常以 h(head)作为文件名后缀,简称头文件。但其他文件也可以被包含到文件中(如文件名的扩展名为.c 的文件,或无后缀名的文件)。

(2) 一条包含命令,只能指定一个被包含文件。如果要包含 n 个文件,则要用 n 条包含命令。

(3) 文件包含可以嵌套,即被包含文件中又包含另一个文件。但只要是被包含的文件,都应该是源文件,因为在编译时它会与包含它的源文件一起进行编译、连接。

7.4　条件编译

条件编译是指编译系统根据一定条件,对源程序进行有选择的编译,从而产生不同的目标代码文件。这对于程序的移植和调试是很有用的。预处理命令中提供了 3 组条件编译命令。

1. 第一种形式

格式:

```
# if 常量表达式
   程序段 1
# else
   程序段 2
# endif
```

该语句的功能是,当常量表达式的值为"真"时,则对程序段 1 进行编译;否则对程序段 2 进行编译。其中 # else 部分是可以选择的,有时它也可以没有。

例 7-8　根据常量表达式的值,选择性编译求圆或求正方形的面积。

```
/* 源文件名: AL7_8.c */
# include < stdio. h >
# define ID 1
void main(){
  float a,area;
  printf ("请输入一个值:  ");
  scanf(" % f",&a);
  # if ID
    area = 3.14159 * a * a;
    printf("半径为 % .2f 圆的面积为 % .2f\n",a,area);
  # else
    area = a * a;
  printf("边长为 % .2f 正方形的面积为: % .2f\n",a,area);
  # endif
}
```

程序运行情况如下:

```
请输入一个值: 4↙
半径为 4.00 圆的面积为:50.27
```

2. 第二种形式

格式:

```
# ifdef　宏名
  程序段 1
# else
  程序段 2
# endif
```

该语句的功能是,当宏名已经定义过,则编译程序段 1,否则编译程序段 2。同样,其中 # else 部分是可以选择的,有时它也可以没有。

例 7-9　密码输出设置。

分析:一般情况下,在使用某一系统输入口令时,显示的是由 * 号组成的字符串。但有时在程序调试时,要按原码输出。所以要根据需要设置条件编译,在程序调试时,输入口令按原码输出,否则输出 * 号。

```
/* 源文件名: AL7_9.c */
# include "stdio. h"
# include "conio. h"
# define DEBUG          /* 此行,可以根据需要增删 */
void main()
{ char pw[60];
  int i = - 1;
  printf("请输入口令: ");
  do{i++;
    if(i > 60)
    { printf("\n 输入口令过长!");
```

```
        exit(0);
      }
      pw[i] = getch();
      #ifdef DEBUG
          putchar(pw[i]);
      #else
          putchar('*');
      #endif
  }while(pw[i]!= '\n');
}
```

程序经过编译、连接后，运行情况如下：

请输入口令：123456↙

如果将例 7-9 源程序中第 4 行的"＃define DEBUG"删除，重新编译、连接，则程序运行情况如下：

请输入口令：******↙

3. 第三种形式
格式：

```
#ifndef   宏名
   程序段 1
#else
   程序段 2
#endif
```

它与第二种形式的功能相反，表示当宏名没有定义过，则编译程序段 1，否则编译程序段 2。同样，其中＃else 部分是可以选择的，有时它也可以没有。

本 章 小 结

1. 为了扩充 C 语言的功能，C 语言提供了多种预处理功能，如宏定义、文件包含、条件编译等。合理地使用预处理功能编写的程序便于阅读、修改、移植和调试，也有利于模块化程序设计。

2. 宏定义是用一个标识符来表示一个字符串，这个字符串可以是常数、表达式、格式串等。编译预处理时，在该宏定义命令之后出现的所有宏名，均被替换成代替字符串。

3. 宏定义和函数定义都可以带参数，但二者之间有着本质的区别，在调用宏时是直接将实参字符串替换形参，而函数调用时实参与形参之间是"值传递"的形式。带参宏定义的形式参数不分配内存单元，因此不必作类型定义。

4. 在宏定义时为避免不必要错误的发生，一般将宏定义中的字符串用圆括号括起来。在有参宏定义中的形式参数两边也应加圆括号，且不能在宏名与左圆括号之间留有空格。

5. 文件包含是指一个源文件可以将另一个源文件的全部内容包含进来。通过文件包含可以将多个模块共用的数据（如符号常量和数据结构）或函数，集中到一个单独的文件中，并最终编译形成一个目标文件。

　　6. 条件编译允许根据条件来选择要编译的程序段,因而产生不同的目标代码文件,这对减少内存的开销和增强程序的可移植性都是很有用的。

习　　题

一、选择题

1. (　　　)不是 C 语言的编译预处理命令。

　　A. ♯if　　　　　　　　　B. ♯undefine　　　　　C. ♯define　　　　　　D. ♯endif

2. 下列使用文件包含的预处理命令中,(　　　)是错误的。

　　A. ♯include ＜stdio. h＞　　　　　　　　　　B. ♯include "stdio. h"

　　C. ♯include "file1. c"　　　　　　　　　　　D. ♯include 'stdio. h'

3. (　　　)不是 C 语言提供的条件编译命令。

　　A. ♯define… ♯undef　　　　　　　　　　　B. ♯ifdef… ♯else… ♯endif

　　C. ♯if… ♯else… ♯endif　　　　　　　　　D. ♯ifndef… ♯else… ♯endif

4. 若程序中有宏定义行"♯define N 100",则下列叙述中正确的是(　　　)。

　　A. 宏定义行中定义了标识符 N 的值为整数 100

　　B. 在编译程序对 C 源程序进行预处理时用 100 替换标识符 N

　　C. 对 C 源程序进行编译时用 100 替换标识符 N

　　D. 在运行时用 100 替换标识符 N

5. 以下叙述中错误的是(　　　)。

　　A. 在程序中凡是以 ♯ 开始的语句行都是预处理命令行

　　B. 预处理命令行的最后不能以分号表示结束

　　C. ♯define MAX 是合法的宏定义命令行

　　D. C 程序对预处理命令行的处理是在程序执行的过程中进行的

6. 以下程序运行后的输出结果是(　　　)。

```
♯include < stdio. h>
♯define F(X,Y)  (x) * (y)
void main( )
{int x = 3, y = 4;
 printf(" % d\n",F(x++, y++));
}
```

　　A. 12　　　　　　　　　B. 15　　　　　　　　C. 16　　　　　　　　D. 20

7. 有一个名为 init. txt 的文件,内容如下:

```
♯define HDY(A,B) A/B
♯define PRINT(Y) printf("y = % d\n",Y)
```

有下列程序:

```
♯include "init. txt"
void main( )
```

```
{int a = 1, b = 2, c = 3, d = 4, k;
 k = HDY(a + c, b + d);
 PRINT(k);
}
```

下列针对该程序的叙述中正确的是(　　　)。

A. 编译出错　　　　　　　　　　　　B. 运行出错

C. 运行结果为 y=0　　　　　　　　　D. 运行结果为 y=6

8. 以下程序的运行结果是(　　　)。

```
# include < stdio.h >
#define  N  5
#define  M  N + 1
#define  f(x)  (x * M)
void main( )
{int i1, i2;
 i1 = f(2);
 i2 = f(1 + 1);
 printf("% d   % d", i1, i2);
}
```

A. 12　12　　　　　B. 11　7　　　　　C. 11　11　　　　　D. 12　7

9. 以下程序运行后的输出结果是(　　　)。

```
# include < stdio.h >
#define  PT  3.5
#define  S(x)  PT * x * x
void main( )
{  int a = 1, b = 2;  printf("% 4.1f\n", S(a + b));  }
```

A. 14.0　　　　　　　　　　　　　　B. 31.5

C. 7.5　　　　　　　　　　　　　　　D. 程序有错无输出结果

10. 以下程序中, for 循环执行的次数是(　　　)。

```
#define  N  2
#define  M  N + 1
#define  NUM  2 * M + 1
void main( )
{  int i;
   for(i = 1; i <= NUM; i++)
       printf("% d\n", i);
}
```

A. 4　　　　　　　B. 6　　　　　　　C. 7　　　　　　　D. 8

二、填空题

1. 下列程序的输出结果是_____。

```
# include < stdio.h >
#define M 5
#define N M + M
```

```
void main( )
{   int k;
    k = N * N * 5;   printf("%d\n",k);
}
```

2. 若有以下定义：

```
#define  N  2
#define  Y(n)  ((N+1)*n)
```

则执行语句"Z = 3 * （N+Y(2 * 2)）;"的结果为_____。

3. 下列程序的输出结果是_____。

```
#define SQR(t) t * t
void main( )
{   int a = 1, b = 2, s;
    s = SQR(a + b);
    printf("%d", s);
}
```

4. 下列程序的运行结果是_____。

```
#define  DEBUG  123
void main( )
{   int a = 12, b = 16;
    #ifdef DEBUG
        printf("%o,  %x", a, b);
    #else
        printf("%d", a - b);
    #endif
}
```

5. 下列程序的运行结果是_____。

```
#include <stdio.h>
#define UPPER 1
void main()
{   char *s = "Hello World", ch;
    #if UPPER
        while( *s)
        {   if( *s >= 'a' && *s <= 'z')
                printf("%c", *s - 32);
            else
                printf("%c", *s);
            s++;
        }
    #else
        while( *s)
        {   if( *s >= 'A' && *s <= 'Z')
                printf("%c", *s + 32);
            else
                printf("%c", *s);
```

```
        s++;
      }
  #endif
}
```

三、程序设计题

1. 利用带参宏的宏替换,实现输入两个整数,输出它们的余数。

2. 设计输出整型数据、实型数据和字符型数据的宏定义,并将这些宏定义编辑在一个头文件里,编制一个源程序使用这些宏定义。

3. 对输入的字符串的字母进行大小写替换,可以实现将其中的大写字母转换成小写字母,也实现将其中的小写字母转换成大写字母,用条件编译的方式控制选择哪种类型的转换。

4. 设计所需要的各种各样的输出格式(包括整数、实数、字符串等),用一个文件名 format. h 把这些信息放到此文件中,另编写一个程序文件,用 #include "format. h"命令以确保能使用这些格式。

5. 用条件编译方法实现以下功能。

输入一行电报文字,可以任选两种输出:一为原文输出;一为将字母变成其下一个字母(如 a 变成 b,…,z 变成 a),其他非字母字符不变。用 #define 命令来控制是否要设成密码。例如,若

```
#define CHANGE 1
```

则输出密码;若

```
#define CHANGE 0
```

则不译成密码,按原码输出。

第 8 章　自定义数据类型

教学目标、要求

通过本章学习,要求掌握结构体类型、联合体类型和枚举类型的定义和使用;熟悉用 typedef 定义类型别名。能够用本章所学习的知识解决一些简单事务的处理。

教学用时、内容

本章共需 10 学时,其中理论教学 6 学时,实践教学 4 学时。教学内容如下:

C 语言的语句

结构体 { 结构体的定义及其变量的引用
结构体数组
结构体和指针

共用体 { 共用体及其变量的定义
共用体成员的引用

枚举类型 { 枚举类型的定义
枚举变量的定义和使用

用 typedef 定义类型别名

教学重点、难点

重点:(1) 结构体变量的定义和引用;

(2) 结构体数组的应用;

(3) 结构体与指针的应用;

(4) 共用体和枚举类型的定义和引用。

难点:(1) 结构体数组;

(2) 结构体与指针。

8.1　结　构　体

8.1.1　结构体类型的定义

数组是一种构造数据类型,它由一组类型相同的元素组成,其应用广泛。但是,在处理许多实际事务过程中往往需要将不同类型数据组织起来,这时需要引入更为复杂的构造数据类型——结构体类型。结构体类型是由不同类型数据组成的一种构造数据类型。

在数据的处理过程中,有时需要描述一个对象多方面的属性。例如,描述人的基本情况,可能需要用到人的姓名、年龄、性别等属性,这些属性的数据类型应该能有所不同(在这里姓名应是字符串,年龄应是整型,性别应是字符类型等),这些属性的数据类型不同,但它们属于同一个对象。而结构体类型的特点是其内部成员的数据类型可以不同,这正好用来描述此类事务对象。

结构体类型的定义格式如下：

```
struct  结构体名
{  类型标识符 1    结构体成员名 1;
   类型标识符 2    结构体成员名 2;
    ⋮
   类型标识符 n    结构体成员名 n;
};
```

其中：关键字 struct 是定义结构体类型的标志，结构体类型标识符由它与"结构体名"共同组成。结构体名、类型标识符 1、…、类型标识符 n，均应为合法标识符。各结构体成员名表明结构体组成成员的名字，称它们为成员变量；各类型标识符可以是基本类型标识符、其他构造类型标识符，也可以是已定义的结构体类型标识符。

依据该定义格式，创建上面所描述人这个对象的结构体类型可为：

```
struct  person
{  char name[12];
   int  age;
   char sex;
};
```

person 是结构体名，它紧跟在关键字 struct 之后。通过一对花括号将内部成员括起，内部成员之间用分号间隔。其中，成员变量 name、age、sex 的数据类型不同。要注意花括号后的分号不能忽略。

程序中，在定义一个结构体类型之后，其地位和作用就跟基本数据类型一样，可运用它来说明结构体类型的变量，只是结构体类型是用户根据需要自己定义的，而基本数据类型是系统提供的。

8.1.2　结构体变量的定义及初始化

定义结构体类型，只是用户自己创建由多种类型数据组合描述一个对象的模型。一个结构体类型定义完成后，系统对其不分配任何的内存单元。只有当用结构体类型定义了变量之后，才能使用这种变量。由结构体类型定义的变量称为结构体变量（也简称为结构变量），它的定义方式有两种。

第一种方式：通过已构造好的结构体类型来定义结构体变量，其形式如下：

```
struct  结构体名  结构体变量名;
```

结构体变量名应是一个合法的标识符。利用前一节所定义好的结构体类型 person 来定义结构体变量：

```
struct  person p1;
```

定义 p1 为 person 结构体类型的变量。

注意：在这里 struct 关键字不能缺省。

第二种方式：在构造结构体类型的同时定义结构体变量，其形式如下：

```
struct   结构体名
{ 结构体成员列表;
} 结构体变量名 1,…,结构体变量名 n;
```

结构体变量名在花括号后直接给出,多个变量之间用逗号隔开,最后一个变量名后要用分号结束。例如:

```
struct   person
{ char name[12];
   int   age;
   char sex;
}p2,p3;
```

定义了 p2 和 p3 为 person 结构体类型的变量。

在对结构体类型变量初始化时,可采取直接赋值的方式。例如:

```
struct   person   p1 = {"Zhangsan",20, 'm'};
```

或

```
struct   person
{ char name[12];
   int   age;
   char sex;
}p2 = {"lili",21,'f'};
```

注意:初始化时,值的类型要与结构体的成员变量类型对应一致。

8.1.3　结构体成员的引用

1. 结构体成员的引用

使用结构体成员之前,必须定义结构体变量。通过成员运算符".."引用结构体成员。引用结构体成员的基本形式为:

结构体变量名.结构体成员名

成员运算符".."在所有运算符中的优先级最高,应将这种引用形式看作一个整体,其性质与其他的普通变量完全相同。例如,用引用结构体变量 p1 成员 age 格式为 p1. age, p1. age 应被看做一个整体,p1. age＋＋是对 p1. age 自增,而不是对 age 自增,age 是整型,所以 p1. age 在使用中与普通的整型变量使用方法一样。

2. 结构体变量的赋值

结构体变量一般可以通过赋值语句、输入函数等形式赋值。

(1) 采用赋值语句赋值。对结构体变量而言,若两个变量名所属的结构体类型相同,便可以进行整体赋值,例如:

```
p1 = p2;
```

p1 和 p2 同属于 struct   person 类型。也可以对单个成员变量进行赋值,例如:

```
strcpy(p1.name,p2.name);
p1.age = p2.age;
p1.sex = p2.sex;
```

将结构体变量 p2 的各个成员赋值给 p1 的各个成员,其效果和整个赋值是一样的。因为字符串变量的赋值不能使用赋值运算符,必须使用字符串复制函数 strcpy()。

(2) 采用 scanf()函数赋值。用 scanf()函数不能对结构体变量整体进行赋值,例如以下方法赋值是错误的:

```
scanf("%s,%d,%c",&p1);
```

而应该对结构体变量的各成员变量分别赋值,例如以下方法赋值是正确的:

```
scanf("%s",p1.name);
scanf("%d",&p1.age);
scanf("%c",&p1.sex);
```

对结构体变量 p1 的各个成员变量,分别输入数据。

注意:因数组名代表数组首地址,故取 p1.name 的地址时无须加地址运算符 &。

(3) 使用 printf()函数对结构体变量进行数据输出时,同样不能进行结构体变量的整体输出,而是要对结构体变量的各个成员分别进行输出。例如:

```
printf("%s,",p1.name);
printf("%d,",p1.age);
printf("%c\n",p1.sex);
```

综上所述,对结构体变量的输入输出一般采用对成员的引用形式,使用时只须将这种"引用形式"作为一般变量对待即可。

例 8-1　构造结构体类型 person 并对其变量赋值后输出。

```
/* 源程序文件名: AL8_1.c */
# include < stdio.h>
void main()
{    struct person
    {   char name[12];
        int age;
        char sex;
    }p1;
    scanf("%s %d %c",p1.name,&p1.age,&p1.sex);
    printf("姓名: %s\n",p1.name);
    printf("年龄: %d\n",p1.age);
    printf("性别: %c\n",p1.sex);
}
```

程序运行情况如下:

```
zhangsan   20 m ↙
姓名: zhangsan
年龄: 20
性别: m
```

8.2 结构体数组

8.2.1 结构体数组的定义

用结构体类型定义的数组称为结构体数组。结构体数组与普通数组的区别仅在于其内部的每一个元素都是结构体类型,而一个结构体类型变量能存放一个对象的多方面属性值,那么一个结构体数组便能存放多个对象的属性值。例如,一个人的姓名、年龄和性别可用一个结构体类型变量存储,如果有 10 个人甚至更多,用结构体数组就可以轻松地完成数据的存储,而不用定义 10 个结构体变量了。

定义结构体数组与定义结构体变量相似,其格式如下:

struct   结构体类型名   结构体数组名[长度];

结构体数组名应是一个合法的标识符。例如:

struct   person   p[10];

表示 p 为结构体数组,其有 10 个数组元素,每个元素都是 struct   person 类型变量。

8.2.2 结构体数组的初始化

结构体数组初始化和普通数组的类似,例如:

```
struct person
{   char name[12];
    int age;
    char sex;
    char addr[20];
};
struct person p[3] = {    {"sunlin",19,'m',"beijing"},
                          {"xiaohua",20,'m',"shanghai"},
                          {"yanglan",22,'f',"fujian"}
                     };
```

也可以在定义结构体类型时直接初始化,如:

```
struct person
{   char name[12];
    int age;
    char sex;
    char addr[20];
}p[] = { {"sunlin",19,'m',"beijing"},
         {"xiaohua",20,'m',"shanghai"},
         {"yanglan",22,'f',"fujian"}
       };
```

如果不指定数组长度,在编译时系统会根据所给初值个数确定数组的元素个数。如上例系统会自动确定结构体数组 p 的元素个数为 3。

8.2.3　结构体数组的应用

对结构体数组的访问和对普通数组的一样,也是用"数组名[下标]"来确定结构体数组元素。结构体数组元素即为结构体类型变量,所以引用结构体数组元素的成员时,也要使用成员运算符"."。其一般格式如下:

数组名[下标号].成员名

如在 8.2.2 小节的示例中,p[1].age 表示结构体数组 p 中第二个数组元素中的成员 age,它的值为 20。实际上,结构体数组元素的使用和结构体变量的使用一样,最终都是对成员变量进行访问。

例 8-2　定义一个结构体数组用于存储两个学生的信息,并对学生信息进行输出。

```c
/* 源程序文件名: AL8_2.c */
# include < stdio. h>
struct student
{   char number[8];
    char name[8];
    int   score[3];
} stu[2];                    /* 定义全局结构体数组,包含学生学号、姓名及成绩 */
void main()
{   int i, j;
    int m, n;
    for(i = 0; i < 2; i++)        /* 输入学生信息 */
    {   printf("请输入第 %d 个学生的信息: \n", i + 1);
        printf("学号: ");
        scanf(" %s", stu[i].number);
        printf("姓名: ");
        scanf(" %s", stu[i].name);
        for(j = 0; j < 3; j++)
        {   printf("科目 %d 成绩: ", j + 1);
            scanf(" %d", &stu[i].score[j]);
        }
        printf("\n");
    }
    /* 以下程序输出学生信息 */
    printf("学号      姓名     科目 1      科目 2      科目 3\n");
    for(m = 0; m < 2; m++)
    {   printf(" % - 8s % - 8s", stu[m].number, stu[m].name);
        for(n = 0; n < 3; n++)
            printf(" % - 8d", stu[m].score[n]);
        printf("\n");
    }
}
```

程序运行情况如下:

请输入第 1 个学生的信息:
学号: 090221 ↙
姓名: sunlili ↙
科目 1 成绩: 80 ↙

科目 2 成绩: 87 ✓
科目 3 成绩: 90 ✓
请输入第 2 个学生的信息:
学号: 090325 ✓
姓名: lihong ✓
科目 1 成绩: 78 ✓
科目 2 成绩: 84 ✓
科目 3 成绩: 91 ✓

学号	姓名	科目 1	科目 2	科目 3
090221	sunlili	80	87	90
090325	lihong	78	84	91

在全局结构体类型 student 中定义了学生的学号、姓名和成绩,并在定义结构体类型的同时定义一个包含 2 个元素的结构体数组 stu。在输入和输出学生的信息时,必须分解到具体的结构体变量的成员上,即通过 stu[i]. number、stu[i]. name 和 stu[i]. sore[j]分别取得该学生的信息,并通过循环语句的控制来实现具体的输入和输出操作。当 i=0 时为第一个学生,i=1 为第二个学生。

8.3　结构体和指针

8.3.1　指向结构体的指针

定义一个结构体变量后,系统会为其在内存中开辟足够的存储单元,为该变量的成员数据的存取做好准备。例如若有:

```
struct   person
{   char name[10];
    int   age;
    char sex[2]
    char add[50];
} p1 = {"赵二彪",22,"男","北京海淀区××路××号"};
```

则结构体变量 p1 在内存单元中的存储情况,可用图 8-1 表示。

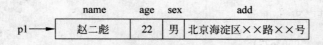

图 8-1　p1 在内存单元中的存储情况

这样,p1 共占用 10+2+1+50=63 字节的内存单元。

结构体指针用于指向结构体变量,即指向结构体变量在存储区域的起始地址,它是一个指针变量。其定义格式如下:

struct   结构体类型名   *指针变量名

例如:

```
struct   person   * p;
p = &p1;
```

　　通过结构体类型 struct person 定义一个指针变量 p,并把结构体变量 p1 的首地址赋值给 p,此时,指针变量 p 也就指向了结构体变量 p1 的首地址。以后便可以通过指针变量 p 引用结构体变量 p1 的成员了。一个指针变量引用结构体变量成员的格式有以下两种。

　　格式一:

(∗指针变量名).结构体成员名

　　格式二:

指针变量名->结构体成员名

　　注意:格式一的圆括号不能省略,因为成员运算符"."的优先级别比指针运算符∗高。"(∗指针变量名)"表示该指针变量所指向的结构体变量。

　　例如,通过指针变量 p 来引用结构体成员 age,可用形如:

(∗p).age

或者

p->age

　　以上两种形式都是利用指针变量 p 引用结构体中的成员 age,结果都等价于 p1.age。

　　例 8-3　定义一个指针变量指向一个结构体变量,分别用结构体变量和指针变量对结构体变量各个成员进行输出。

```c
/* 源程序文件名: AL8_3.c */
# include < stdio.h >
# include < string.h >
void main()
{ struct student
  {  char num[10];
     char name[10];
     char sex;
     float score;
  };
  struct student stu;
  struct student * p;
  p = &stu;
  strcpy(stu.num, "090367");
  strcpy(stu.name, "sunlin");
  (* p).sex = 'm';
  p-> score = 90;
  printf("学号: % s\n 姓名: % s\n 性别: % c\n 分数: % 4.1f\n",
                         stu.num, stu.name, stu.sex, stu.score);
  printf("\n");
  printf("学号: % s\n 姓名: % s\n 性别: % c\n 分数: % 4.1f\n",
                    (* p).num, (* p).name, (* p).sex, (* p).score);
  printf("\n");
  printf("学号: % s\n 姓名: % s\n 性别: % c\n 分数: % 4.1f\n",
                         p-> num, p-> name, p-> sex, p-> score);
}
```

程序运行情况如下：

学号：090367
姓名：sunlin
性别：m
分数：90.0

学号：090367
姓名：sunlin
性别：m
分数：90.0

学号：090367
姓名：sunlin
性别：m
分数：90.0

程序中定义了一个指针变量 p 用于指向结构体变量 stu，其在内存单元中的分布如图 8-2 所示，p 指向 stu 所占内存单元的首地址。在给结构变量的成员 stu. num、(* p). sex 和 p－＞score 赋值时，分别使用了三种不同的方式。程序的输出部分虽然采用了三种不同的方法，但结果是一样的。

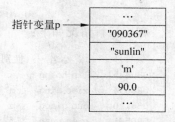

图 8-2　指针变量 p 指向结构体变量

上例中 p 为 struct student 结构体类型指针，初值为 stu 的首地址。在使用结构体指针时须注意：

（1） p－＞score 表示 p 指向的结构体变量中的成员 score；

（2） p－＞score＋＋表示先使用成员 score 的值，然后再对 score 的值增 1；

（3） ＋＋p－＞score 表示先对成员 score 的值加 1，然后再使用该成员；

（4） (p＋＋)－＞score 表示先使用当前元素中成员 score 的值，然后 p 再自增 1 指向下一个元素；

（5） (＋＋p)－＞score 表示 p 先移动指向下一个元素，然后再使用新指向的元素中成员 score 的值。

8.3.2　指向结构体数组的指针

如果将结构体数组的首地址（即结构体数组名，也可以是第一个元素的地址）赋值给一个指针变量，那么该指针变量也就指向了该结构体数组。以后，可通过该指针变量来操作结构体数组元素的成员；不管结构体数组元素占用多少个字节，该指针的移动都是以结构体数组一个元素为单位的，即只要指针变量增 1，则指针会移动到结构体数组下一个元素。

例 8-4　指向结构体数组指针的应用。

```
/ * 源程序文件名：AL8_4.c * /
# include < stdio. h >
/ * 定义一个全局的结构体 * /
struct student
```

```
{   char num[10];
    char name[20];
    char sex;
    int age;
};
/* 声明结构体数组并赋初值 */
struct student stu[4]
= {{"080435", "lin huang", 'm', 21},
    {"080654", "xiao ming", 'm', 22},
    {"080110", "guo qiang", 'm', 21},
    {"080501", "yuan yuan", 'f', 20}};
void main()
{   struct student * p;      /* 定义一个结构体指针变量 */
    printf(" 学号      姓名      性别      年龄\n");
    for(p = stu; p < stu + 4; p++)
        printf(" % - 8s % - 12s % - 10c % - 3d\n", p-> num, p-> name, p-> sex, p-> age);
}
```

程序运行情况如下：

学号	姓名	性别	年龄
080435	lin huang	m	21
080654	xiao ming	m	22
080110	guo qiang	m	21
080501	yuan yuan	f	20

　　程序中,用 struct student 结构体类型定义了一个包含 4 个元素的结构体数组 stu 和一个结构体指针变量 p,在 for 循环语句的初始化部分将数组名 stu 赋值给了指针变量 p,因而指针 p 也就指向该结构体数组的首地址,即指向第一个数组元素 stu[0](如图 8-3 所示)。第一次循环输出了 stu[0]中各个成员的值,并通过 p++(注意,p 只自增 1,但是它移动的字节数为 10+20+1+2＝33 字节),将指针移动到数组的下一个元素 stu[1]的首地址,第二次循环输出了 stu[1]各个成员的值。如此反复,当 p＜stu＋4 不成立时,退出循环。

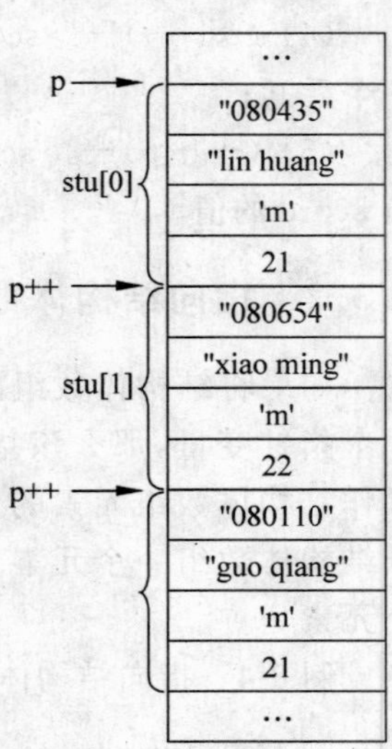

8.3.3　结构体变量作为函数参数

　　结构体变量可以作为函数中的参数进行传递,用法主要有以下三种。

1. 结构体变量的成员作为实际参数

　　结构体变量的成员作为实际参数传递给形式参数,用法和普通变量在函数中传递是一样的,所不同的是该实际参数来自于结构体变量的成员。其过程属于"传值"方式,即将结构体变量成员的值传递给形式参数,如果在被调函数中修改了形式参数的值,实际参数(所传递的结构体变量成员)不会受到影响。应用过程中往往需要传递的实际参数较多,要注意实际参数的类型、次序应与形式参数的类型、次序对应一致。

图 8-3　数组 stu 的内存结构

例 8-5 输入结构体变量 stu 各个成员的值,调用 output()函数输出 stu 各成员值。

```
/*源程序文件名:AL8_5.c */
#include<stdio.h>
struct student
{    char number[10];
     char name[10];
     float    score;
} stu;
void output(char num[],char n[],float s)            /*定义函数 output()用于输出学生信息*/
{    printf("学号:%-8s",num);
     printf("姓名:%-8s",n);
     printf("分数:%4.1f\n",s);
     s=0;                                           /* 将分数置 0 */
}
void main()
{    printf("学号:");
     scanf("%s", stu.number);
     printf("姓名:");
     scanf("%s", stu.name);
     printf("分数:");
     scanf("%f", &stu.score);
     printf("\n");
     /* 调用 output */
     output(stu.number,stu.name,stu.score);
     /* 在 main()中再次输出学生信息 */
     printf("学号:%-8s",stu.number);
     printf("姓名:%-8s",stu.name);
     printf("分数:%4.1f\n",stu.score);
}
```

程序运行情况如下:

```
学号:080612 ✓
姓名:xiaoming ✓
分数:97 ✓
学号:080654   姓名:xiaoming   分数:97.0
学号:080654   姓名:xiaoming   分数:97.0
```

函数调用时,实际参数(stu.number,stu.name,stu.score)应与 output()函数的形式参数(char num[],char n[],int s)的类型和次序相一致。在 output()函数体中,虽然将形式参数 s 置为 0,但并不影响对应实参的值,所以第二行输出的结果分数还是 97,而不是 0。

2. 结构体变量作为实际参数

从 ANSI C 版本之后,C 系统允许将结构体变量当作实际参数传递给形式参数。定义函数头部的形式参数时,要注意形式参数应该与实际参数具有相同的结构体类型。传递过程的实质是取出结构体变量各个成员在内存单元中的值,按顺序传递给形式参数的各个成员。显然,该过程也是属于"传值"方式。如果改变形式参数中的数据,同样不会影响到实际参数的值。

例 8-6　将上例的函数参数传递形式改为用结构体变量。

```
/* 源程序文件名：AL8_6.c */
/* output 函数修改如下：*/
void output(struct student s)
{   printf("学号：% - 8s",s.number);
    printf("姓名：% - 8s",s.name);
    printf("分数：%4.1f\n",s.score);
    s.score = 0;                        /* 将分数置 0 */
}
```

在 main() 函数中，将调用 output() 函数的方式改为 output(stu) 即可。程序运行结果同例 8-5。

这种参数的传递方式就是将结构体变量 stu 作为实际参数传递给形式参数 s，这里的变量 s 类型应与 stu 相同。整个过程将 stu.number、stu.name、stu.score 中的值分别传递给 s.number、s.name、s.score，虽然 output() 中将 s.core 值置为 0，但并不影响 stu.score 的值。

3. 结构体变量的指针作为实际参数

将结构体变量的指针作为实际参数传递，被调函数的形参类型应该是与实参相同的结构体类型的指针变量。实参的指针变量传递给形参后，形参中的指针变量便指向实参的结构体变量。当利用形参的指针变量对结构体变量值进行修改时，实参中的结构体变量的值也会被修改。

例 8-7　将例 8-5 改为用结构体变量的指针作为实际参数。

```
/* 源程序文件名：AL8_7.c */
/* output 函数修改如下：*/
void output(struct student * p)
{   printf("学号：% - 8s",p->number);
    printf("姓名：% - 8s",p->name);
    printf("分数：%4.1f\n",p->score);
    p->score = 0;                        /* 将分数置 0 */
}
```

在 main() 函数中将调用 output() 函数方式改为 output(&stu) 即可。

程序运行情况如下：

```
学号：080654 ↙
姓名：xiaoming ↙
分数：97 ↙
学号：080654   姓名：xiaoming   分数：97.0
学号：080654   姓名：xiaoming   分数：0.0
```

函数 output() 中的形式参数 p 被定义为指向结构体类型 struct student 的指针变量。output() 函数被调用时，将结构体变量 stu 的地址传递给指针变量 p，那么 p 就指向了 stu 在内存中的首地址。当修改指针 p 指向的内存单元中的内容时，stu 的成员值也随即被修改。因此，在输出结果的第二行中，因为 p->score 的值置为 0，那么分数 stu.score 也被改成了 0。

8.4　链　　表

8.4.1　链表的定义

链表是程序设计中经常使用到的一种重要的数据结构。链表由若干个被称为结点（如图 8-4 所示）的元素组成。每个结点包含两部分信息：一是数据部分，存放任何类型的需要处理的数据；二是指针部分，存放指向下一个结点的地址。在 C 语言中，"结点"通常用结构体来表示。

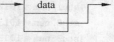

图 8-4　结点示意图

运用结构体可方便地定义结点，具体定义格式如下：

```
struct  结构体类型名
{  数据成员类表
   struct 结构体类型名 *指针变量名；
};
```

其中两个结构体类型名相同，指针变量名用"struct ＜结构体类型名＞ *"定义，表示该指针变量指向同一种结构体类型的数据。依据该格式来创建一个结点如下：

```
struct  node
{  int data;
   struct node  * next;
};
```

其中：结构体类型 struct node 为所定义的结点类型，data 表示该结点中存储的数据，为整型；next 被定义成 struct node 类型的指针变量，它指向类型为 struct node 结构体的结点。

在定义了结点的结构体类型后，便可以动态地创建链表了。图 8-5 所示为一张简单的链表。

链表通常有一个"头指针"，一般用 head 表示这个指针变量，其类型与结点类型一致，用它指向链表的第一个结点。链表最后一个结点的指针变量中存放一个 NULL——"空指针"，表示它不再指向其他的结点。从图中看出，链表中各个结点的存储地址可以是不连续的，利用结点中的指针变量可以找到下一个结点的位置，这样会实现链表的动态存储分配。

下面通过一个例子来说明如何创建和输出一个简单链表。

例 8-8　建立一个简单链表（如图 8-6 所示），该链表由 3 个学生数据的结点组成，输出 3 个结点中的数据。

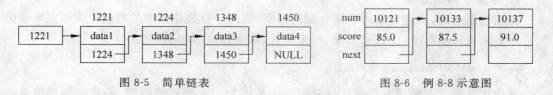

图 8-5　简单链表　　　　　　　　　　图 8-6　例 8-8 示意图

```
/* 源代码文件名：AL8_8.c */
# include < stdio.h >
```

```
struct student
{   long num;
    float score;
    struct student * next;
};
void main()
{   struct student stu1,stu2,stu3;
    struct student * head, * p;
    stu1. num = 10121;stu1. score = 85.0;
    stu2. num = 10133;stu2. score = 87.5;
    stu3. num = 10137;stu3. score = 91.0;
    head = &stu1;                /* 将结点 stu1 的起始地址赋给头指针 head */
    stu1. next = &stu2;          /* 将结点 stu2 的起始地址赋给结点 stu1 的成员 next */
    stu2. next = &stu3;          /* 将结点 stu3 的起始地址赋给结点 stu2 的成员 next */
    stu3. next = NULL;           /* 将空地址 NULL 赋给结点 stu3 的成员 next */
    p = head;                    /* 令 p(与 head 一样)也指向 stu1 结点的起始地址 */
    while(p!= NULL)              /* p 不为空时,执行循环 */
    {   printf(" % ld, % 5.1f\n",p-> num,p-> score);        /* 输出 p 指向结点的数据 */
        p = p-> next;            /* 使 p 指向下一个结点 */
    }
}
```

程序运行情况如下：

```
10121,85.0
10133,87.5
10137,91.0
```

程序开始时,使头指针 head 指向 stu1 结点,stu1. next 指向 stu2 结点,stu2. next 指向 stu3 结点,stu3. next 存放 NULL,表示不指向任何结点,这就构成了简单链表的关系。在输出链表数据时,借助指针 p,先使 p 指向 stu1 结点,然后输出 stu1 结点中的数据,语句 "p＝p-＞next;"是为输出下一个结点数据做准备的。在循环过程中,p 最终会指向 stu3. next(NULL),因此可用 p! ＝NULL 作为循环条件。

本例比较简单,所有的结点都是在程序中定义的,不是临时开辟的,这种链表被称为"静态链表"。

8.4.2　结点的基本操作

对链表中结点的基本操作主要有以下几种。

1. 结点空间的分配

在创建结点时,必须为结点申请分配内存空间,用于存放结点中的数据。为结点申请分配内存空间由库函数 malloc(＜长度＞)来完成,该函数原型如下：

```
void * malloc(unsigned int size);
```

其作用是在内存的动态存储区域分配一个长度为 size 的连续空间,函数的返回值是一个指向分配域起始地址的指针,若分配不成功,则返回空指针 NULL。形参 size 表示申请的空间长度,为整型常量,其值等于结点中各个成员字节数的总和。

2. 结点空间的释放

如果一个结点没有存在的价值，要从链表中删除它，则应该释放其所占用的内存空间。释放结点空间由函数 free(<指针变量>)完成，该函数的原型如下：

```
void free(void * p);
```

其作用是释放由指针变量 p 指向的内存空间，被释放的内存空间又可以被其他的变量使用。free()函数无返回值。

3. 插入结点

插入结点就是把结点连接到链表中。在结点插入前，需要先确定结点插入的位置。插入点有一前一后两个结点，先取出前一个结点中指针成员的值并赋给插入结点的指针成员，这使插入结点指向后一个结点，然后将插入结点的地址赋给前一个结点的指针成员，这使前一个结点指向了插入结点。这样便完成了结点的插入操作。

图 8-7 所示为将一个新结点 C 插入到链表中的示意图。根据以上插入结点的操作，须将结点 B 的地址赋给新结点 C 的指针成员，再将新结点 C 的地址赋给结点 A 的指针成员，最终实现新结点 C 的插入。

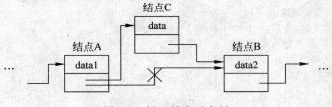

图 8-7　插入结点示意图

4. 删除结点

删除结点就是将结点从链表中去除。这个操作只须将要删除的结点的后一个结点地址赋给其前一个结点的指针成员即可。

图 8-8 所示为将结点 B 从链表中删除的示意图。根据以上删除结点的操作，只需从结点 B 的指针成员中取出结点 C 的地址，并赋给结点 A 的指针成员，那么结点 A 便指向结点 C，完成结点 B 从链表中删除的操作。

图 8-8　删除结点示意图

8.4.3　创建动态链表

创建动态链表是指在程序执行过程中，为链表中的每一个结点动态地申请内存空间，并建立起它们之间的关系。

例 8-9　编写一个函数，使其能建立若干名学生数据的动态链表。

/* 源代码文件名：AL8_9.c */

```c
# include < stdio. h >
# include < malloc. h >
# include < string. h >
#define   LEN   sizeof(struct student) /*常量 LEN 表示 struct student 类型所占的字节数 */
struct student
{  long num;
   float score;
   struct student * next;
};
 struct student * creat()
 /*定义函数.该函数返回一个指向 struct student 类型的指针 */
{  struct student * head;
   struct student * p1, * p2;
   char ch;
   int a = 0;                          /*变量 a 表示结点数 */
   head = NULL;                        /*表示链表在创建前为空 */
   printf("是否输入新数据?(y/n):");
   while(toupper(ch = getche()) == 'Y')
{   p1 = (struct student * )malloc(LEN);
    a++;                            /*每次要新增一个结点时,结点数加 1 */
    printf("\n 请输入:");
    scanf(" % ld, % f",&p1 - > num,&p1 - > score);
    printf("是否输入新数据?(y/n):");
    if(a == 1)
    {   head = p1;
        p2 = p1;
    }
    else
    {   p2 - > next = p1;
        p2 = p1;
    }
    p1 - > next = NULL;
}
   return(head);
}
```

调用上述 creat()函数,可以实现创建若干名学生数据的动态链表。函数 creat()首先定义 head、p1、p2 三个 struct student 类型的指针。其中,head 表示头指针,在链表的创建过程中其始终指向链表的第一个结点,如果当前链表为空,那么 head=NULL;p1 用于指向新增的结点;p2 用于指向链表尾的结点。该函数通过条件表达式 toupper(ch=getche())=='Y'来判断是否要创建新结点,如果条件成立,则使用 malloc()函数为新结点申请内存空间,并将该内存空间的起始地址赋给 p1(使 p1 指向新结点),使 a 值自增 1 表示要加入一个新结点。新增结点时分两种情况:①如果当前链表为空,令 head=p1,即把新结点的地址赋给头指针 head,使之成为链表的第一个结点,并令 p2=p1,即使指针 p2 指向当前新增结点,为下一个结点的创建做准备。②如果当前链表不为空,则执行语句"p2->next=p1;"和"p2=p1;",即将新结点的地址赋给链表尾结点的指针成员,建立新结点与链表的关系,并使得 p2 指向链表尾结点。在每次将新结点插入链表后,便使新结点的指针成员值为NULL,使得新增结点成为链表当前的最后一个结点。函数在最后返回头指针 head 值。

　　该函数采用从链表尾添加新结点的方式,不妨考虑如果要使新增结点从链表首添加,函数应该如何编写。

8.4.4　链表的输出

　　链表的输出就是将链表中各结点的数据输出。要实现链表的输出操作,必须得到链表中第一个结点的地址,即取得 head 的值。通过头指针 head 依次找到链表中各个结点,并输出各结点中的数据。

　　例 8-10　编写一个输出链表中结点数据的函数。

```
/* 源代码文件名: AL8_10.c */
void print(struct student * head)
{   struct student * p;
    p = head;
    while(p!= NULL)
    {   printf("\n 学生学号:% d,成绩是:% 4.1f",p-> num,p-> score);
        p = p-> next;
    }
}
```

　　在 print()函数中,由形参 head 取得链表中第一个结点的地址,并将该地址赋给指针变量 p(使 p 指向第一个结点)。用 while 循环实现输出链表中结点的数据:当 p 值不为空时,输出 p 所指结点的数据,然后使 p 指向下一个结点,直至 p 值为 NULL,表示已到链尾。

8.4.5　链表的插入和删除操作

　　在 8.4.2 小节已经介绍过如何在链表中插入结点和删除结点。下面学习插入和删除结点的实际操作。

　　例 8-11　编写函数 insert()实现在有序链表中插入一个结点,使插入结点后,链表仍然有序(这里假设原链表已按 num 值从小到大进行排列)。

```
/* 源代码文件名: AL8_11.c */
struct student * insert(struct student * head)
{   struct student * p0, * p1, * p2;
    p0 = (struct student * )malloc(LEN);        /* p0 指向所要插入的结点 */
    printf("\n 输入所要插入结点的数据:");
    scanf("% ld,% f",&p0-> num,&p0-> score);
    p1 = head;
    if(head == NULL)                            /* 原链表是空链 */
    {   head = p0;                              /* p0 指向的结点作为头结点 */
        p0 -> next = NULL;
    }
    else
    if(p1-> num > p0-> num)                      /* 第一个结点数据即符合要求 */
    {   p0 -> next = head;
        head = p0;
    }
    else
    {   while(p1!= NULL)
```

```
        {   if(p1 - > num < p0 - > num)
            {   p2 = p1;
                p1 = p1 - > next;
            }
            else
            {   p0 - > next = p1;
                p2 - > next = p0;
                break;
            }
        }
        if(p1 == NULL) / * 最后一个结点也不符合要求,将待插入结点置于链尾 * /
        {   p0 - > next = NULL;
            p2 - > next = p0;
        }
    }
    return(head);
}
```

依题意,应该对链表的成员数据进行逐个访问,如此,需设置 3 个指针,分别是 p0、p1、p2。其中,p0 指向待插入结点,p1、p2 是活动指针,p1 指向链表中被访问的结点,p2 指向刚被访问过但不符合要求的结点。p2 随着 p1 的移动而移动,如果没有 p2,即使找到了符合要求的结点,也会因为取不到上一个结点的地址而无法完成插入操作。

在函数开始时,首先为即将插入的结点申请内存空间,并输入新结点的数据。接着需要考虑以下两种情况。

(1) 如果原链表为空(即 head=NULL),那么应该将该结点作为链表的第一个结点插入。执行"head=p0;p0—>next=NULL;",使得头指针 head 指向所插入的结点,并令该结点的指针变量为 NULL。

(2) 如果原链表不为空,还应该考虑:

① 判断第一个结点时即符合要求,那么应该将待插入结点置于原链表的第一个结点之前,执行"p0—>next=head;head=p0;"。

② 若第一个结点不符合要求,那么就对链表中的其他结点依次进行访问。若在链表中找到符合要求的结点,则执行"p0—>next=p1;p2—>next=p0;",将待插入结点插入到该结点之前,即先使待插入结点指向符合要求的结点,再使前一个结点指向待插入结点,并强制退出循环,表示插入结点已完成,无须再对链表进行访问了。

③ 当访问完整个链表都找不到符合要求的结点,此时 p1 的值等于 NULL,那么待插入结点的值比链表中所有结点的值都大,则执行"p0—>next=NULL;p2—>next=p0;",将待插入结点插在链表尾。

可见,插入结点操作本身很简单,关键是要找到插入点的位置。一般要设置一个或两个活动指针,用于辅助插入操作。

例 8-12　编写函数 del 实现将链表中的指定结点删除。

```
/ * 源代码文件名: AL8_12.c * /
struct student * del(struct student * head)
{   struct student * p1, * p2;
    long num;
```

```
         printf("\n 请输入所要删除的学号:");
         scanf(" % ld",&num);                /* 输入所要删除学生的学号 */
         if(head == NULL)                     /* 原链表是空链 */
         {   printf("\n 链表为空!\n");
             return(head);
         }
         if(head - > num == num)              /* 第一个结点即符合要求 */
         {   printf("删除学号:% ld,成绩 % 4.1f",head - > num,head - > score);
             head = head - > next;
             return(head);
         }
         else                                 /* 删除的不是第一个结点 */
         {   p2 = head;
             p1 = head - > next;
             while(p1!= NULL)
             {   if(p1 - > num == num)
                 {   p2 - > next = p1 - > next;
                     break;
                 }
                 else
                 {   p2 = p1;
                     p1 = p1 - > next;
                 }
             }
             return(head);
         }
     }
```

该函数与插入结点函数类似。设置两个指针 p1 和 p2,同样对链表中的结点逐个进行访问,p1 指向当前判断的结点,p2 指向判断结点的前一个结点,p2 随着 p1 的移动而移动。

该函数首先输入要删除的学生学号(即 num 值)。接着需要考虑以下两种情况。

(1) 如果第一个结点即符合要求(head->num==num),就将该结点删除,并执行"head=head->next;"使头指针指向下一个结点。

(2) 如果要删除的结点不是第一个结点,那么将第一个结点下一个结点的地址赋给 p1,并将第一个结点地址赋给 p2,为下一个结点的判断作准备。如果判断当前结点的成员 num 值与输入的 num 值相等,则执行"p2->next=p1->next;",实现将当前结点删除,并执行 break 语句,强制退出循环(表示结点已找到并删除,无须再查找);否则执行"p2=p1;p1=p1->next;",使得 p2 指向当前结点,p1 指向下一个结点,继续查找。

8.4.6 链表的综合应用

将以上建立、输出、插入和删除函数组织在一个 C 程序中,即将例 8-9~例 8-12 中的 4 个函数按顺序排列,并用 main()函数调用它们便可以对链表进行综合操作了。

例 8-13 编写 main()函数来调用链表的建立、输出、插入和删除等 4 个函数。

```
/* 源代码文件名:AL8_13.c */
void main()
{   struct student * stu;
```

```
    stu = creat();                    /* 调用 creat()函数创建链表 */
    stu = insert(stu);                /* 调用 insert()函数插入结点 */
    print(stu);                       /* 调用 print()函数输出链表中的数据 */
    stu = del(stu);                   /* 调用 del()函数删除结点 */
    print(stu);                       /* 再次调用 print()函数输出链表中的数据 */
}
```

若将 main()函数与前面 4 个函数整合成一个完整程序,执行该程序,则程序运行情况如下:

```
是否输入新数据?(y/n):y↙(创建第一个结点)
请输入:12121,80.0↙
是否输入新数据?(y/n):y↙(创建第二个结点)
请输入:12122,85.0↙
是否输入新数据?(y/n):y↙(创建第三个结点)
请输入:12123,87.5↙
是否输入新数据?(y/n):n↙(不再创建结点)
输入所要插入的数据:12122,88.0↙(插入一个结点)
学生学号:12121,成绩是:80.0        (输出学生信息)
学生学号:12122,成绩是:88.0
学生学号:12123,成绩是:85.0
学生学号:12124,成绩是:87.5
请输入所要删除的学号:12123↙    (删除学号为 12123 的结点数据)
学生学号:12121,成绩是:80.0        (再次输出学生信息)
学生学号:12122,成绩是:88.0
学生学号:12124,成绩是:87.5
```

如果需要多次插入结点或者删除结点,只需在程序中对插入函数和删除函数进行多次调用即可,在这里不再赘述。

8.5 共　用　体

8.5.1 共用体类型的定义

共用体也称公用体,它是若干个不同类型的变量共用一段内存单元的结构类型,这些变量也被称为共用体的成员变量。利用共用体可以减少系统资源的开销,例如,可使一个字符型变量、一个整型变量和一个实型变量共用一段内存单元。这些成员变量不能同时存在,当一个成员变量被引用时,该成员变量便覆盖之前的成员变量而独占这段内存单元。共用体类型定义格式为:

```
union   共用体名
{
  类型名 1   共用体成员名 1;
  类型名 2   共用体成员名 2;
   ⋮
  类型名 n   共用体成员名 n;
};
```

union 为关键字,用于定义共用体。共用体名和共用体成员名均应是合法的标识符,类型名可以是基本类型,也可以是已定义的构造类型。共用体成员包含在一对花括号内,各成员之间用分号隔开,以花括号后的分号结束共用体定义。

依据该格式定义一个共用体类型如下:

```
union  example
{  char  c;
   int   i;
   float  f;
};
```

example 即为定义的共用体类型,其成员变量是 c、i、f。

8.5.2　共用体变量的定义

共用体变量的定义方法有以下两种。

(1) 通过已构造好的共用体类型来定义共用体变量,格式如下。

```
union  共用体名    共用体变量名;
```

例如:

```
union  example  un1,un2;
```

(2) 在构造共用体类型的同时定义共用体变量,格式如下。

```
union  共用体名
{
    共用体成员列表;
}共用体变量名 1, …,共用体变量名 n;
```

例如:

```
union  example
{  char  c;
   int   i;
   float  f;
}un1,un2;
```

从定义格式上看,共用体变量的定义和结构体变量的定义基本相同,但是在数据的处理上两者却截然不同。一个结构体变量的各个成员均有其自己的存储单元,一个结构体变量所占用的内存单元等于各个成员占用的字节数的总和,而一个共用体变量的所有成员则是共享一段内存单元,一个共用体变量占用的内存单元等于成员中最长成员的字节数。例如,上面定义的共用体变量 un1、un2 的成员分别是 c(占用 1 个字节)、i(占用 2 个字节)、f(占用 4 个字节)。其中,最长的成员是 f,则共用体变量 un1、un2 所占的内存单元分别为 4 个字节,而不是 1+2+4=7 个字节。

8.5.3　共用体成员的引用

定义共用体变量后,便可引用共用体的成员,引用格式如下:

共用体变量名.成员名

在引用共用体成员时,要注意以下几点。

(1) 共用体的成员共用一段存储单元,每一次该存储单元中只能存放一个成员值。起作用的共用体变量成员是最后一次被引用的那个成员。一个共用体变量不能被整体引用,而只能运用上述引用格式引用共用体的成员。例如,以下的引用方式是正确的:

```
un1.c = 'M';                        /* 引用共用体 un1 中的成员 c */
un1.i = 10;                         /* 引用共用体 un1 中的成员 i */
un1.f = 12.5;                       /* 引用共用体 un1 中的成员 f */
```

当以上三个表达式同时出现时,起作用的成员是最后一次被引用的成员(即 un1.f),而其他两个成员值均不再存在。在程序中,不能出现使用诸如"printf("%f",un1);"的语句,对共用体变量 un1 整体引用的情况,否则程序将报错。

(2) 正是因为共用体共用一段存储单元的原因,所以共用体变量和各成员具有相同的起始地址。例如,&un1、&un1.c、&un1.i、&un1.f 四者的值是相同的。

(3) 不能对共用体变量赋值和初始化。如做法:

```
union   example
{   char   c;
    int    i;
    float  f;
}un1 = {'a',7,1.2},un2;             /* 错误:不能对 un1 初始化 */
un2 = 7;                            /* 错误:不能对共用体变量整体赋值 */
```

其中,对 un1 初始化是错误的,对 un2 整体赋值也是错误的。

(4) 不能将共用体变量作为一个参数或返回值在函数中传递。

例 8-14　处理一组学生信息。学生信息包括:年级、姓名、3 门课程分数、总分和平均分。如果年级为 1,那么输出其学生分数的总分;如果年级为 2,则输出学生的平均分。为了简化该问题,在这里只列举两个学生的信息。

```
/* 源程序文件名: AL8_14.c */
    #include <stdio.h>
    struct student
    {   int   grade;
        char name[10];
        int score[3];
        union data
        {   int sum;
            float average;
        }d;
    }stu[2];
    void main()
    {   int i,j;
        int s1 = 0,s2 = 0;
        for(i = 0;i < 2;i++)
        {   printf("请输入第 %d 的学生信息\n",i + 1);
            printf("年级:" );
            scanf("%d",&stu[i].grade);
            printf("姓名:");
```

```
            scanf(" % s",stu[i].name);
            for(j = 0;j < 3;j++)
            {   printf("分数 % d:",j + 1);
                scanf(" % d",&stu[i].score[j]);
            }
            if(stu[i].grade == 1)
            {   for(j = 0;j < 3;j++)
                {   s1 + = stu[i].score[j];
                }
                stu[i].d.sum = s1;
            }
            if(stu[i].grade == 2)
            {   for(j = 0;j < 3;j++)
                {   s2 + = stu[i].score[j];
                }
                stu[i].d.average = (float)s2/3;
            }
        }
    printf("\n");
    for(i = 0;i < 2;i++)
    {   if(stu[i].grade == 1)
        {   printf("年级: % - 5d",stu[i].grade);
            printf("姓名: % - 8s",stu[i].name);
            printf("总分: % - 5d\n",stu[i].d.sum);
        }
        else if(stu[i].grade == 2)
        {   printf("年级: % - 5d",stu[i].grade);
            printf("姓名: % - 8s",stu[i].name);
            printf("平均分: % - 5.1f\n",stu[i].d.average);
        }
    }
}
```

程序运行情况如下：

```
请输入第 1 个学生信息
年级: 1 ↙
姓名: liugang ↙
分数 1: 78 ↙
分数 2: 86 ↙
分数 3: 90 ↙
请输入第 2 个学生信息
年级: 2 ↙
姓名: linyue ↙
分数 1: 76 ↙
分数 2: 78 ↙
分数 3: 88 ↙
年级: 1    姓名: liugang    总分: 254
年级: 2    姓名: linyue     平均分: 80.6
```

8.6　枚　　举

8.6.1　枚举类型的定义

如果某种变量只有几个可能的值,那么就可以将这种变量定义为枚举类型的量。在定义过程中,将这种变量的所有可能值一一列举出来,并为每一个值用一个通俗的名字来代表,以便增强程序的可读性。这些名字通常称为枚举元素或枚举常量。枚举类型定义格式是:

```
enum　枚举类型名
{　元素 1[ = 值 1],
　　元素 2[ = 值 2],
　　⋮
　　元素 n[ = 值 n]
};
```

enum 为关键字,用于定义枚举类型,枚举类型名应是一个合法的标识符,紧接着用一对花括号将枚举元素括起,枚举元素之间用逗号隔开,以分号结束定义。中括号"[]"中的值为可选项,值的类型必须是整型。

例如,如果一个变量 weekday 的值只有 7 个,它们是 sunday、monday、tuesday、wednesday、thurday、friday、Saturday。则可用枚举类型定义为:

```
enum　weekday
{ sunday,
  monday,
  tuesday,
  wednesday,
  thursday,
  friday,
  saturday
};
```

如果没有对枚举类型的元素赋值,C 语言会自动将 0、1、2、$\cdots$、$n-1$ 分别赋给第 1、第 2、第 3、$\cdots$、第 n 个枚举元素。如上例中的 sunday 的值会被自动赋予 0 值,monday、tuesday、wednesday、thursday、friday、saturday 的值分别会被自动赋予 1、2、3、4、5、6。如果对其中的某一个元素单独赋值,在该元素之后的其他元素的值,是在该元素值的基础上依次加 1,而该元素之前没赋值的元素,依然会被赋予 0、1、$\cdots$、n 的值。例如:

```
enum　weekday
{ sunday,
  monday,
  tuesday = 5,
  wednesday,
  thursday = 10,
  friday,
  saturday
};
```

元素 tuesday 的值是 5,元素 thursday 的值是 10,那么整个枚举类型内部元素的值依次是 0、1、5、6、10、11、12。

在 C 语言中,应该把枚举元素当成常量处理,元素名是符号常量名,元素值是符号常量代表的常数值,因此,只能在枚举类型被定义时,才可以给元素赋值。在定义之外的地方赋值都是错误的。

8.6.2　枚举变量的定义和使用

与前面的结构体变量和共用体变量的定义一样,枚举变量的定义方法也有两种。

第一种方法:通过已构造好的枚举类型来定义枚举变量,格式如下。

```
enum  枚举类型名  枚举变量名;
```

第二种方法:在构造枚举类型的同时定义枚举变量,格式如下。

```
enum  枚举类型名
{ 枚举元素名列表 }枚举变量名;
```

例如,分别用以上两种方法来为枚举类型 weekday 定义一个枚举变量 day:

```
enum  weekday  day;
```

或

```
enum  weekday
{   sunday,
    monday,
    tuesday,
    wednesday,
    thursday,
    friday,
    saturday
}day;
```

在定义好枚举变量后,便可以用枚举元素给枚举变量赋值,其格式如下:

枚举变量名 = 枚举元素名;

例如:

```
day = Wednesday;
```

执行该语句后,day 的值为系统自动给 wednesday 所赋的值 3。

也可以将一个整数值赋给一个枚举变量,但在赋值时,会产生一个类型匹配问题,必须对该整数进行强制类型转换。例如:

```
day = (enum  weekday)5;
```

该语句把整数 5 强制转换为 enum weekday 后赋值给 day,相当于将元素值为 5 的元素 friday 赋值给 day。

由于枚举变量和枚举元素的值都是整型,所以输出时的格式控制符都用%d。例如:

```
day = monday;               //给 day 赋予元素 monday
printf(" % d",day);         //输出 day 的值:1
printf(" % d",monday);      //输出元素 monday 的值:1
```

例 8-15　口袋里有红、黄、蓝、白、黑等 5 种颜色的球若干个。每次从口袋里取出 3 个球,问 3 个球不同颜色的取法总共有多少种,并打印出具体情况。

```
/ * 源程序文件名: AL8_15.c * /
# include < stdio.h >
void main()
{ / * 经过下面的定义后,默认有: blue = 0,red = 1,…,black = 4 * /
    enum color {blue, red, yellow, white, black};
    enum color i, j, k, pri;
    int n, loop;
    n = 0;
    for(i = blue; i < = black; i++)              / * i 代表第一次所取球的颜色 * /
        for(j = blue; j < = black; j++)          / * j 代表第二次所取球的颜色 * /
            if(i!= j)                           / * 第一次和第二次所取球颜色不同 * /
            { for(k = blue; k < = black; k++)    / * k 代表第三次所取球铅笔的颜色 * /
                if((k!= i)&&(k!= j))            / * 三次所取球颜色各不相同 * /
                { n++;                          / * 能得到三种不同颜色球的可能取法加 1 * /
                    printf(" % - 6d", n);
                    / * 将当前 i、j、k 所对应的颜色依次输出 * /
                    for(loop = 1; loop < = 3; loop ++ )
                    { switch(loop)
                        { case 1: pri = i;break;
                            case 2: pri = j;break;
                            case 3: pri = k;break;
                            default:
                            break;
                        }
                        switch(pri)
                        { case blue:   printf(" % - 10s", "blue");break;
                            case red:     printf(" % - 10s", "red");break;
                            case yellow: printf(" % - 10s", "yellow");break;
                            case white: printf(" % - 10s", "white");break;
                            case black:   printf(" % - 10s", "black");break;
                            default:
                            break;
                        }
                    }
                    printf("\n");
                }
            }
    printf("total: % 5d\n", n);
}
```

程序运行情况如下:

```
1      red      yellow     blue
2      red      yellow     white
3      red      yellow     black
⋮      ⋮        ⋮          ⋮
58     black    white      red
59     black    white      yellow
60     black    white      blue
total      60
```

因为球的颜色只有 5 种,可采用枚举变量来处理。设取出的球为 i、j、k,只要符合条件 i≠j≠k 即可。在程序中,第一层 for 循环用于取第一个球,第二层 for 循环用于取第二个球,当满足两球的颜色不一样(即 i≠j)就继续第三层 for 循环取第三个球,同时要求第三个球的颜色应该不同于前两个球的颜色即(k≠i 且 k≠j)。找到组合之后输出,变量 n 用于统计符合要求的组合数,当找到满足条件的一个组合后,n 随即加 1,最后输出组合的总数 n 的值。实际上,球的颜色完成可以用 1、2、3、4、5 等 5 个整数值来代表球的颜色,但是这种做法不直观,不利于程序的阅读,在程序出错时,也不利于检索错误信息。

8.7　用 typedef 定义类型别名

C 语言中,用关键字 typedef 定义类型的别名。用户运用 typedef 便可以将之前的类型名用一个新的名称来代替,其作用在简化程序的同时也增强了程序的可读性。用 typedef 定义类型别名的格式如下:

typedef　原类型名　　新类型名;

其中,原类型名可以是之前所学习过的所有基本类型,也可以是已定义的构造类型。新类型名是由用户自己命名的一个合法标识符,一般采用大写字母。指定类型别名后,便可以用新类型名来定义变量了。例如:

```
typedef   int   INTEGER;          /*定义 INTEGER 为 int 的类型别名*/
typedef   float  REAL;            /*定义 REAL 为 float 的类型别名*/
```

将 int 和 float 分别用 INTEGER 和 REAL 代替,则 INTEGER 和 REAL 分别是 int 和 float 的别名。因此"INTEGER i;"等价于"int i;";"REAL f;"等价于"float f;"。

除了以上所举的两种情况外,typedef 在程序中还经常用于定义以下类型别名。

(1) 定义数组类型别名。例如:

```
typedef   int   NUM[10];          /*定义 NUM 为包含 10 个元素的整型数组*/
NUM   number;                     /*定义 NUM 类型的变量 number*/
```

等价于

```
int   number[10];
```

(2) 定义指针类型别名。例如:

```
typedef   char * STRING;          /*定义 STRING 为 char 的指针类型*/
STRING   p;                       /*定义 STRING 类型的指针变量 p*/
```

等价于

```
char  * p;
```

(3) 定义结构体类型别名。例如：

```
typedef  struct
{  char name[10];
   int age;
   char sex;
}PERSON;                              /*定义 PERSON 为结构体类型*/
PERSON  p1;                           /*定义 PERSON 类型的变量 p1*/
```

等价于

```
struct
{  char name[10];
   int age;
   char sex;
}p1;
```

(4) 定义函数指针类型别名。例如：

```
typedef  int (*FUNCTION)();           /*定义 FUNCTION 为指向返回值为 int 函数的指针*/
FUNCTION  f;                          /*定义 FUNCTION 类型的函数指针 f*/
```

等价于

```
int  (*f)();
```

有时也可以用宏定义♯define 来代替 typedef。二者的区别在于宏定义只是简单地进行字符串的替换，在预编译时处理的；而 typedef 是在编译时处理的，它采用定义变量的方式来定义一个新的类型名，换句话说，它所定义出来的是个类型而不是简单的字符串。

本 章 小 结

本章介绍了结构体、共用体、枚举类型和用户自定义类型等几种构造类型数据的定义方式以及使用特性。对于结构体和共用体，两者在变量的定义以及变量的引用上存在相似之处，但也要注意两者的区别，在使用时，可以结合起来把握。链表是 C 语言中的一种重要的数据结构，要掌握如何创建静态和动态链表，学会链表的相关操作。对枚举类型，主要注意其取值范围和类型。

在进行数据处理时，如果是将几个不同类型的数据组织起来描述某个对象，那么应该采用结构体类型；如果遇到不同情况下处理的数据在类型和内容上有所不同，为节省存储空间，可选择共用体类型；如果一个变量取值为有限个整数值，为程序的可读性考虑，则可采用枚举类型。总之，在处理数据时，要根据数据的需要，从数据的特点和操作性质出发来选择使用何种构造类型。

习 题

一、选择题

1. 若有定义：

```
struct student
{int num;
 char name[8];
 char sex;
 float score;
}stu1;
```

则变量 stu1 所占用的内存字节数是(   )。

    A. 15   B. 16   C. 8   D. 19

2. 若有定义：

```
struct stuent
{  int num;
   char sex;
   int age;
}stu1;
```

则下列叙述不正确的是(   )。

    A. student 是结构体类型名

    B. struct student 是结构体类型名

    C. stu1 是用户定义的结构体类型变量名

    D. num,sex,age 都是结构体变量 stu1 的成员

3. 设有如下语句：

```
struct stu
{int num;
 int age;
};
struct stu s[3] = {{101,18},{102,21},{103,19}};
struct stu * p = s;
```

则下面表达式的值为 102 的是(   )。

    A. (p++)->num   B. (*++p).num

    C. (*p++).num   D. *(++p)->num

4. 以下 C 语言共用体类型数据的描述中,正确的是(   )。

    A. 共用体变量占的内存大小等于所有成员所占的内存大小之和

    B. 共用体类型不可以出现在结构体类型定义中

    C. 在定义共用体变量的同时允许对第一个成员的值进行初始化

    D. 同一共用体中各成员的首地址不相同

5. 若有下面定义,对结构体变量成员引用不正确的语句是(　　　)。

```
struct pup
{   char name[20];
    int age;
    int sex;
}p[3], * q;
q = p;
```

    A. scanf("%s",p[0]. name);

    B. scanf("%d",q—>age);

    C. scanf("%d",&(q—>sex));

    D. scanf("%d",&p[0]. age);

6. 若定义如下结构,则能打印出字母 M 的语句是(　　　)。

```
struct person{
    char name[9];
    int age;
};
struct person class[10] = {"Wujun",20,
                           "Liudan",23,
                           "Maling",21,
                           "zhangming",22};
```

    A. printf("%c\n",class[3]. name);

    B. printf("%c\n",class[2]. name[0]);

    C. printf("%c\n",class[2]. name[1]);

    D. printf("%c\n",class[3]. name[1]);

7. 若有以下说明和语句:

```
struct pupil
{char name[20];int sex;}pup, * p;
p = &pup;
```

则以下对 pup 中成员 age 的引用方式正确的是(　　　)。

    A. p. pup. sex　　　　　　　　　　B. p—>pup. sex

    C. (* p). pup. age　　　　　　　　D. (* p). sex

8. 字符'0'的 ASCII 码的十进制数为 48,且数组的第 0 个元素在低位,则以下程序的输出结果是(　　　)。

```
void main( )
{   union { int i[2]; long k; char c[4]; }r, * s = &r;
    s -> i[0] = 0x39;
    s -> i[1] = 0x38;
    printf(" %c\n",s -> c[0]);}
```

    A. 39　　　　　　　　B. 9　　　　　　　　C. 38　　　　　　　　D. 8

9. 错误的枚举类型定义语句是(　　)。

A. enum car {A, B, C}; 　　　　B. enum car {1, 2, 3};

C. enum car {X=0, Y=5, Z=9}; 　D. enum car {D=3, E, F};

10. 若有以下说明和定义:

```
typedef  int * INTEGER
INTEGER p, * q;
```

以下叙述正确的是(　　)。

A. p 是 int 型的变量

B. p 是基类型为 int 的指针变量

C. q 是基类型为 int 的指针变量

D. 程序中可以用 INTEGER 代替 int 类型名

二、填空题

1. 以下程序的输出结果是_____。

```
sttuct  s
{ int x,y;
}data[2] = {10,20,30,40};
void main()
{  struct s * p = data;
   printf(" % d\n",++(p->x));
}
```

2. 以下程序的输出结果是_____。

```
# include "stdio. h"
typedef union
{  long l;
   int i[5];
   char ch;
}DATA;
struct d
{  int a;DATA b;double c;
}abc;
DATA max;
void main()
{  printf(" % d",sizeof(struct d) + sizeof(max));
}
```

3. 以下程序的输出结果是_____。

```
# include "stdio. h"
struct node{
    int num;
    struct node * next;
};
void main()
{  struct node * p, * q, * r;
   int sum = 0;
```

```
        p = (struct node * )malloc(sizeof(struct node));
        q = (struct node * )malloc(sizeof(struct node));
        r = (struct node * )malloc(sizeof(struct node));
        p -> num = 1;
        q -> num = 2;
        r -> num = 3;
        p -> next = q;
        q -> next = r;
        r -> next = NULL;
        sum + = q -> next -> num;
        sum + = p -> num;
        printf(" % d\n",sum);
}
```

4. 以下程序的输出结果是_____。

```
union
{   int n;
    char str[2];
}t;
t.n = 80;
t.str[0] = 'a';
t.str[1] = 0;
printf(" % d\n", t.n);
```

5. 以下程序的输出结果是_____。

```
# include < stdio. h>
void main()
{   enum Weekday{ sun = 7,mon = 1,tue,wed,thu,fri,sat};
    enum Weekday day = wed;
    printf(" % d\n",day);
}
```

6. 以下程序的输出结果是_____。

```
struct stu
{   int num;
    char name[10];
    int age;
};
void fun(struct stu * p)
{   printf(" % s\n",( * p). name); }
void main()
{   struct stu students[3] = { {9801,"Zhang",20},
                               {9802,"Wang",19},
                               {9803,"Zhao",18} };
    fun(students + 2);
}
```

三、程序设计题

1. 定义一个结构体变量(包括年、月、日),计算该日在本年中是第几天。

2. 13 个人围成一圈,从第 1 个人开始顺序报号子 1、2、3,凡报 3 者退出圈子。找出最后留在圈子中的人原来的序号。

3. 学生的记录由学生的学号、姓名和成绩构成,存入 5 名学生成绩,并找出成绩最低的学生记录。

4. 将一个链表的结点进行逆置操作,原来的链首结点成为现在的链尾结点,原来的链尾结点成为现在的链首结点。结点是以下类型的结构体变量,原来链表结点中的成员 n 的值就是结点在链表中的顺序号。

```
struct  number
{   int n;
    struct number * next;
};
```

5. 编写程序,输出 1～12 月份对应的英文月份名称,要求使用枚举类型变量处理。

第9章 文　件

教学目标、要求

理解文件的相关概念、存储方式；掌握文件的打开和关闭、读写操作及按格式读取和写入文件；熟悉随机文件的读写操作和文件的定位。通过本章的学习，要求能够使用文件操作函数实现对文件访问。

教学用时、内容

本章教学共需 10 学时，其中理论教学 6 学时，实践教学 4 学时。教学内容如下：

- 文件概述
  - 文件的概念
  - 文件的分类
  - 流和文件类型指针
- 文件的打开与关闭
  - 文件的打开
  - 文件的关闭
- 文件的读写
  - 单字符的读写
  - 字符串的读写
  - 格式化读写函数
  - 数据块读写函数
- 文件的定位
- 文件的出错检测

教学重点、难点

重点：(1) 文件的概念与文件组织形式；

(2) 文件指针的概念；

(3) 文件的打开与关闭；

(4) 文件结束的判断方法；

(5) 文件读写；

(6) 文件的定位。

难点：(1) 按格式读写文件；

(2) 数据块读写文件；

(3) 文件的定位函数运用。

9.1　文　件　概　述

9.1.1　文件的概念

"文件"是一组相关数据的有序集合。为了方便操作，通常会将一个数据集存放在计算机的外部介质(如磁盘等)中,并为其命名,那么所存放的数据集就是文件,这个数据集的名称,就是文件名。从用户的角度出发,文件可分为普通文件和设备文件。

普通文件是指驻留在磁盘或其他外部介质上的一个有序数据集,可分为程序文件和数据文件。程序文件包括源文件、目标文件、可执行文件等,该文件中的内容主要是程序代码。数据文件可以是一组待输入处理的原始数据,或者是一组输出的结果,如学生的成绩数据、企业员工的信息数据等,数据文件是本章主要讨论的文件类型。

设备文件是指与主机相连的各种外部设备,如显示器、打印机、键盘、扫描仪等。一般将显示器定义为标准输出文件,将键盘定义为标准输入文件。stdio. h(标准输入输出库文件)中的函数操作对象都是显示器和键盘。

9.1.2　文件的分类

根据文件的组织形式,文件可分为 ASCII 码文件和二进制文件。其中 ASCII 码文件又称为文本文件,文件中的每一个字节存放一个字符的 ASCII 码文件;二进制文件在内存中是指以二进制的形式存储,并以二进制的形式保存的数据。例如,整数 1000 以不同的组织形式存储示意如下。

(1) 以 ASCII 码形式存储,共占 4 个字节。

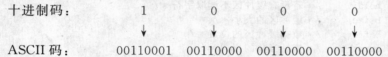

十进制码:　　　　　1　　　　　0　　　　　0　　　　　0

ASCII 码:　　　00110001　00110000　00110000　00110000

(2) 以二进制码形式存储,只占 2 个字节。

十进制码:1000

二进制码:00100111 00010000

ASCII 码文件可在屏幕上按字符显示,\n 被换成回车 CR 和换行 LF 的代码 0DH 和 0AH。而当输出时,则 0DH 和 0AH 被转换成\n。例如,源程序文件就是 ASCII 文件,用 DOS 命令 TYPE 可显示文件的内容。由于是按字符显示,因此能读懂文件内容,也正因为此,ASCII 码文件一般占用较多的内存空间,并且需要花费转换时间(二进制和 ASCII 码之间的转换)。

二进制文件中,若是字符则用一个字节的 ASCII 码表示,若是数字则用两个字节的二进制数表示,一般占用较少的内存空间,也不需要花费转换时间,因此程序运行时所产生的中间数据一般以二进制码形式存储较为方便。虽然二进制文件内容也可在屏幕上显示,但此时文件中的每一个字节并不代表一个字符,因此无法读懂文件内容。

9.1.3　流和文件类型指针

C 语言系统在处理文件时,并不区分类型,都看成是字符流,按字节进行处理,所以一个 C 文件是一个字节流或者二进制流,统称为流式文件。ANSI C 标准采用"缓冲文件系统"处理数据文件,所谓缓冲文件系统是指系统自动地在内存中为每一个正在使用的文件开辟一个缓冲区,称文件缓冲区,如图 9-1 所示。当从内存向磁盘输出数据时,必须先装满输出文件缓冲区后,才一起输出到磁盘中;如果从磁盘文件向内存读入数据,则先从磁盘文件将一批数据输入并充满输入文件缓冲区后,C 程序将从缓冲区为程序变量读取数据。缓冲区大小由具体的 C 编译系统而定,一般为 512B。

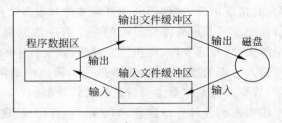

图 9-1　缓冲文件系统

缓冲文件系统为文件在内存中自动开辟一个缓冲区来存放文件的信息,C 语言用一个结构体变量来存放这些信息,结构体中的各个成员即为访问文件所需要的各种信息(如文件名、文件状态以及文件当前位置等)。该结构体类型由系统定义并命名为 FILE,一般称其为文件类型。在 Turbo C 的 stdio.h 文件中,对 FILE 结构体类型定义如下:

```
typedef struct
{ short level;                    / * 缓冲区"满"或"空"的程度 * /
  unsigned       flags;          / * 文件状态标志 * /
  char           fd;             / * 文件描述符 * /
  unsigned char  hold;          / * 若没有缓冲区不读取字符 * /
  short          bsize;         / * 缓冲区的大小 * /
  unsigned char * baffer;       / * 数据缓冲区的位置 * /
  unsigned char * curp;         / * 指针当前的指向 * /
  unsigned       istemp;        / * 临时文件,批示器 * /
  short          token;         / * 用于有效性检查 * /
}FILE;
```

因此,可以直接用 FILE 定义文件指针。定义文件指针的一般形式为:

```
FILE   * 指针变量标识符;
```

其中,FILE 由系统定义,FILE 应为大写,在编写源程序时不必关心 FILE 结构的细节。例如:

```
FILE   * fp;
```

定义 fp 是指向 FILE 结构的文件指针变量,此时便可通过 fp 来访问文件了。在这里可以看出,fp 是指向 FILE 类型的结构体指针变量。值得注意的是,一般不通过 FILE 类型的变量来访问文件。

9.2　文件的打开与关闭

类似于日常人们往储物柜中存取东西,必须先打开储物柜,往储物柜中放入(或拿出)物品后,再关闭储物柜。如果储物柜的门没打开,是无法存取物品的。在对文件进行读写操作之前,都应该"打开"所要操作的文件,在使用后再"关闭"该文件。

9.2.1　打开文件函数 fopen()

函数 fopen()用来打开一个文件,其调用的一般形式为:

文件指针名 = fopen(文件名,使用文件方式);

其中:

(1)"文件指针名"必须是被说明为 FILE 类型的指针变量;

(2)"文件名"是将被打开文件的文件名用字符串表示;

(3)"使用文件方式"是指文件的类型和操作要求。使用文件方式的符号意义如表 9-1 所示。

例如:

```
FILE * fp;
fp = fopen("file1","r");
```

以上语句打开文件名为 file1 的文件,操作方式是读入(r 表示读入),函数返回一个指向 file1 文件类型的指针,并将该指针赋给文件指针变量 fp,此时,fp 指向了 file1 文件,可通过 fp 对文件 file1 进行读入操作。

表 9-1 文件使用方式的符号和意义

文件使用方式	含 义	如果指定的文件不存在
r 或 rt	只读打开一个文本文件,只允许读数据	出错
w 或 wt	只写打开或建立一个文本文件,只允许写数据	建立新文件
a 或 at	追加打开一个文本文件,并在文件末尾写数据	出错
rb	只读打开一个二进制文件,只允许读数据	出错
wb	只写打开或建立一个二进制文件,只允许写数据	建立新文件
ab	追加打开一个二进制文件,并在文件末尾写数据	出错
rt+	读写打开一个文本文件,允许读和写	出错
wt+	读写打开或建立一个文本文件,允许读写	建立新文件
at+	读写打开一个文本文件,允许读,或在文件末追加数据	出错
rb+	读写打开一个二进制文件,允许读和写	出错
wb+	读写打开或建立一个二进制文件,允许读和写	建立新文件
ab+	读写打开一个二进制文件,允许读,或在文件末追加数据	出错

对于文件使用方式有以下几点说明。

(1) 文件使用方式由 r、w、a、t、b、+这六个字符指定,各字符的含义如下。

r(read):读;

w(write):写;

a(append):追加;

t(text):文本文件,可省略不写;

b(banary):二进制文件;

+:读和写。

(2) 凡用 r 方式打开文件,该文件必须已存在,且只能从该文件读出。如果文件不存在,将出错。

(3) 用 w 方式打开的文件只能向该文件写入。若打开的文件不存在,则以指定的文件名建立该文件,若打开的文件已经存在,则将该文件删去,重建一个新文件。

　　（4）如果要向一个已存在的文件末尾添加新数据，且不希望删除已有数据，则应用 a 方式打开，文件打开后，读写标记移到文件的末尾。若文件不存在，将出错。

　　（5）如果打开方式带有"＋"，则可对该文件进行输入和输出数据。

　　（6）如果文件打开出错，则 fopen()函数将返回一个空指针 NULL。通常在文件进行读写之前必须检验文件打开是否正确，如：

```
if((fp = fopen("D:\\file1.dat","rb")) == NULL)
{
    printf("file1.dat 文件打开出错!");
    getch();
    exit(0);
}
```

　　假设 D 盘根目录下不存在 file1. txt 文件。那么用 rb 方式打开文件时，fopen()函数将返回 NULL 值，此时，程序将执行 printf()函数，输出错误提示信息，并调用"exit(0);"退出程序。在这里值得注意的是，表示文件目录的反斜杠\，应该使用转义字符\\表示。

9.2.2　关闭文件函数 fclose()

　　如果写入文件的数据未装满缓冲区，程序便执行结束，那么缓冲区内的数据将会丢失。因此，要使用 fclose()函数关闭文件，使得文件缓冲区中的数据正确写入文件后，才删除缓冲区中的文件数据。

　　关闭文件的函数是 fclose()，它调用形式为：

```
fclose(文件指针);
```

　　例如，有文件指针变量 fp，则关闭该文件的语句如下：

```
int i = fclose(fp);
```

　　该函数实现关闭文件指针所对应的文件，并返回一个整型数。当文件关闭成功时，返回 0，文件关闭失败，返回 EOF(−1)。EOF 是在 stdio. h 中定义的一个符号常量，不是可输出字符。根据函数的返回值可以判断文件是否关闭成功。

9.3　文件的读写

　　文件打开之后，就可以调用文件的读写函数对该文件进行读写操作了。

9.3.1　单字符读写函数

1. 单字符读函数 fgetc()

调用格式：

```
fgetc(fp);
```

　　函数功能：从 fp 指向的文件读入一个字符，如果读入成功，返回该字符的 ASCII 码值；如果读入失败（如遇到文件结束），则返回文件结束标志 EOP(−1)。

EOF（即−1），用于表示文件的结束标志，不能在屏幕上显示。由于所有字符的 ASCII 码值不可能出现−1，因此，以此来作为文件的结束标志是合适的。但这只适用于读取文本文件，对于二进制文件不适用。现在 ANSI C 标准允许缓冲文件系统处理二进制文件，而二进制文件有可能出现−1 值，如果依然采用 EOF 作为文件的结束标志，那么系统会误认为该文件已结束。为了解决这个问题，ANSI C 提供了一个 feof() 函数来判断文件是否真的结束。

调用 feof() 函数来判断一个文件是否结束，格式如下：

```
feof(fp);
```

该函数判断文件指针变量 fp 所指向的文件是否结束。如果文件结束，该函数返回非 0 值，否则该函数返回 0。

例 9-1 把 D 盘根目录下的 file1.txt 文件的字符显示在屏幕上。

```
/* 源程序文件名：AL9_1.c */
# include < stdio.h >
# include < stdlib.h >
void main()
{ FILE * fp;
  char ch;
  fp = fopen("d:\\file1.txt","r");      /* 以只读方式打开文件 */
  if(fp == NULL)                        /* 判断文件打开是否成功 */
  {  printf("open file error!\n");
     exit(0);
  }
  while(!feof(fp))                      /* 判断文件是否结束,用 while(fp!= EOF)也可以 */
  {  ch = fgetc(fp);                    /* 读取 fp 所指的字符 */
     putchar(ch);                       /* 从屏幕输出字符 */
  }
  fclose(fp);                           /* 关闭文件 */
}
```

程序运行情况如下。

（1）假设 D 盘存在 file1.txt 文件，且内容为"Hello! Welcome to C!"，则在屏幕上显示如下内容：

```
Hello! Welcome to C!
```

（2）如果 D 盘下不存在 file1.txt 文件，则在屏幕上显示：

```
open file error!
```

分析：在本程序中，exit() 函数是标准 C 库函数，作用是终止程序的运行，用此函数需将库文件 stdlib.h 包含到程序中。

2. 单字符写函数 fputc()

调用格式：

```
fputc(ch,fp);
```

　　函数功能：其中 ch 是所要写入文件的字符，fp 是指向文件的指针变量。调用 fputc()
函数可以实现将 ch 中的字符写入 fp 所指向的文件中。如果写入成功，则返回所写入的字
符；如果写入失败，则返回 EOF。

　　例 9-2　从键盘上输入若干个字符，以 ♯ 号结束，将这些字符写入 D 盘根目录下的文件
file2.txt 中；若文件不存在，则创建一个新文件。

```c
/* 源程序文件名：AL9_2.c */
#include <stdio.h>
#include <stdlib.h>
void main()
{ FILE * fp;
  char ch;
  fp = fopen("d:\\file2.txt","w");      /* 以只写方式打开文件 */
  if(fp == NULL)                         /* 判断文件打开是否成功 */
  {  printf("文件打开失败!\n");
     exit(0);
  }
  printf("请输入若干个字符,以♯号结束:\n");
  ch = getchar();
  while(ch!= '♯')
  {
    fputc(ch,fp);                        /* 将字符 ch 写入文件 */
    putchar(ch);                         /* 将字符 ch 输出到屏幕 */
    ch = getchar();                      /* 取得下一个要写入的字符 */
  }
    fclose(fp);                          /* 关闭文件 */
}
```

程序运行情况如下：

```
请输入若干个字符,以♯号结束:
the C world! ♯↙
the C world!
```

并且在 D 盘根目录下存在一个 file2.txt 文件，查看文件中的内容为"the C world!"。

　　例 9-3　将例 9-2 中文件 file2.txt 的内容复制到例 9-1 中文件 file1.txt 的末尾。

```c
/* 源程序文件名：AL9_3.c */
#include <stdio.h>
#include <stdlib.h>
void main()
{ FILE * fp1, * fp2;
  char ch;
  fp1 = fopen("d:\\file1.txt","a");     /* 以追加方式打开 file1.txt 文件 */
  if(fp1 == NULL)                        /* 判断文件打开是否成功 */
  {  printf("文件 file1.txt 打开失败!\n");
     exit(0);
  }
  fp2 = fopen("d:\\file2.txt","r");     /* 以只读形式打开 file2.txt 文件 */
  if(fp2 == NULL)
```

```
{   printf("文件 file2.txt 打开失败!\n");
    exit(0);
}
while(!feof(fp2))
{   ch = fgetc(fp2);
    fputc(ch,fp1);
}
fclose(fp1);
fclose(fp2);
}
```

该程序在屏幕上无显示任何信息。可结合例 9-1 和例 9-2 的程序执行结果,再运行本例,打开 file1.txt 文件后,可发现 file2.txt 中的内容被复制到 file1.txt 的文件末尾。

9.3.2　字符串读写函数

1. 字符串读函数 fgets()
调用格式:

```
fgets(str,n,fp );
```

函数功能:从 fp 所指向的文件中读取长度为 n−1 的字符串,并在最后添加一个字符串的结束标记\0,然后把这 n 个字符放在字符串 str 中。如果读取成功,该函数返回读取的字符串;如果失败,则返回 NULL。其中,str 可以为字符数组或字符指针。

2. 字符串写函数 fputs()
调用格式:

```
fputs(str,fp);
```

函数功能:把 str 所指向的字符串写入 fp 所指向的文件中。如果写入成功,返回 0;如果写入失败,返回 EOF。

fgets() 和 fputs() 这两个函数的功能与 gets() 和 puts() 函数的功能相类似,只是 gets() 和 puts() 的读写对象是计算机终端(键盘和显示器),而 fgets() 和 fputs() 的读写对象是文件。

例 9-4　从键盘读入若干个字符串,并将这些字符串写入指定的文件 file3.txt 中。

```
/*源程序文件名: AL9_4.c */
# include "stdio.h"
# include "stdlib.h"
# include "string.h"
# define N 3
# define M 10
void main()
{   FILE * fp;
    char str[N][M];                  /* str 用来存放输入的字符串 */
    int i;
    printf("请输入字符串:\n");        /* 提示输入字符串 */
    for(i = 0;i < N;i++)
        gets(str[i]);                /* 输入字符串 */
```

```
fp = fopen("d:\\file3.txt","w");        /* 以 w 方式打开 file3.txt 文件 */
if(fp == NULL)                          /* 判断文件是否打开成功 */
{   printf("打开文件 file3.txt 失败!");
    exit(0);
}
printf("输入文件的字符串:\n");
for(i = 0;i < N;i++)
{   fputs(str[i],fp);                   /* 向磁盘写入一个字符串 */
    fputs("\n",fp);                     /* 在每个写入的字符串添加一个换行 */
    puts(str[i]);                       /* 将写入的字符串显示在屏幕上 */
}
}
```

程序运行结果如下:

请输入字符串:
Chinese ✓
English ✓
American ✓
输入文件的字符串:
Chinese
English
American

程序说明:在向 file3.txt 文件中写入数据时,只写入字符串中的有效字符。为了较好地分隔写入的字符串,在此程序中用"fputs("\n",fp);"在字符串写入文件后,添加一个换行符,避免字符串连成一片。在此例中,只写入 3 个字符串,如果还想写入更多的字符串,只需修改符号常量 N、M 的值即可。

9.3.3　按格式读写函数

1. 按格式读函数 fscanf()
调用格式:

fscanf(文件指针,格式控制字符串,输入地址列表);

该函数功能与 scanf() 函数的功能相类似,只是 fscanf() 函数读取的对象是文件,而不是标准输入设备。其中,"文件指针"指向的是所要读取的文件对象,"格式控制字符串"和"输入地址列表"与 scanf() 函数一样。

例如,一文件中有数据"85 91.5",且 fp 指向该文件,若有以下语句:

fcanf(fp,"%f%f",&f1,&f2);

则 f1 中的值为 85.0,f2 中的值为 91.5。

2. 按格式写函数 fprintf()
调用格式:

fprintf(文件指针,格式控制字符串,输出列表);

该函数功能与 printf() 函数功能相类似,只是 fprintf() 函数写入的对象是文件,而不是标准输入设备。其中,"文件指针"指向的是所要写入的文件对象,"格式控制字符串"和"输出列表"与 printf()函数一样。

例如,若有 i=5,j=1.2,那么执行以下语句:

```
fprintf(fp,"%d,%6.2f",i,j);
```

则在 fp 所指向的文件中写入 5,1.20。

尽管使用 fscanf()和 fprintf()函数能非常方便地对文件进行格式化读写操作,但是由于在输入数据时,需要将文本文件转换为二进制形式,而在输出数据时,又要将二进制形式转换为文本形式,这个需要花费较多的时间,因此,当大量数据需要磁盘和内存频繁进行数据交换时,最好不要使用这两个函数,而选用以下所要介绍的 fread()和 fwrite()函数。

9.3.4 数据块读写函数

1. 数据块读函数 fread()

调用格式:

```
fread(buffer,size,count,fp);
```

函数功能:从 fp 所指向文件的当前位置开始,一次读入 size 个字节,重复 count 次,并将读入的数据存放到从 buffer 开始的内存中。同时,将读写位置指针向后移动 size * count 个字节。其中,buffer 是存放从文件中读入数据的内存起始地址,size 表示一次要读入的字节数,count 表示要读入的数据项个数(每个数据项长度为 size),fp 指向所要读取的文件。如果函数调用成功,总共读取 size * count 个字节数据,该函数返回读取的数据项个数 count。常用于二进制文件的读取操作。

2. 数据块写函数 fwrite()

调用格式:

```
fwrite(butter,size,count,fp);
```

函数功能:从 buffer 开始,一次写入 size 个字节,重复 count 次,并将输出的数据存放到 fp 所指向的文件中。同时,将读写位置指针向后移动 size * count 个字节。其中,buffer 是指要把此地址开始的内存中的数据写入到文件,size 表示一次写入的字节数,count 表示要写入的数据项个数,fp 指向所要写入的文件。如果调用成功,总共写入 size * count 个字节数据,该函数返回写入的数据项个数 count。该函数常用于二进制文件的写入操作。

例 9-5 从键盘输入若干个学生数据,将它们转存到磁盘 D 根目录下的文件 studentI.txt 中。假设学生的有关信息是一个结构体类型数据,包含姓名 name[10]、学号 num、年龄 age、住址 addr[15]等域,程序代码如下:

```
/*源程序文件名:AL9_5.c*/
#include<stdio.h>
struct student
{   char name[10];
    int num;
    int age;
    char addr[15];
```

```
}stu[5];
void save()
{   FILE * fp;
    int i;
    if((fp = fopen("D:\\studentI.txt","wb")) == NULL)
    { printf("文件打开失败!\n");
      exit(0);
    }
    for(i = 0;i < 5;i++)
      fwrite(&stu[i],sizeof(struct student),1,fp);
    fclose(fp);
}
void main()
{ int i;
  printf("请输入学生信息:\n");
  for(i = 0;i < 5;i++)
    scanf("% s % d % d % s",stu[i].name,&stu[i].num,&stu[i].age,stu[i].addr);
  save();
}
```

在 main() 函数中,从终端键盘输入 5 个学生的数据,然后调用 save() 函数,将这些数据写入到以 studentI. txt 命名的磁盘文件中。fwrite() 函数的作用是每次将一个长度为 29 个字节的数据块送到 studentI. txt 文件中(一个 student 类型结构体变量的长度为它的成员长度之和,即 $10+2+2+15=29$)。

程序运行情况如下:

```
请输入学生信息:
LiHao 1021 18 room_301 ↙
liuke 1032 20 room_302 ↙
WeiLa 1025 21 room_303 ↙
WenYi 1027 19 room_304 ↙
SunMo 1016 20 room_305 ↙
```

上述程序运行时,屏幕并没有输出任何信息,只是将从键盘输入的数据送到磁盘文件上。

例 9-6 编写程序,将上例中新建的 studentI. txt 文件的数据读出并将它们输出到屏幕上。

```
/ * 源程序文件名: AL9_6.c * /
# include < stdio. h>
struct student
{   char name[10];
    int num;
    int age;
    char addr[15];
}stu[5];
void main()
{   FILE * fp;
    int i;
    if((fp = fopen("D:\\studentI.txt ","rb")) == NULL)
```

```
{ printf("文件打开失败!\n");
  exit(0);
}
printf("输出学生信息如下:\n");
for(i = 0;i < 5;i++)
{   fread(&stu[i],sizeof(struct student),1,fp);
    printf("%-8s%4d%4d%10s\n",stu[i].name,stu[i].num,
            stu[i].age,stu[i].addr);
}
fclose(fp);
}
```

程序运行时不需要从键盘输入任何数据,屏幕显示以下信息:

```
输出学生信息如下:
LiHao 1021 18 room_301
liuke 1032 20 room_302
WeiLa 1025 21 room_303
WenYi 1027 19 room_304
SunMo 1016 20 room_305
```

9.4 文件的定位

9.4.1 rewind()函数

调用格式:

rewind(文件指针);

rewind()函数的作用是使文件的位置标记重新回到文件头,此函数无返回值。

例 9-7 在 D 盘根目录下的文件 file4.txt 中存有一些信息。现要求第一次将它输出到屏幕上,第二次将它复制到同一目录下的文件 file5.txt 中。

```
/* 源程序文件名: AL9_7.c */
# include "stdio.h"
# include "stdlib.h"
void main()
{   FILE * fp1, * fp2;
    char ch;
    fp1 = fopen("D:\\file4.txt","r"); /* 打开文件 file4.txt */
    fp2 = fopen("D:\\file5.txt","w");
    if(fp1 == NULL)                    /* 判断文件是否打开成功 */
    {   printf("打开 file4.txt 文件失败!");
        exit(0);                       /* 如果文件打开失败,退出程序 */
    }
    if(fp2 == NULL)
    {   printf("打开 file5.txt 文件失败!");
        exit(0);
    }
```

```
        printf("文件 file4.txt 中的信息是:\n");
        while(!feof(fp1))                    /*判断文件是否结束*/
        {   ch = fgetc(fp1);                 /*读取文件中的字符*/
            putchar(ch);                     /*将字符逐个输出到屏幕*/
        }
        rewind(fp1);                         /*文件位置指针重新指向文件头*/
        while(!feof(fp1))
        {   ch = fgetc(fp1);
            fputc(ch,fp2);                   /*将字符逐个写入 fp2 指向的文件*/
        }
        fclose(fp1);
        fclose(fp2);
}
```

程序运行情况如下:

文件 file4.txt 中的信息是:
welcone to C!

程序分析:在本例中,要对文件 file4.txt 中的信息读取两次。在第一次读取完后,fp1 已经指向文件的末尾,因此要对该文件进行第二次读取操作,需要调用 rewind()函数,使得文件位置指针重新指向文件的开头。

9.4.2　随机定位函数 fseek()

调用格式:

fseek(文件类型指针,位移量,起始点);

函数功能:通过调用 fseek()函数,可将文件位置指针移动到文件中任何一个位置,如果函数调用成功返回 0 值,失败返回非零值。

其中,"文件类型指针"指向所要操作的文件。"起始点"的取值有 3 种,分别是 0(表示"文件的开始位置"),1(表示"文件当前位置")和 2(表示"文件的末尾位置")。ANSI C 标准指定的名字如表 9-2 所示。

表 9-2　"起始点"与符号常量

起始点	符号常量	数字表示
文件首	SEEK_SET	0
当前位置	SEEK_CUR	1
文件末尾	SEEK_END	2

"位移量"指以"起始点"为基点向前或向后移动的字节数。如果大于零,表示将文件位置指针从"起始点"往后移动若干个字节;如果小于零,则表示将文件位置指针从"起始点"往前移动若干个字节。"位移量"应是一个 long 类型数据(如果是数字,应在其末尾加 L,表示 long 型)。

以下是几个 fseek()函数调用的例子:

fseek(fp,10L,0);   /*将位置指针移到离文件开头向前 10 个字节处*/

```
fseek(fp,10L,1);                    /*将位置指针移到离当前位置向前 10 个字节处 */
fseek(fp, - 20L,2);                 /*将位置指针移到离未见末尾向后 20 个字节处 */
```

在以上三个例子中,"起始点"的值也可以用表 9-2 中的符号常量表示。

例 9-8 输入若干个字符到文本文件 file6. txt 中,并将第奇数个字符输出到屏幕上。

```
/*源程序文件名: AL9_8.c */
# include "stdio. h"
# include"stdlib. h"
void main()
{   FILE * fp;
    char ch;
    fp = fopen("D:\\file6.txt","w + ");
    if(fp == NULL)
    {   printf("打开文件 file6.txt 失败!");
        exit(0);
    }
    printf("请输入若干个字符,以 # 号结束:\n");
    ch = getchar();
    while(ch!= '#')
    {   fputc(ch,fp);
        ch = getchar();
    }
    rewind(fp);                     /*文件位置指针返回文件头 */
    printf("奇数个字符是:");
    ch = fgetc(fp);
    while(!feof(fp))
    {   putchar(ch);
        fseek(fp,1L,1);             /*文件位置指针往前移动一个字节 */
        ch = fgetc(fp);
    }
    fclose(fp);
}
```

程序执行结果如下:

```
请输入若干个字符,以 # 号结束:
ABCDEFGH#
奇数个字符是:ACEH
```

程序分析:程序中第一个 while 循环将所要输入的字符写入文件中,此时,文件位置指针已到文件末尾,因此应调用"rewind(fp);"使文件位置指针重新回到文件头,为从文件中读取字符做准备。据题意,从文件中读取的第一个字符即符合题意(奇数个),当读取第一个字符后,文件位置指针往前移动一个字节(即第偶数个),为了能够读取下一奇数个字符,只需将位置指针以当前位置为基点,往前移动一个字节(即"fseek(fp,1L,1);")即可。在读取字符的操作中,用"feof(fp);"来判断文件是否结束。

9.4.3 获取文件指针当前位置函数 ftell()

调用格式:

```
ftell(fp);
```

　　函数功能：其中，fp 是文件指针。该函数用来获得所指文件的位置指针的当前位置，用相对于文件开头的偏移量来表示，单位是字节，类型为 long 型。如果函数调用成功返回文件指针位置，如果出错（如 fp 指向的文件不存在），函数返回值为－1L。

　　例如：

```
long i = ftell(fp);                    /* 变量 i 用于存放文件位置指针的当前位置 */
if(i == - 1L)
    printf("出错!\n");                 /* 如果 i 的值为 - 1L, 显示出错 */
```

9.5　文件的出错检测

　　C 语言中常用的文件检测函数有以下几个。

　　(1) 文件结束检测函数 feof()

　　调用格式：

```
feof(文件指针);
```

　　函数功能：判断文件是否处于文件结束位置，如文件结束，则返回值为 1，否则为 0。

　　(2) 读写文件出错检测函数 ferror()

　　调用格式：

```
ferror(文件指针);
```

　　函数功能：检查文件在用各种输入输出函数进行读写时是否出错。如 ferror 返回值为 0，表示未出错，否则表示有错。

　　(3) 文件出错标志和文件结束标志置 0 函数 clearerr()

　　调用格式：

```
clearerr(文件指针);
```

　　函数功能：本函数用于清除出错标志和文件结束标志，使它们为 0 值。

本 章 小 结

　　本章首先引入了文件的概念，接着介绍了文件组织形式、文件流和文件类型指针，最后重点讲解了与文件操作相关的若干函数。C 语言将文件当做一个"流"，按字节处理文件中的数据；文件类型指针用于标识一个文件，通过它可访问文件；在读写一个文件前，要调用 fopen 函数打开一个文件，并做错误处理，读写后应调用 fclose 函数将文件关闭；对文件的读写操作，主要介绍了 fputc、fgetc、fgets、fputs、fscanf、fprintf、fread、fwrite、fseek、rewind、feof 等函数，并结合文件的错误检测函数可实现对文件的按字节、按字符串、按格式、按数据块和随机读写文件。通过文件操作，实现以文件作为程序数据的输入，还可以使用文件保存程序的输出结果。

习 题

一、选择题

1. 下列语句中,将 c 定义为文件类型指针的是(　　)。

    A. FILE c;　　　　　　　　　　　　　　B. FILE ＊ c;

    C. file c;　　　　　　　　　　　　　　D. file ＊ c;

2. 若调用 fgetc()函数输入字符成功,则其返回值是(　　)。

    A. 输入的字符　　　　　B. 1　　　　　C. 0　　　　　D. EOF

3. 若 fp 是指向某文件的指针,且已读到文件的末尾,那么函数 feof(fp)的返回值是(　　)。

    A. EOF　　　　　B. 0　　　　　C. 非零值　　　　　D. NULL

4. 若要为"读/写"建立一个新的文本文件,在 fopen()函数中应使用的文件方式是(　　)。

    A. w＋　　　　　B. rt＋　　　　　C. wb＋　　　　　D. wt

5. 若调用 fgetc()函数输入字符成功,则其返回值是(　　)。

    A. 输入的字符　　　　　B. 1　　　　　C. 0　　　　　D. EOF

6. 在 C 语言中,对文件操作的一般步骤是(　　)。

    A. 打开文件,定义文件指针,读写文件,关闭文件

    B. 定义文件指针,打开文件,读写文件,关闭文件

    C. 定义文件指针,读文件,写文件,关闭文件

    D. 操作文件,定义文件指针,修改文件,关闭文件

7. 有以下程序:

```
# include "stdio. h"
  void main()
  {
      FILE ＊ fp1;
      fp1 = fopen("f1. txt","w");
      fprintf(fp1,"abc");
      fclose(fp1);
  }
```

若文本文件 f1. txt 中原有的内容是 good,则运行以上程序后,文件中的内容是(　　)。

    A. goodabc　　　　　B. abcd　　　　　C. abc　　　　　D. good

8. 对于以下程序,说法正确的是(　　)。

```
# include < stdio. h>
main()
{ FILE ＊ fp;
  fp = fopen("quiz. txt", "w");
  if(fp!= NULL)
  { fprintf(fp," ％ s\n", "success!");
    fclose(fp);
    printf("ok!");
  }
}
```

A. 程序运行后，当前工作目录下存在 quiz. txt 文件，其中的内容是 ok!

B. 程序运行后，当前工作目录下存在 quiz. txt 文件，其中的内容是 success!

C. 程序运行之前，当前工作目录下一定不存在 quiz. txt 文件

D. 程序运行之前，当前工作目录下一定存在 quiz. txt 文件

9. 已知函数 fread(buffer,size,count,fp)，其中 buffer 代表的是(　　　)。

A. 存放读入数据的首地址或指向此地址的指针

B. 存放读入数据项的存储区

C. 一个整型变量，代表要读入的数据项总数据

D. 一个指向所读文件的文件指针

10. 以下与函数 fseek(fp,0L,SEEK_SET)作用相同的是(　　　)。

A. feof(fp)　　　　　B. ftell(fp)　　　　C. fgetc(fp)　　　　D. rewind(fp)

11. 函数 ftell(fp)的作用是(　　　)。

A. 返回文件位置指针的当前位置　　　　B. 移动文件位置指针

C. 初始化文件位置指针　　　　　　　　D. 报告文件操作的出错信息

12. 以下程序的功能是(　　　)。

```c
# include < stdio. h>
main()
{ FILE * fp;
  long int n;
  fp = fopen("exam.txt","rb");
  fseek(fp,0,SEEK_END);
  n = ftell(fp);
  fclose(fp);
  printf(" % ld",n);
}
```

A. 将文件指针从地址为 0 处移动到文件末尾

B. 计算文件指针的当前地址

C. 计算文件 exam. txt 的终止地址

D. 计算文件 exam. txt 的字节数

二、填空题

1. 以下程序是把文件 file1. dat 中的内容复制到一个名为 file2. dat 新的文件中，请补全程序。

```c
# include < stdio. h>
void main()
{ FILE * fpr, * fpw;
  if((fpr = fopen("file1.dat", "rb")) == NULL ) exit (0);
  if((fpw = fopen(_____, "wb")) == NULL ) exit (1);
  while( !feof(fpr) ) fputc(_____, fpw );
  fclose(fpr);
  fclose(fpw);
}
```

2. 文本文件 quiz. txt 的内容为"Programming"(不包含引号),以下程序段的运行结果是_____。

```
FILE * fp;
char * str;
if((fp = fopen("quiz.txt","r"))!= NULL)
  str = fgets(str,7,fp);
printf(" % s",str);
```

3. 下面程序的运行结果是_____。

```
# include < stdio. h >
void main()
{ FILE * fp;
  int a = 2,b = 4,c = 6,k,n;
  fp = fopen("test.dat","w");
  fprintf(fp," % d\n",a);
  fprintf(fp," % d   % d\n",b,c);
  fclose(fp);
  fp = fopen("test.dat","r");
  fscanf(fp," % d % * d % d",&k,&n);
  printf(" % d   % d\n",k,n);
  fclose(fp);
}
```

4. 以下程序的可执行文件名为 abc. exe。

```
# include < stdio. h >
# include < stdlib. h >
void main(int argc,char  * argv[])
{if(argc!= 2)
  {printf("Input error\n");
    exit(1);
  }
 printf("I love % s\n",argv[1]);
}
```

在 DOS 命令行输入"abc right↙"则输出结果是_____。

5. 以下程序运行后,文件 test. txt 的内容是_____。

```
# include < stdio. h >
void main()
{   FILE * fp;
  char str[][10] = {"first","second"};
  fp = fopen("test.txt", "w");
  if(fp!= NULL)
     fprintf(fp," % s",str[0]);
  fclose(fp);
  fp = fopen("test.txt", "w");
  if(fp!= NULL)
     fprintf(fp," % s",str[1]);
  fclose(fp);
}
```

三、编程题

1. 从键盘输入一个字符串(输入的字符串以"!"结束),将小写字母全部转换成大写字母,将大写字母转换成小写字母,然后输出到一个磁盘文件 test 中保存。

2. 实现文件的复制,源文件和目标文件的名称由用户自己输入。

3. 有五个学生,每个学生有 3 门课的成绩,从键盘输入数据(包括学生号,姓名,三门课成绩),计算出平均成绩,将原有的数据和计算出的平均分数存放在磁盘文件 stud 中。

4. 教师基本信息数据文件内容格式如下:

```
struct teacher
{   long number;
    char name[10];
    int age;
    float    salary;
};
```

输出工资在 1000~2000 之间的教师编号、姓名、年龄、工资。

第 10 章　C 语言项目实例——高校工资管理系统

教学目标、要求

通过本章的学习,要求熟悉运用 C 语言开发简单的管理系统的流程;了解在实际应用中信息系统分析、系统设计所具备的知识;掌握用 C 语言进行程序设计实现的技巧。

教学用时、内容

本章共需 10 学时,其中理论教学 4 学时,实践教学 6 学时。教学主要内容如下:

系统概述

系统分析 — 可行性分析 / 需求分析

系统设计 — 概要设计 / 详细设计

系统实现

教学重点、难点

重点:(1) 系统需求分析;

(2) 系统详细设计;

(3) 系统实现。

难点:系统详细设计。

10.1　高校工资管理系统概述

信息技术在高校各项管理活动中的应用,已成为现代高校管理信息化的重要标志之一。高校工资管理是一个必不可少的重要环节,它的管理直接影响到高校在职员工的切身利益,进而会影响到一个高校的效益,而工资管理涉及大量的数据处理。因此,开发一个现代化的高校工资管理系统是非常有必要的。开发系统的意义在于协助高校管理人员对工资进行管理,完成日常有关工资的管理工作,提高工资管理工作的质量和效率,并且便于高校教职员工了解自己的工资信息,同时通过报表对高校员工管理提供决策信息。

工资管理系统就是使用计算机代替大量的人工统计和计算,完成众多工资信息的处理,同时使用计算机还可以安全、完整地保存大量的工资记录。高校工资管理系统为员工提供工资浏览、查询服务,为高校工资管理部门提供工资计算、工资统计等服务。此系统作为 C 语言的教学项目,离商业应用还有很大差距,相关内容将参照软件工程规范书写,但限于篇幅,内容有所简化。

10.2　高校工资管理系统分析

10.2.1　可行性分析

可行性分析包括对现有系统、新系统建设目标、项目范围等进行描述,并在此基础上进行相关论证。论证内容包括技术可行性、经济可行性、运行可行性,有时还包括人员、进程、环境和管理可行性等,并综合对项目进行可行性分析判断。这一阶段的工作成果以"可行性分析报告"方式书写成文。

10.2.2　需求分析

需求分析在可行性研究结论为可以立即开发基础上进行。系统需求分析是信息系统开发过程中的重要一步,也是决定性的一步,需求分析的任务是明确系统开发目标,明确用户需求,并把这些要求写成文档,提出系统的逻辑方案。

1. 项目概述

本系统设计目标是实现教职员工工资记录的添加、删除、修改、查询、浏览、统计分析和数据保存等功能。根据某高校现行工资系统情况,确定职工工资记录由职工工号、职工姓名、基本工资、工龄工资、职务津贴、绩效工资、应发工资、个人所得税、实发工资等 9 个字段构成。

2. 系统功能

系统的功能定义如下。

(1) 创建文件存放一批职工工资记录,要求至少能够存储 100 个职工工资记录。

(2) 实现"添加"、"修改"、"删除"等指定工资记录的操作。

(3) 能实现"浏览"全部职工工资记录功能。

(4) 能够实现按"职工工号"、"职工姓名"等条件查询功能。

(5) 能够根据应发工资自动计算个人所得税和实发工资功能。

(6) 菜单界面要求美观、大方,易于操作。

(7) 能够安全退出系统。整个系统只有一个出口,程序只能通过该出口结束。

3. 系统数据流图

图 10-1 所示为系统顶层的数据流图。工资管理返回的数据流主要包括职工工资数据流和工资统计分析数据流。

图 10-1　系统顶层数据流

4. 数据字典

(1) 职工工资数据流:系统根据用户添加、修改、删除、查询、浏览等操作,向用户显示职工工资数据。数据项包括:职工工号、职工姓名、基本工资、工龄工资、职务津贴、绩效工资、应发工资、个人所得税、实发工资。

（2）职工工资统计数据流：系统根据用户的操作命令，统计职工岗位工资、应发工资、实发工资，并能计算岗位工资、应发工资、实发工资平均值。

（3）用户命令数据流：用户根据序号选择进行添加、修改、删除、查询、浏览、统计等操作。其中组成的操作序号为 1～8，含义如表 10-1 所示。

表 10-1　命令序列的含义

序号	1	2	3	4	5	6	7	8
命令	添加	删除	修改	查询	保存	浏览	统计	退出

（4）工资数据文件

数据存储文件名称为 wage.dat，采取二进制方式存储，用于存放职工工资记录，数据项由职工工号、职工姓名、基本工资、工龄工资、职务津贴、绩效工资、应发工资、个人所得税和实发工资组成。

（5）数据项的类型及含义如表 10-2 所示。

表 10-2　数据项类型及含义

数据名称	类型	取值范围及含义
职工工号	字符数据	由 7 位数字（0～9）组成的字符串
职工姓名	字符数组	由 1～12 个字母或 1～6 个汉字组成的字符串
基本工资	单精度实型	由岗位定级等确定的工资
工龄工资	单精度实型	由在校工作年龄确定的工资
职务津贴	单精度实型	由所从事的职务确定
绩效工资	单精度实型	由业绩工作量确定
应发工资	单精度实型	前 4 项工资之和
个人所得税	单精度实型	按国家规定计算的个人所得税
实发工资	单精度实型	应发工资减去个人所得税

10.3　高校工资管理系统的设计

10.3.1　概要设计

1. 系统功能模块划分

如图 10-2 所示，系统划分为查询、浏览、修改、添加、删除、保存、统计和退出 8 个功能模块。

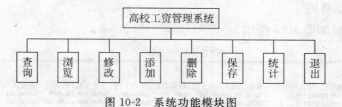

图 10-2　系统功能模块图

2. 用户界面设计

部分用户界面设计如下。

(1) 系统主界面

工资管理系统主界面如图 10-3 所示。

```
|----------------------------------------------------|
|*****************欢迎使用工资管理系统*****************|
|----------------------------------------------------|
|           请选择要执行的操作（1-8）：               |
|----------------------------------------------------|
|              1--查询职工工资记录                    |
|              2--浏览职工工资记录                    |
|              3--修改职工工资记录                    |
|              4--添加职工工资记录                    |
|              5--删除职工工资记录                    |
|              6--保存职工工资记录                    |
|              7--统计职工工资记录                    |
|              8--退出                                |
|----------------------------------------------------|
```

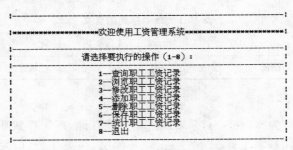

图 10-3　系统主界面

(2) 查询菜单界面设计

查询菜单界面如图 10-4 所示。

```
|----------------------------------------------------|
|**********************查询菜单************************|
|-------------请选择查询类型（0-2）：-----------------|
|----------------------------------------------------|
|              1--按职工工号查询                      |
|              2--按职工姓名查询                      |
|              0--返回主菜单                          |
|----------------------------------------------------|
```

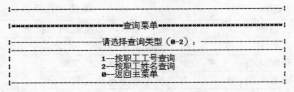

图 10-4　查询菜单界面

(3) 添加职工记录操作界面

添加职工记录操作界面如图 10-5 所示。

```
                      添加职工记录操作：
|*************************************************************|

        请输入职工工号(7位)：0101003
        请输入职工姓名(6个汉字或12个字母以内)：李志清
        请输入职工基本工资：2000
        请输入职工工龄工资：300
        请输入职务工资：500
        请输入绩效工资：1800

该职工的应发工资额是：4600.00,个人所得税是：115.00,实发工资额是：4485.00
                      按任意键返回……
```

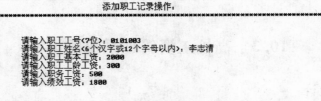

图 10-5　添加职工记录操作界面

(4) 数据显示界面

数据显示界面如图 10-6 所示。

```
                      所有职工工资情况如下：
|*************************************************************|

| 工  号| 姓  名 |基本工资|工龄工资|职务津贴|绩效工资|应发工资|所得税 |实发工资|
|0101001|张三    |2000.00 |300.00  |500.00  |200.00  |3000.00 |0.00   |3000.00 |
|0101002|李四    |2800.00 |300.00  |600.00  |2000.00 |5700.00 |280.00 |5420.00 |
```

图 10-6　数据显示界面

3. 系统数据结构设计

（1）职工工资数据文件："0{职工工资数据}N"。

（2）职工工资数据："职工工号＋职工姓名＋岗位工资＋工龄工资＋职务津贴＋绩效工资＋应发工资＋个人所得税＋实发工资"。

（3）职工工号："7{数字符号}7"，即工号是由 7 位数字符号（0～9）组成的字符串，前 3 位代表部门，后 4 位代表部门员工编号。

（4）职工姓名："1{字母}12"或"1{汉字}6"，即姓名是由 1～12 个字母或 1～6 个汉字组成的字符串。

（5）岗位工资、工龄工资、职务津贴、绩效工资、应发工资、个人所得税与实发工资均为单精度实型数据。

10.3.2 详细设计

本系统通过采用程序流程图对各主要功能模块的算法设计进行描述。

1. 主函数——main()

（1）函数描述：程序从主函数开始，初始化职工工资双向链表等数据，并显示系统主菜单。

（2）函数功能：调用 readFile( )读取 wage.dat 文件，初始化职工工资双向链表，调用显示系统主菜单。

（3）算法设计：如图 10-7 所示。

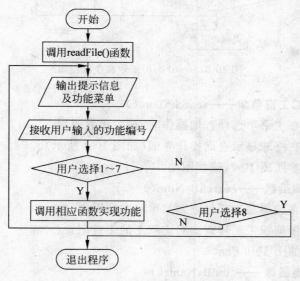

图 10-7 主函数程序流程图

2. 显示主菜单函数——mainMenu()

（1）函数描述：系统运行时，主函数必须调用的函数。

（2）函数功能：在终端显示系统主界面（如图 10-3 所示）。

（3）算法设计：采用顺序结构实现（程序流程图略）。

3．读取职工工资记录函数——readFile()

（1）函数描述：系统启动时，被主函数调用读取职工工资记录。

（2）函数功能：从文件 wage.dat 中读取职工工资数据，创建职工工资双向链表，存储读入的数据。

（3）算法设计：如图 10-8 所示。

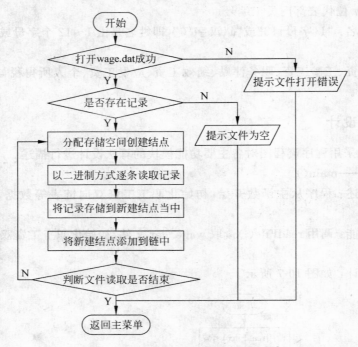

图 10-8　　readFile()函数程序流程图

4．显示查询职工工资菜单——searchMenu()

（1）函数描述：在主菜单选择查询操作时，被主函数调用。

（2）函数功能：在终端显示查询操作界面（如图 10-4 所示）。

（3）算法设计：参照图 10-7，流程图略。

5．通过工号查询函数——searchByNum()

（1）函数描述：在选择通过工号查询菜单时被调用。

（2）函数功能：根据职工工号查询对应职工的工资记录。

（3）算法设计：如图 10-9 所示。

6．通过姓名查询函数——findByName()

（1）函数描述：在选择通过姓名查询菜单时被调用。

（2）函数功能：根据职工姓名查询对应职工的工资记录。

（3）算法设计：流程与图 10-9 所示类似。

7．浏览职工工资记录函数——displayRecord()

（1）函数描述：在选择浏览职工工资记录时被调用。

（2）函数功能：列表显示所有职工的工资记录。

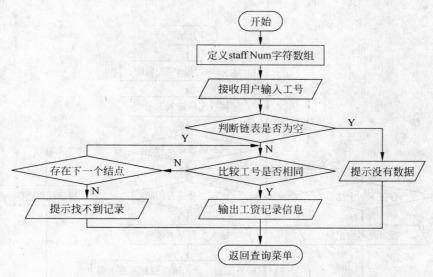

图 10-9　工号查询函数流程图

（3）算法设计：如图 10-10 所示。

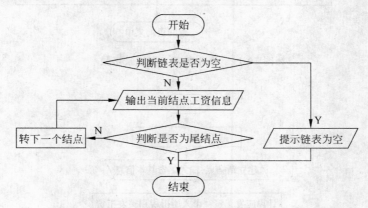

图 10-10　浏览职工工资记录函数程序流程图

8. 修改职工工资记录函数——modifyRecord()

（1）函数描述：在选择修改职工工资记录时被调用。

（2）函数功能：根据工号查询到所需要修改的职工工资记录，然后输入修改后记录数据进行修改，其中个人所得税计算通过调用 getIncomeTax()实现。

（3）算法设计：如图 10-11 所示。

9. 添加职工工资记录函数——addRecord()

（1）函数描述：在选择添加职工工资记录操作时被调用。

（2）函数功能：接收用户录入新职工工资记录，将其添加到双向链表尾，其中个人所得税计算通过调用 getIncomeTax()实现。

（3）算法设计：如图 10-12 所示。

10. 删除职工工资记录函数——delRecord()

（1）函数描述：在选择删除职工工资记录操作时被调用。

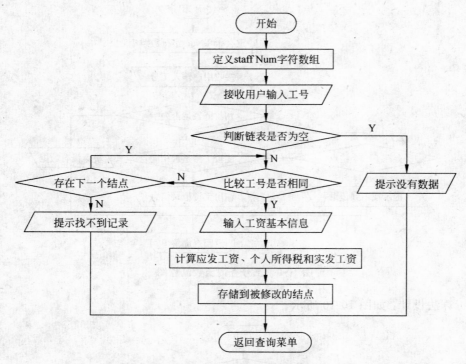

图 10-11　修改职工工资记录函数

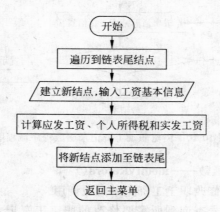

图 10-12　添加职工工资记录函数程序流程图

　　(2) 函数功能：根据工号查询到所需要删除的职工工资记录，然后将其在内存链中删除。

　　(3) 算法设计：如图 10-13 所示。

11. 保存职工工资记录函数——saveToFile()

　　(1) 函数描述：在执行保存功能时被调用。

　　(2) 函数功能：将职工工资双向链表中的数据存储到 wage.dat 数据文件中。

　　(3) 算法设计：如图 10-14 所示。

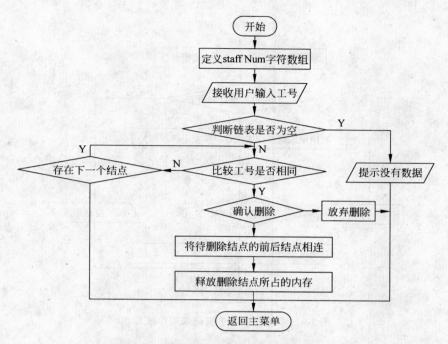

图 10-13　删除职工工资记录函数程序流程图

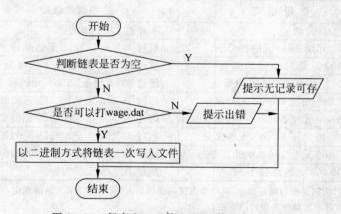

图 10-14　保存职工工资记录函数程序流程图

12. 统计职工工资记录——statRecord()

(1) 函数描述：在执行统计功能时被调用。

(2) 函数功能：将职工工资双向链表中的职工工资数据,统计岗位工资、应发工资、实发工资,并求岗位工资、应发工资、实发工资的平均值。

(3) 算法设计：如图 10-15 所示。

13. 计算个人所得税——calIncomeTax()

(1) 函数描述：在计算个人所得税时被调用。

(2) 函数功能：按照我国现行个人所得税税率来计算,现行税率如表 10-3 所示。

(3) 算法设计：参见 10.4 节源程序,流程图略。

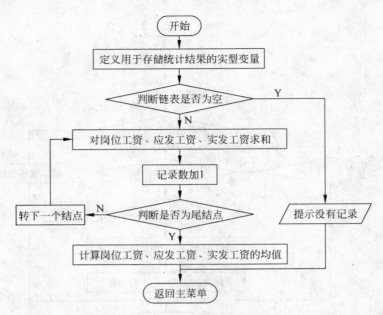

图 10-15　统计职工工资记录程序流程图

表 10-3　个人所得税税率表（工资、薪金所得适用）

级数	含 税 级 距	不含税级距	税率（%）
1	不超过 500 元的	不超过 475 元的	5
2	超过 500 元至 2000 元的部分	超过 475 元至 1825 元的部分	10
3	超过 2000 元至 5000 元的部分	超过 1825 元至 4375 元的部分	15
4	超过 5000 元至 20 000 元的部分	超过 4375 元至 16 375 元的部分	20
5	超过 20 000 元至 40 000 元的部分	超过 16 375 元至 31 375 元的部分	25
6	超过 40 000 元至 60 000 元的部分	超过 31 375 元至 45 375 元的部分	30
7	超过 60 000 元至 80 000 元的部分	超过 45 375 元至 58 375 元的部分	35
8	超过 80 000 元至 100 000 元的部分	超过 58 375 元至 70 375 的部分	40
9	超过 100 000 元的部分	超过 70 375 元的部分	45

注：本表所称全月应纳税所得额是指依照《中华人民共和国个人所得税法》第六条的规定，以每月收入额减除费用 3500 元后的余额或者减除附加减除费用后的余额。

10.4　高校工资管理系统的实现

在 10.3 节说明系统所包括的功能及实现这些功能的详细设计，在 Visual C++ 6.0 环境中，创建工程项目 wageManagement，C 语言程序文件 wage.c。程序代码实现如下：

1. 头文件、函数声明及职工工资结构体声明

```
/* 头文件 begin */
# include < stdio.h >                    /* 基本输入、输出函数头文件 */
# include < conio.h >          /* 控制台输入、输出函数头文件,包含 getch()及 getche()函数 */
# include < string.h >                   /* 字符串处理函数头文件 */
# include < windows.h >                 /* windows API 函数头文件 */
```

```
/* 头文件 end */
#define TRUE 1                                          /* 宏定义 */
/* 函数声明 begin */
void mainMenu();                                        /*输出系统操作主界面,并选择执行相应操作*/
struct staffWage * readFile();                          /*从数据文件中读取职工工资数据*/
void searchMenu(struct staffWage * first);             /*输出查询菜单*/
void searchByNum(struct staffWage * first);            /*按职工工号查询职工工资记录*/
void searchByName(struct staffWage * first);           /*按职工姓名查询职工工资记录*/
void displayRecord(struct staffWage * first);          /*显示所有职工工资记录*/
void modifyRecord(struct staffWage * first);           /*修改职工工资记录*/
struct staffWage * addRecord(struct staffWage * first);    /*添加职工工资记录*/
struct staffWage * delRecord(struct staffWage * first);    /*删除职工工资记录*/
void saveToFile(struct staffWage * first);             /*保存工资记录到数据文件 wage.dat*/
void statRecord(struct staffWage * first);             /*统计职工工资记录*/
float calIncomeTax(float shouldpay);                   /*计算个人所得税*/
void quit(struct staffWage * first);                   /*退出程序处理*/
/* 函数声明 end */
/* 职工工资结构体声明 begin */
struct staffWage                                       /*采用双向链表,声明职工工资数据结构体*/
{ struct staffWage * previous;                         /*指向前一个结点*/
  char staffNum[7];                                    /*职工工号*/
  float basicSalary;                                   /*基本工资*/
  char name[12];                                       /*职工姓名*/
  float serLenSalary;                                  /*工龄工资*/
  float dutyAllowance;                                 /*职务津贴*/
  float performancePay;                                /*绩效工资*/
  float shouldPay;                                     /*应发工资*/
  float pIncomeTax;                                    /*个人所得税*/
  float realPay;                                       /*实发工资*/
  struct staffWage * next;                             /*指向后一个结点*/
}  /* 职工工资结构体 end */
```

2. 主函数

```
main()                                                 /* 主函数 begin */
{  struct staffWage * first = NULL;
   char operCode = '\0';                               /*操作代码*/
   first = readFile();                                 /*从数据文件中读取职工工资数据*/
   do{  mainMenu();                                    /*显示主菜单*/
        operCode = getchar();                          /*输入菜单操作选字符*/
        switch(operCode)                               /*根据输入选择字符调用功能函数*/
        { case '1': searchMenu(first);break;           /*查询职工工资记录*/
          case '2': displayRecord(first);break;        /*浏览职工工资记录*/
          case '3': modifyRecord(first);break;         /*修改职工工资记录*/
          case '4': first = addRecord(first);break;    /*添加职工工资记录*/
          case '5': first = delRecord(first);break;    /*删除职工工资记录*/
          case '6': saveToFile(first);break;           /*将内存中记录保存到数据文件*/
          case '7': statRecord(first);break;           /*统计职工工资记录*/
          case '8': quit(first);break;                 /*退出程序处理*/
        }
   }while(1);
```

```
}  /* 主函数 end */
```

3. 显示主菜单函数——mainMenu()

```
void mainMenu()                   /* 显示主菜单函数 -- mainMenu()    begin */
{ system("cls");                  //清屏
  printf("\n\n\n\n");
  printf("\t| ------------------------------------ |\n");
  printf("\t| ************* 欢迎使用工资管理系统 ************* |\n ");
  printf("\n");
  printf("\t| ------------------------------------ |\n");
  printf("\n|                请选择要执行的操作(0 - 9):              |\n"");
  printf("\t| ------------------------------------ |\n");
  printf("\t|                    1 -- 查询职工工资记录                |\n");
  printf("\t|                    2 -- 浏览职工工资记录                |\n");
  printf("\t|                    3 -- 修改职工工资记录                |\n");
  printf("\t|                    4 -- 添加职工工资记录                |\n");
  printf("\t|                    5 -- 删除职工工资记录                |\n");
  printf("\t|                    6 -- 保存职工工资记录                |\n");
  printf("\t|                    7 -- 统计职工工资记录                |\n");
  printf("\t| ------------------------------------ |\n");
}  /* 显示主菜单函数 -- mainMenu()    end */
```

4. 读取职工工资记录——readFile()

```
struct staffWage * readFile()           /* 读取职工工资记录 -- readFile()    begin */
{   struct staffWage * first = NULL;     /* 记录链表头指针   */
    int n = 0;
    struct staffWage * readdata;         /* 记录新分配内存地址 */
    struct staffWage * p;                /* 中间变量 */
    FILE * file;                         /* 声明指针文件 */
    if((file = fopen("wage.dat","rb"))!= NULL) /* 以二进制方式打开文件,并判断是否存在 */
    {  /* 打开成功,动态申请分配内存空间,并获得内存分配首地址 */
       readdata = (struct staffWage * )malloc(sizeof(struct staffWage));
       /* 循环读取文件数据存储到新分配的内存空间 */
       while(fread(readdata,sizeof(struct staffWage),1,file) == 1)
       {  if(n == 0)                      /* 建立链表起始结点 */
          {  first = readdata;  first -> previous = NULL;  first -> next = NULL;  p = readdata;  }
          else                            /* 添加链表结点 */
          {  p -> next = readdata; readdata -> previous = p; readdata -> next = NULL; p = readdata; }
          n++;                            /* 职工工资记录数增加 1 */
          printf("\t 正在读取第 %d 条数据……\n",n);
          readdata = (struct staffWage * )malloc(sizeof(struct staffWage));
       }
       fclose(file);                      /* 关闭文件指针 */
       printf("\n\n 数据读取完毕");
       printf("\n\t 系统将在 3 秒钟后进入……");
       Sleep(3000);                       /* 休眠 3 秒钟 */
       return first;                      /* 返回链表头指针 */
    }
    else                                  /* 文件打开失败 */
    {  system("cls");
```

```
        printf("\n\n\n 职工工资数据文件不存在,或无法打开!\n ");
        printf("\n 按任意键进入主菜单……");
        getch();
        return NULL;
    }
} /*  读取职工工资记录 -- readFile()      end */
```

5. 显示查询职工工资菜单——searchMenu()

```
void searchMenu(struct staffWage * first) /* 查询菜单 searchMenu ()      begin */
{ char operCode ;                          /* 输入菜单操作选字符 */
    do{ system("cls");              //清屏
        printf("\n\n\n\n ");
        printf("\t| ---------------------------------'|\n");
        printf("\n")
        printf("\t| ************** 查询菜单 ************** |\n");
        printf("\n")
        printf("\n| --------------- 请选择查询类型(0 - 2): -------------- |\n");
        printf("\t| --------------------------------- |\n");
        printf("\t|                 1 -- 按职工工号查询              |\n");
        printf("\t|                 2 -- 按职工姓名查询              |\n");
        printf("\t|                 0—返回主菜单                |\n");
        printf("\t| --------------------------------- |\n");
        fflush(stdin);              //清除键盘缓冲区
        operCode = getchar();
        switch(operCode)
        { case '1': searchByNum(first);break;    /* 按职工工号查询 */
            case '2': searchByName(first);break;   /* 按职工姓名查询 */
            case '0': break;}
    }while(1);
}/* 显示查询职工工资菜单 -- searchMenu ()      end */
```

6. 通过工号查询函数——searchByNum()

```
void searchByNum(struct staffWage * first) /* 查询函数 -- searchByNum()      begin */
{ char staffNum[7];                        /* 储存待查询的职工工号 */
    if(first == NULL)
    {  printf("\n\t 没有职工工资记录!按任意键返回");  getch();   return;  }
    else
    {  printf("\t 请输入职工工号: ");          /* 提示用户输入职工工号 */
    scanf(" % s",staffNum);
        while(first!= NULL)
        { if(strcmp(staffNum,first -> staffNum) == 0)   /* 若找到相同工号,输出该记录情况 */
            { system("cls");
            printf("工号为 % s 工资情况如下:\n",staffNum);
            printf("| % - 7s| % - 7s| % - 8s| % - 8s| % - 8s| % - 8s| % - 8s| % - 7s| % - 8s|\n",
                    "工号","姓名","基本工资","工龄工资","职务津贴","绩效工资","应发工资",
                    "所得税","实发工资");
            printf("| % - 7s| % - 7s| % - 8.2f| % - 8.2f| % - 8.2f| % - 8.2f| % - 8.2f| % - 7.2f
                | % - 8.2f|\n",first -> staffNum,first -> name,
                    first -> basicSalary,first -> serLenSalary,
```

```
                first -> dutyAllowance, first -> performancePay, first -> shouldPay,
                first -> pIncomeTax, first -> realPay);
            printf("\n\t 按任意键返回主菜单……");   getch();   return;
        }
        first = first -> next;
    }
    printf("\n\nt 未能找到您所输入的职工工号!按任意键返回主菜单……");   getch();
}
}/* 通过工号查询函数 -- searchByNum()    end */
```

7. 通过姓名查询函数——searchByName()

```
void searchByName(struct staffWage * first)    /* 查询函数 -- searchByName()    begin */
{   char name[12];                              /* 储存待查询的职工工号 */
    int i;                                      /* 循环变量 */
    if(first == NULL)
    {   printf("\n\t 没有职工工资记录!按任意键返回");   getch();   return; }
    else
    {   printf("\n t 请输入职工姓名: ");          /* 提示用户输入职工工号 */
        scanf("% s",name);
        while(first!= NULL)
        {   system("cls");
            printf("工号为 % s 工资情况如下: \n",staffNum);
            printf("| % -7s| % -7s| % -8s| % -8s| % -8s| % -8s| % -8s| % -7s| % -8s|\n",
                    "工号","姓名","基本工资","工龄工资","职务津贴","绩效工资",
                    "应发工资","所得税","实发工资");
            printf("| % -7s| % -7s| % -8.2f| % -8.2f| % -8.2f| % -8.2f| % -8.2f| % -7.2f
                    | % -8.2f|\n",
                    first -> staffNum,first -> name, first -> basicSalary,first -> serLenSalary,
                    first -> dutyAllowance,first -> performancePay, first -> shouldPay,
                    first -> pIncomeTax,first -> realPay);
            printf("\n\t 按任意键返回主菜单……");   getch();   return;
        }
        first = first -> next;
    }
    printf("\n\nt 未能找到您所输入的职工工号!按任意键返回主菜单……");   getch();
}/* 通过工号查询函数 -- searchByName()    end */
```

8. 浏览职工工资记录函数——displayRecord()

```
void displayRecord(struct staffWage * first)
/* 浏览所有记录 -- displayRecord()    begin */
{   system("cls");   printf("\n\t\t\t\t 所有职工工资情况如下: \n");
    printf("| ********************************************* |\n\n");
    if(first!= NULL)
    {   printf("| % -7s| % -7s| % -8s| % -8s| % -8s| % -8s| % -8s| % -7s| % -8s|\n","工
                号","姓名","基本工资","工龄工资","职务津贴","绩效工资","应发工资","所得
                税","实发工资");
        do{   printf("| % -7s| % -7s| % -8.2f| % -8.2f| % -8.2f| % -8.2f| % -8.2f| % -7.2f
                | % -8.2f|\n",first -> staffNum,first -> name, first -> basicSalary,
                first -> serLenSalary, first -> dutyAllowance, first -> performancePay,
```

```
                        first->shouldPay,first->pIncomeTax,first->realPay);
                        first = first->next;
        }while(first!= NULL);
    } else {  printf("c 没有职工工资记录!"); }
    printf("\t 按任意键返回主菜单……");  getch();
} /* 浏览职工工资记录函数 -- displayRecord()       end */
```

9. 修改职工工资记录函数——modifyRecord（）

```
void modifyRecord(struct staffWage * first)      /* 修改记录函数 -- modifyRecord ()  begin */
{  char staffNum[7];                              /* 储存待查询的职工工号 */
   int i;                                         /* 循环变量 */
   if(first == NULL)
   {  printf("\n\t 没有职工工资记录!按任意键返回");  getch();  return; }
   else
   {  printf("\t 请输入职工工号: ");               /* 提示用户输入职工工号 */
      scanf("% s",staffNum);
      while(first!= NULL)
      {  if(strcmp(staffNum,first->staffNum) == 0) /* 找到相同工号,输出职工当前工资情况 */
         {  system("cls");
            printf("工号为 % s 工资情况如下: \n",staffNum);
            printf("| % -7s| % -8s| % -7s| % -7s| % -7s| % -7s| % -7s| % -7s| % -7s|\n",
                   "工号","姓名","基本工资","工龄工资","职务津贴","绩效工资",
                   "应发工资","所得税","实发工资");
            printf("| % -7s| % -8s| % -7.2f| % -7.2f| % -7.2f| % -7.2f| % -7.2f| % -7.2f
                   | % -7.2f|\n",first->staffNum,first->name,
                   first->basicSalary,first->serLenSalary,
                   first->dutyAllowance,first->performancePay,first->shouldPay,
                   first->pIncomeTax,first->realPay);
            /* 输入修改后的工资数据 */
            printf("\t 请输入职工工号(7 位): ");  fflush(stdin); //清除键盘缓冲区
            scanf("% s",&first->staffNum);
            printf("\t 请输入职工姓名(6 个汉字或 12 个字母以内): ");
            fflush(stdin);
            scanf("% s",&first->name);     /* 清除键盘缓冲区 */
            printf("\t 请输入职工基本工资: ");
            fflush(stdin);                 /* 清除键盘缓冲区 */
            scanf("% f",&first->basicSalary);
            printf("\t 请输入职工工龄工资: ");
            fflush(stdin);                 /* 清除键盘缓冲区 */
            scanf("% f",&first->serLenSalary);
            printf("\t 请输入职务工资: ");
            fflush(stdin);                 /* 清除键盘缓冲区 */
            scanf("% f",&first->dutyAllowance);
            printf("\t 请输入绩效工资: ");
            fflush(stdin);                 /* 清除键盘缓冲区 */
            scanf("% f",&first->performancePay);
            /* 计算应发工资、个人所得税、实发工资 */
            first->shouldPay = first->basicSalary + first->serLenSalary +
                               first->dutyAllowance + first->performancePay;
            first->pIncomeTax = calIncomeTax(first->shouldPay);
```

```
                first -> realPay = first -> shouldPay - first -> pIncomeTax;
                printf("\n\n 该职工的应发工资额是：%.2f,个人所得税是：%.2f,实发工资额是:
                        %.2f",first -> shouldPay,first -> pIncomeTax,first -> realPay);
                printf("\n\t 按任意键返回主菜单……");    getch();    return;
            }
        else{   first = first -> next;
                printf("\n\t 未能找到对应工号的记录!
                        按任意键返回主菜单……");}}
        getch();
    }
}/* 修改职工工资记录函数 -- modifyRecord ()     end */
```

10. 添加职工工资记录函数——addRecord（）

```
struct staffWage * addRecord(struct staffWage * first) /* 添加记录 -- addRecord ()  begin */
{   struct staffWage * addData;              /* 记录首地址及新分配内存地址 */
    struct staffWage * p;                    /* 中间结点变是 */
    addData = (struct staffWage * )malloc(sizeof(struct staffWage));
    if(first == NULL)
    {   first = addData;    first -> previous = NULL;    first -> next = NULL;    }
    else
    {   p = first;
        while(p -> next!= NULL)               /* 查找最后一个结点,并用 p 记录 */
        {   p = p -> next; }                  /* 将新结点,追加至链表 */
        p -> next = addData;    addData -> previous = p;    addData -> next = NULL;
    }
    printf("\t 请输入职工工号(7 位): ");    fflush(stdin);          //清除键盘缓冲区
    scanf(" % 7s",&addData -> staffNum);
    printf("\t 请输入职工姓名(6 个汉字或 12 个字母以内): ");    fflush(stdin);
    scanf(" % s",&addData -> name);
    printf("\t 请输入职工基本工资: ");    fflush(stdin);
    scanf(" % f",&addData -> basicSalary);
    printf("\t 请输入职工工龄工资: ");    fflush(stdin);
    scanf(" % f",&addData -> serLenSalary);
    printf("\t 请输入职务工资: ");    fflush(stdin);
    scanf(" % f",&addData -> dutyAllowance);
    printf("\t 请输入绩效工资: ");    fflush(stdin);
    scanf(" % f",&addData -> performancePay);
    /* 计算应发工资、个人所得税、实发工资 */
    addData -> shouldPay = addData -> basicSalary + addData -> serLenSalary +
                        addData -> dutyAllowance + addData -> performancePay;
    addData -> pIncomeTax = calIncomeTax(addData -> shouldPay);
    addData -> realPay = addData -> shouldPay - addData -> pIncomeTax;
    printf("\n\n 该职的应发工资额是：%.2f,个人所得税是：%.2f,实发工资额是：%.2f",
            addData -> shouldPay,addData -> pIncomeTax,addData -> realPay);
    printf("\n\n\t\t\t 按任意键返回……");    getch();
    return first;                            /* 返回链表首地址 */
}/* 添加记录 -- addRecord ()     end */
```

11. 删除职工工资记录函数——delRecord()

```
struct staffWage * delRecord(struct staffWage * first)  /* 删除记录 -- delRecord ()   begin */
{  char staffNum[7];                                     /* 储存待查询的职工工号 */
   char confirm = 0;
   struct staffWage * p;                                 /* 记录待删除的结点 */
   p = first;
   if(p == NULL)
   {  printf("\n\t 没有职工工资记录!按任意键返回");   getch();   return first; }
   else
   {  printf("\t 请输入职工工号:");                     /* 提示用户输入职工工号 */
      scanf("% s",staffNum);
      while(p!= NULL)
      {  if(strcmp(staffNum,p-> staffNum) == 0)          /* 找到记录输出职工工资情况 */
         {  system("cls");
            printf("工号为 % s 工资情况如下: \n",staffNum);
            printf("| % -7s| % -8s| % -7s| % -7s| % -7s| % -7s| % -7s| % -7s| % -7s
                    |\n","工号","姓名","基本工资","工龄工资","职务津贴","绩效工资","应
                    发工资","所得税","实发工资");
            printf("| % -7s| % -8s| % -7.2f| % -7.2f| % -7.2f| % -7.2f| % -7.2f
                    | % -7.2f| % -7.2f|\n",
                    first - > staffNum, first - > name, first - > basicSalary, first - >
                    serLenSalary,
                    first-> dutyAllowance,first-> performancePay,first-> shouldPay,
                    first-> pIncomeTax,first-> realPay);
            /* 确认是否删除此记录 */
            fflush(stdin);                                /* 清除缓冲区 */
            printf("确认删除此记录,请输入\"y\":");
            confirm = getchar();
            if(confirm == 'Y'||confirm == 'y')
            {  if(p-> previous == NULL &&  p-> next == NULL)   /* 仅有一个结点 */
               {first = NULL; }
               else if(p-> previous == NULL && p-> next != NULL)  /* 删除首结点,还有其他结点 */
               {first = p-> next;   first-> previous = NULL;  }
               else if(p-> previous != NULL &&  p-> next == NULL)/* 不是首结点,是末结点 */
               {(p-> previous)-> next = NULL;  }
               else                                       /* 被删除结点前后都有结点 */
               {(p-> previous)-> next = p-> next;  (p-> next)-> previous = p-> previous; }
               free(p);
               printf("工号为 % s 的记录已被删除!\n",staffNum);
               printf("\n\t 按任意键返回主菜单……");   getch();   return first;
            }
            else{ printf("你选择不删除工号为 % s 的记录,按任意键返回\n");  getch();  return first; }}
         }
         p = p-> next;
      }
   printf("\n\t 未找到对应记录!按任意键返回主菜单……");  getch();return first;  }
}/* 删除职工工资记录函数 -- delRecord ()     end */
```

12. 保存职工工资记录函数——saveToFile()

```
void saveToFile(struct staffWage * first)          /* 保存记录函数 -- saveToFile ()begin */
{  FILE * file;                                     /* 声明文件指针 */
   int n = 0;                                       /* 统计存入的职工工资记录数 */
   if(first == NULL)                                /* 内在无工资记录 */
   {  printf("没有职工工资数据可存!按任意键返回主菜单.\n");    getch();        }
   if((file = fopen("wage.dat","wb"))!= NULL)  /* 以二进制可写方式打开,并判断是否成功 */
   {  do{  //将内存中记录通过循环写入文件
         fwrite(first,sizeof(struct staffWage),1,file);    n++;    first = first -> next;
         }while(first!= NULL);
      fclose(file);
      printf("\n\n\t 共保存 %d 条职工工资记录到文件!",n);
   }
   else printf("\t\t\t 无法打开职工工资数据文件!\n");
   printf("\t\t\t 按任意键返回主菜单……");
   getch();
}/* 保存职工工资记录函数 -- saveToFile ()   end */
```

13. 统计职工工资记录——statRecord()

```
void statRecord(struct staffWage * first) /* 统计工资记录 -- statRecord ()   begin */
{  float avrBasSalary = 0, avrPerPay = 0, avrShouldPay = 0, avrRealPay = 0;/* 存储平均值 */
   float sumBasSalary = 0, sumPerPay = 0, sumShouldPay = 0, sumRealPay = 0; /* 存储总值 */
   int n = 0;
   if(first == NULL)
   {  printf("\n\t 没有职工工资记录!按任意键返回");    getch();    return;    }
   else
   {  while(first!= NULL)
      {  n++; sumBasSalary + = first -> basicSalary;
         sumPerPay + = first -> performancePay;
         sumShouldPay + = first -> shouldPay;
         sumRealPay + = first -> realPay;
         first = first -> next;
      }
   avrBasSalary = sumBasSalary/n; avrPerPay = sumPerPay/n;
   avrShouldPay = sumShouldPay/n;  avrRealPay = sumRealPay/n;
   system("cls");   printf("\t 共 %d 条职工工资记录,统计结果如下: \n",n);
   printf("\t1. 工资合计情况: \n");
   printf("\t\t 基本工资合计: %.2f\n\t\t 绩效工资合计: %.2f\n\t\t 应发工资合计: %.2f\n\
         t\t 实发工资合计: %.2f\n",   sumBasSalary,sumPerPay,sumShouldPay,sumRealPay);
   printf("\t2. 工资平均值情况: \n");
   printf("\t\t 基本工资平均: %.2f\n\t\t 绩效工资平均: %.2f\n\t\t 应发工资平均: %.2f\n\
         t\t 实发工资平均: %.2f\n",avrBasSalary,avrPerPay,avrShouldPay,avrRealPay);
   printf("\n\t 按任意键返回……");   getch();
   }
}/* 统计职工工资记录 -- statRecord ()   end */
```

14. 计算个人所得税——calIncomeTax()

```
float calIncomeTax(float shouldPay)                /* 计算个人所得税 -- calIncomeTax()begin */
{  float pIncomeTax = 0;                           /* 当月应纳所得税额 */
   float x;                                        /* 当月应纳税所得额 */
   int n;
```

```
    x = shouldPay - 3500;
    if(x>0)                                    /* 计算纳税级数 begin */
    {   if(x<500)    n=1;
        else if(x<2000) n=2;
        else if(x<5000) n=3;
        else if(x<20000) n=4;
        else if(x<40000) n=5;
        else if(x<60000) n=6;
        else if(x<80000) n=7;
        else if(x<100000) n=8;
        else n=9;                              /* 计算纳税级数 end */
        switch(n)                              /* 计算纳税额  begin */
        {   case 9: pIncomeTax += (x-100000)*0.45;   x=100000;
            case 8: pIncomeTax += (x-80000)*0.40;x=80000;
            case 7: pIncomeTax += (x-60000)*0.35;x=60000;
            case 6: pIncomeTax += (x-40000)*0.30;x=40000;
            case 5: pIncomeTax += (x-20000)*0.25;x=20000;
            case 4: pIncomeTax += (x-5000)*0.20;x=5000;
            case 3: pIncomeTax += (x-2000)*0.15;x=2000;
            case 2: pIncomeTax += (x-500)*0.15;x=500;
            case 1: pIncomeTax += x*0.05;
        } /* 计算纳税额  end */
    }
    else  pIncomeTax = 0;
    return pIncomeTax;
}/* 计算个人所得税 -- calIncomeTax()  end */
```

15. 退出程序处理——quit()

```
void quit(struct staffWage * first)            /* 退出程序处理 quit() begin */
{   char confirm = '0';
    struct staffWage * p;
    system("cls");
    printf("确认要退出系统请按\"Y\",按其他任意键返回!");
    fflush(stdin);                             /* 清除缓冲区 */
    confirm = getchar();
    if(confirm == 'Y'|| confirm == 'y')
    {   if(first!=NULL)                        /* 释放内存 */
        {   while(first->next!=NULL) {p = first;   first=first->next;   free(p);   }
            free(first);
        }
        exit(0);
    }
}/* 退出程序处理 quit() end */
```

本 章 小 结

　　本章讲解了使用 C 语言完成一个综合项目案例的主要过程,整个项目的实现涵盖了 C 语言的主要知识点。通过这个项目的学习,有利于提高 C 语言的综合运用能力,并加深对项目开发全过程的理解,为日后程序开发的学习打下坚实的基础。

习　题

采用 C 语言开发"学生成绩管理系统",主要功能有:①用文件方式存储学生成绩数据;②实现"增加"、"删除"、"修改"记录功能;③能够按姓名、学号进行查找;④能够对成绩进行排序浏览;⑤能够按课程名称分类统计和分析课程成绩。

附录 A　常用字符与 ASCII 码对照表

十进制	十六进制	字符	十进制	十六进制	字符	十进制	十六进制	字符	十进制	十六进制	字符
0	00	NUL	32	20	SP	64	40	@	96	60	`
1	01	SOH	33	21	!	65	41	A	97	61	a
2	02	STX	34	22	"	66	42	B	98	62	b
3	03	ETX	35	23	#	67	43	C	99	63	c
4	04	EOT	36	24	$	68	44	D	100	64	d
5	05	ENQ	37	25	%	69	45	E	101	65	e
6	06	ACK	38	26	&	70	46	F	102	66	f
7	07	BEI	39	27	'	71	47	G	103	67	g
8	08	BS	40	28	(	72	48	H	104	68	h
9	09	HT	41	29	)	73	49	I	105	69	i
10	0A	LF	42	2A	*	74	4A	J	106	6A	j
11	0B	VT	43	2B	+	75	4B	K	107	6B	k
12	0C	FF	44	2C	,	76	4C	L	108	6C	l
13	0D	CR	45	2D	—	77	4D	M	109	6D	m
14	0E	SO	46	2E	.	78	4E	N	110	6E	n
15	0F	SI	47	2F	/	79	4F	O	111	6F	o
16	10	DLE	48	30	0	80	50	P	112	70	p
17	11	DC1	49	31	1	81	51	Q	113	71	q
18	12	DC2	50	32	2	82	52	R	114	72	r
19	13	DC3	51	33	3	83	53	S	115	73	s
20	14	DC4	52	34	4	84	54	T	116	74	t
21	15	NAK	53	35	5	85	55	U	117	75	u
22	16	SYN	54	36	6	86	56	V	118	76	v
23	17	ETB	55	37	7	87	57	W	119	77	w
24	18	CAN	56	38	8	88	58	X	120	78	x
25	19	EM	57	39	9	89	59	Y	121	79	y
26	1A	SUB	58	3A	:	90	5A	Z	122	7A	z
27	1B	ESC	59	3B	;	91	5B	[	123	7B	{
28	1C	FS	60	3C	<	92	5C	\	124	7C		
29	1D	GS	61	3D	=	93	5D	]	125	7D	}
30	1E	RS	62	3E	>	94	5E	Λ	126	7E	~
31	1F	US	63	3F	?	95	5F	—	127	7F	DEL

附录 B C 库 函 数

库函数并不是 C 语言的一部分,它是由人们根据需要编制并提供用户使用的一系列常用函数。每种 C 编译系统都提供一批库函数,不同的编译系统提供的库函数的数目、函数名以及函数功能不完全相同。ANSI C 标准建议提供的标准库函数包括目前多数 C 编译系统所提供的库函数,但也有一些是某些 C 编译系统未曾实现的。考虑到通用性,本书列出 ANSI C 标准建议提供的常用的部分库函数,对多数 C 编译系统,可以使用这些函数的绝大部分。由于 C 库函数的种类和数目很多(例如,还有屏幕和图形函数、时间日期函数、与系统有关的函数等,每一类函数又包括各种功能的函数),限于篇幅,本附录不能全部介绍,只从教学需要的角度列出最基本的。在编制 C 程序时若要用到更多的函数,请查阅所用系统的手册。

1. 数学函数

使用数学函数时,应该在该源文件中使用以下命令行:

　　# include < math. h > 或 # include"math. h "

函数名	函数原型	功　能	返回值	说明
abs	int abs(int x);	求整数 x 的绝对值	计算结果	
acos	double acos(double x);	计算 $\cos^{-1}(x)$ 的值	计算结果	$-1 \leqslant x \leqslant 1$
asin	double asin(double x);	计算 $\sin^{-1}(x)$ 的值	计算结果	$-1 \leqslant x \leqslant 1$
atan	double atan(double x);	计算 $\tan^{-1}(x)$ 的值	计算结果	
atan2	double atan2(double x, double y);	计算 $\tan^{-1}(x/y)$ 的值	计算结果	
cos	double cos(double x);	计算 $\cos(x)$ 的值	计算结果	x 的单位为弧度
cosh	double cosh(double x);	计算 x 的双曲余弦 $\cosh(x)$ 的值	计算结果	
exp	double exp(double x);	求 e^x 的值	计算结果	
fabs	double fabs(double x);	求 x 的绝对值	计算结果	
floor	double floor(double x);	求出不大于 x 的最大整数	该整数的双精度实数	
fmod	double fmod (double x, double y);	求整除 x/y 的余数	返回余数的双精度数	
frexp	double frexp (double val, int * eptr);	把双精度数 val 分解为数字部分(尾数)x 和以 2 为底的指数 n,即 val $= x * 2 \char"005E n$,n 存放在 eptr 指向的变量中	返回数字部分 x	$0.5 \leqslant x < 1$
log	double log(double x);	求 $\log_e x$,即 $\ln x$	计算结果	
log10	double log10(double x);	求 $\log_{10} x$	计算结果	

函数名	函数原型	功　能	返回值	说明
modf	double modf（double val，double ＊ iptr）；	把双精度数 val 分解为整数部分和小数部分，整数部分存到 iptr 指向的单元	val 的小数部分	
pow	double pow（double x，double y）；	计算 x^y 的值	计算结果	
rand	int rand(void)；	产生－90 到 32 767 之间的随机整数	随机整数	
sin	double sin(double x)；	计算 $\sin x$ 的值	计算结果	x 的单位为弧度
sinh	double sinh(double x)；	计算 x 的双曲正弦函数 $\sinh x$ 的值	计算结果	
sqrt	double sqrt(double x)；	计算 x 开平方的值	计算结果	$x \geqslant 0$
tan	double tan(double x)；	计算 $\tan(x)$ 的值	计算结果	x 的单位为弧度
tanh	double tanh(double x)；	计算 x 的双曲正切函数 $\tanh x$ 的值	计算结果	

2. 字符函数和字符串函数

ANSI C 标准要求在使用字符串函数时要包含头文件 string.h，在使用字符函数时要包含头文件 ctype.h。有的 C 编译不遵循 ANSI C 标准的规定，而用其他名称的头文件。请使用时查有关手册。

函数名	函数原型	功　能	返回值	包含文件
isalnum	int isalnum(int ch)；	检查 ch 是否是字母(alpha)或数字(numeric)	是字母或数字返回 1；否则返回 0	ctype.h
isalpha	int isalpha(int ch)；	检查 ch 是否字母	是，返回 1；不是，则返回 0	ctype.h
iscntrl	int iscntrl(int ch)；	检查 ch 是否控制字符（其 ASCII 码在 0 和 0x1F 之间）	是，返回 1；不是，返回 0	ctype.h
isdigit	int isdigit(int ch)；	检查 ch 是否数字(0～9)	是，返回 1；不是，返回 0	ctype.h
isgraph	int isgraph(int ch)；	检查 ch 是否可打印字符（其 ASCII 码在 ox21 到 ox7E 之间），不包括空格	是，返回 1；不是，返回 0	ctype.h
islower	int islower(int ch)；	检查 ch 是否小写字母(a～z)	是，返回 1；不是，返回 0	ctype.h
isprint	int isprint(int ch)；	检查 ch 是否可打印字符（包括空格），其 ASCII 码在 ox20 到 ox7E 之间	是，返回 1；不是，返回 0	ctype.h
lspunct	int ispunct(int ch)；	检查 ch 是否标点字符（不包括空格），即除字母、数字和空格以外的所有可打印字符	是，返回 1；不是，返回 0	ctype.h

续表

函数名	函数原型	功　能	返回值	包含文件
isspace	int isspace(int ch);	检查 ch 是否空格、跳格符（制表符）或换行符	是，返回 1；不是，返回 0	ctype. h
isupper	int isupper(int ch);	检查 ch 是否大写字母（A～Z）	是，返回 1；不是，返回 0	ctype. h
isxdigit	int isxdigit(int ch);	检查 ch 是否一个十六进制数字字符（即 0～9，或 A 到 F，或 a～f）	是，返回 1；不是，返回 0	ctype. h
strcat	char * strcat (char * str1,char * str2);	把字符串 str2 接到 str1 后面，str1 最后面的\0 被取消	str1	string. h
strchr	char * strchr (char * str,int ch);	找出 str 指向的字符串中第一次出现字符 ch 的位置	返回指向该位置的指针，如找不到，则返回空指针	string. h
strcmp	int strcmp(char * str1, char * str2);	比较两个字符串 str1、str2	str1<str2，返回负数；str1＝str2，返回 0；str1＞str2，返回正数	string. h
strcpy	Char * strcpy (char * str1,char * str2);	把 str2 指向的字符串复制到 str1 中去	返回 str1	string. h
strlen	unsigned int strlen (char * str);	统计字符串 str 中字符的个数（不包括终止符\0）	返回字符个数	string. h
strstr	Char * strstr (char * str1,char * str2);	找出 str2 字符串在 str1 字符串中第一次出现的位置（不包括 str2 的串结束符）	返回该位置的指针，如找不到，返回空指针	string. h
tolower	int tolower(int ch);	将 ch 字符转换为小写字母	返回 ch 所代表的字符的小写字母	ctype. h
toupper	int toupper(int ch);	将 ch 字符转换成大写字母	与 ch 相应的大写字母	ctype,h

3. 输入输出函数

凡用以下的输入输出函数，应该使用 ♯ include＜stdio. h＞把 stdio. h 头文件包含到源程序文件中。

函数名	函数原型	功　能	返回值	说明
clearer	void clearerr (FILE * fp);	使 fp 所指文件的错误，标志和文件结束标志置 0	无	
close	int close(int fp);	关闭文件	关闭成功返回 0；不成功，返回－1	非 ANSI 标准函数
creat	int creat (char * filename,int mode);	以 mode 所指定的方式建立文件	成功则返回正数；否则返回－1	非 ANSI 标准函数
eof	int eof(int fd);	检查文件是否结束	遇文件结束，返回 1；否则返回 0	非 ANSI 标准函数

续表

函数名	函数原型	功 能	返回值	说明
fclose	int fclose(FILE * fp);	关闭 fp 所指的文件,释放文件缓冲区	有错则返回非 0;否则返回 0	
feof	int feof(FILE * fp);	检查文件是否结束	遇文件结束符返回非 0;否则返回 0	
fgetc	int fgetc(FILE * fp);	从 fp 所指定的文件中取得下一个字符	返回所得到的字符,若读入出错,返回 EOF	
fgets	char * fgets (char * buf. int n,FILE * fp);	从 fp 指向的文件读取一个长度为 $n-1$ 的字符串,存入起始地址为 buf 的空间	返回地址 buf,若遇文件结束或出错,返回 NULL	
fopen	FILE * fopen (char * filename,char * mode);	以 mode 指定的方式打开名为 filename 的文件	成功,返回一个文件指针(文件信息区的起始地址);否则返回 0	
fprintf	int fprintf(FILE * fp, char * format,args,…);	把 args 的值以 format 指定的格式输出到 fp 所指定的文件中	实际输出的字符数	
fputc	int fputc (char ch, FILE * fp);	将字符 ch 输出到 fp 指向的文件中	成功,则返回该字符;否则返回非 0	
fputs	int fputs (char * str, FILE * fp);	将 str 指向的字符串输出到 fp 所指定的文件	成功返回 0;若出错返回非 0	
fread	int fread(char * pt,unsigned size, unsigned n,FILE * fp);	从 fp 所指定的文件中读取长度为 size 的 n 个数据项,存到 pt 所指向的内存区	返回所读的数据项个数,如遇文件结束或出错返回 0	
fscanf	int fscanf(FILE * fp, charformat,args,…);	从 fp 指定的文件中按 format 给定的格式将输入数据送到 args 所指向的内存单元(args 是指针)	已输入的数据个数	
fseek	int fseek (FILE * fp, long offset,int base);	将 fp 所指向的文件的位置指针移到以 base 所给出的位置为基准、以 offset 为位移量的位置	返回当前位置;否则,返回-1	
ftell	long ftell(FILE * fp);	返回 fp 所指向的文件中的读写位置	返回 fp 所指向的文件中的读写位置	
fwrite	int fwrite (char * ptr, unsigned size unsigned n,FILE * fp);	把 ptr 所指向的 n * size 个字节输出到 fp 所指向的文件中	写到 fp 文件中的数据项的个数	
getc	int getc(FILE * fp);	从 fp 所指向的文件中读入一个字符	返回所读的字符,若文件结束或出错,返回 EOF	

函数名	函数原型	功　　能	返回值	说明
getchar	int getchar(void);	从标准输入设备读取下一个字符	所读字符。若文件结束或出错,则返回-1	
getw	int getw(FILE * fp);	从 fp 所指向的文件读取下一个字(整数)	输入的整数。如文件结束或出错,返回-1	非 ANSI 标准函数
open	int open(char * filename, int mode);	以 mode 指出的方式打开已存在的名为 filename 的文件	返回文件号(正数);如打开失败,返回-1	非 ANSI 标准函数
printf	int printf(char * format, args,…);	按 format 指向的格式字符串所规定的格式,将输出表列 args 的值输出到标准输出设备	输出字符的个数,若出错返回负数	format 可以是一个字符串,或字符数组的起始地址
putc	int putc(int ch,FILE * fp);	把一个字符 ch 输出到 fp 所指的文件中	输出的字符 ch,若出错,返回 EOF	
putchar	int putchar(char ch);	把字符 ch 输出到标准输出设备	输出的字符 ch,若出错,返回 EOF	
puts	int puts(char * str);	把 str 指向的字符串输出到标准输出设备,将\0 转换为回车换行	返回换行符,若失败,返回 EOF	
putw	int putw (int w, FILE * fp);	将一个整数 w(即一个字)写到 fp 指向的文件中	返回输出的整数,若出错,返回 EOF	非 ANSI 标准函数
read	int read(int fd,char * buf,unsigned count);	从文件号 fd 所指示的文件中读 count 个字节到由 buf 指示的缓冲区中	返回真正读入的字节个数,如遇文件结束返回 0,出错返回-1	非 ANSI 标准函数
rename	int rename(char * oldname,char * newname);	把由 oldname 所指的文件名,改为由 newname 所指的文件名	成功返回 0;出错返回-1	
rewind	void rewind (FILE * fp);	将 fp 指示的文件中的位置指针置于文件开头位置,并清除文件结束标志和错误标志	无	
scanf	int scanf(char * format, args,…);	从标准输入设备按 format 指向的格式字符串所规定的格式,输入数据给 args 所指向的单元	读入并赋给 args 的数据个数,遇文件结束返回 EOF,出错返回 0	args 为指针
write	int write(int fd,char * bur,unsigned count);	从 buf 指示的缓冲区输出 count 个字符到 fd 所标志的文件中	返回实际输出的字节数,如出错返回-1	非 ANSI 标准函数

4. 动态存储分配函数

　　ANSI 标准建议设 4 个有关的动态存储分配的函数,即 calloc( )、malloc( )、free( )、realloc( )。实际上,许多 C 编译系统实现时,往往增加了一些其他函数。ANSI 标准建议在"stdlib. h"头文件中包含有关的信息,但许多 C 编译系统要求用"malloc. h"而不是"stdlib. h"。在使用时应查阅有关手册。

　　ANSI 标准要求动态分配系统返回 void 指针。void 指针具有一般性,它们可以指向任何类型的数据。但目前有的 C 编译所提供的这类函数返回 char 指针。无论以上两种情况的哪一种,都需要用强制类型转换的方法把 void 或 char 指针转换成所需的类型。

函数名	函数原型	功　　能	返回值
calloc	void ∗ calloc (unsigned n, unsign size);	分配 n 个数据项的内存连续空间,每个数据项的大小为 size	分配内存单元的起始地址,如不成功,返回 0
free	void free(void ∗ p);	释放 P 所指的内存区	无
malloc	void ∗ malloc (unsigned size);	分配 size 字节的存储区	所分配的内存区起始地址,如内存不够,返回 0
realloc	void ∗ realloc (void ∗ P, unsigned size);	将 P 所指出的已分配内存区的大小改为 size,size 可以比原来分配的空间大或小	返回指向该内存区的指针

参 考 文 献

[1] 谭浩强. C 程序设计[M]. 3 版. 北京：清华大学出版社,2005.

[2] 谭浩强. C 程序设计题解与上机指导[M]. 3 版. 北京：清华大学出版社,2005.

[3] 武马群. C 语言程序设计[M]. 北京：北京工业大学出版社,2005.

[4] 严桂兰. C 语言程序设计与应用教程[M]. 厦门：厦门大学出版社,2006.

[5] 武雅丽等. C 语言程序设计[M]. 北京：清华大学出版社,2007.

[6] 熊锡文. C 语言程序设计案例教程[M]. 大连：大连理工大学出版社,2009.

[7] 叶东毅. C 语言程序设计案例教程[M]. 厦门：厦门大学出版社,2009.

[8] 李振平,韩晓鸿. C 语言程序设计项目教程[M]. 北京：北京理工大学出版社,2011.

[9] Brian W. Kernighan,Dennis M. Ritchie. C 程序设计语言[M]. 2 版. 徐宝文,李志,译. 北京：机械工业出版社,2004.

[10] Clovis L. Tondo,Scott E. Gimpel. C 程序设计语言(第 2 版·新版)习题解答[M]. 杨涛,译. 北京：机械工业出版社,2004.